本教材由“北京林业大学研究生教学用书建设项目”和
北京高等学校“青年英才计划”资助(YETP0756)

Experiments Design in Forestry

林业试验设计

续九如 李颖岳 编著

中国农业出版社

图书在版编目（CIP）数据

林业试验设计/续九如，李颖岳编著．—北京：中国农业出版社，2014.1（2024.8 重印）
ISBN 978－7－109－18772－6

Ⅰ.①林…　Ⅱ.①续…②李…　Ⅲ.①林业－试验设计（数学）－高等学校－教材　Ⅳ.①S711

中国版本图书馆 CIP 数据核字（2013）第 318551 号

中国农业出版社出版
（北京市朝阳区农展馆北路 2 号）
（邮政编码 100125）
责任编辑　张　利

北京印刷集团有限责任公司印刷　　新华书店北京发行所发行
2014 年 2 月第 1 版　　2024 年 8 月北京第 3 次印刷

开本：787mm×1092mm 1/16　　印张：16.25
字数：370 千字
定价：88.00 元

前 言
Foreword

《林业试验设计》第1版于1995年由中国林业出版社出版，至今已经18年了。作为国内林业领域的第一本研究生、本科生试验设计类专用教材，它在众多林业院校得以使用并受到了欢迎。同时，我们也收获了许多宝贵意见。对于各位同行老师和同学们对这本教材的支持、鼓励和关心，我们表示衷心的感谢!

当初编写该教材，主要是面向林学专业。但是后来园林、食品、草业、环境、水土保持、材料科学甚至文科的一些专业也都在选学这门课程。由于应用范围不断扩大，同时随着科学的发展，设计方法和统计分析技术也在不断更新。因此，对本教材重新修订和再版已成为大势所趋。

第1版教材的编著之一黄智慧先生数学功底深厚，黄先生于20世纪末到美国定居，也一直在从事统计工作。但他不幸于2011年在美国病逝，使不少同仁倍感惋惜。此新版的编者之一李颖岳博士是一位年轻的副教授，已连续多年为本科生主讲该课程，并部分承担了研究生课的主讲任务。

从内容上讲，本教材删除了目前基本不再使用的对比法、间比法和格子设计，而对应用前景广阔的回归设计予以重点加强。为便于读者使用，一次回归正交设计、二次回归正交设计、二次回归正交旋转设计和二次回归通用旋转设计等都分步详细介绍了使用方法，并用实例进行了示范。原计划在新版中增加均匀设计，但由于所占篇幅太大，仅附表就要扩大一倍；同时考虑在农林业实际应用中，正交设计已基本能够满足需要，因此权衡再三，决定暂不增加均匀设计。此外，新版教材专门增加了计算机软件在试验数据统计分析中的应用一章。第1版第2章中介绍的美籍华人孔繁浩教授关于在方差分析中随机模型EMS的写法以及多因素混合分组试验自由度和离差平方和的简易算法具有比较强的适用性，也是本教材的特色，均予以保留。

从格式上讲，新版教材基本保留了第1版的章节，在充实内容的前提下尽量少增加篇幅，使本教材简明扼要的风格得以保留，以便于教学使用。

本教材第1、2、9、10、11章由续九如执笔；第3、4、5、6、7、8章由李颖岳执笔；第12章由庞晓明执笔。续九如审阅了全稿。

在本书写作过程中，研究生王岩、金琪、韩建伟等在绘图、打印、校对等方面做了大量的工作；许多听课的本校老师、研究生、本科生也从多个角度提出了合理的建议。为此，特向所有帮助过我们的人致以诚挚的谢意。

北京林业大学研究生院支持并资助了本教材的出版，特此表示衷心的感谢。

欢迎兄弟院校继续使用本教材。对于本教材中出现的疏漏、不妥之处，恳请专家和读者不吝赐教。

续九如　李颖岳

2013.9.30

目　录
Contents

第1章

试验设计基础

1.1 试验设计的意义和任务

试验设计（experiment design）有广义和狭义两种概念。广义的试验设计是指对试验研究的整体设计，包括课题名称、试验目的、研究依据、研究内容、预期效果、分析方法、经费预算、效益评估、人员分工、成果鉴定等整个试验计划的拟定；狭义的试验设计是指对试验布置和统计分析方法的专门考虑。数理统计中的试验设计主要指狭义的试验设计。

试验设计属于科学研究方法的范畴，它是由试验方法与数学方法特别是数理统计方法相互交叉而形成的一门科学。随着生产的发展和科学技术的进步，现代科学试验无论是深度、广度以及手段、规模等都发生了深刻的变化，内容十分丰富，范围极为广阔，没有一套科学的试验方法进行指导，就无法合理地安排研究工作，也就不会有科学成果的出现和科学技术的发展。所以，一套科学、合理的试验设计方案是完成科学研究以至推动人类社会生产力发展的前提和先决条件，试验科学的思想体系一直在推动着科学技术的进步和发展。

试验设计的任务是：在研究工作进行之前，根据研究项目的需要，应用数理统计原理，结合专业知识和实践经验，科学、合理、经济地安排试验，获得最优试验方案；有效地控制试验误差；力求用较少的人力、物力、财力和时间，最大限度地获得丰富而可靠的资料；充分利用和正确分析试验资料数据，明确回答研究项目所提出的问题。所以，能否合理地进行试验设计，关系到科研工作的成败。

1.2 试验设计学科的历史和发展

我国历史悠久，公元前1世纪前汉后期的《氾胜之书》是我国现存的最早一部农书，该书提出的区种法就孕育着农业科学试验的思想。区种法田间布置分为宽幅点播和方形点播两种，它是农业田间试验的起源。

从15世纪下半叶到18世纪中叶，随着生产规模的扩大，人们开始广泛采用试验方法来研究自然现象。科学史表明，近代自然科学的重大突破，一般不是直接来自生产实践，往往要通过试验这个环节。例如，电磁感应定律的确定、放射性化学元素的发现、青霉素的获得、基因学说的形成等，都不是直接来源于生产，而是试验研究的结果。

1901 年，K. Rearson，F. Galton 和 W. F. R. Welldon 创办了《生物统计学》期刊。1908 年，W. S. Gosset 提出了 t 检验及小样本理论；R. A. Fisher 自 1919 年起在英国 Rothamsted 农业试验站担任统计工作，经过 14 年的努力，先后在试验设计、方差分析、小样本显著性检验及极大似然法方面作出贡献。1925 年他出版的《研究工作者的统计方法》一书标志着数理统计学的开始。也就是在这本书中，他率先提出了"试验设计"的术语。1935 年他出版的《试验设计》一书标志着试验设计学科的诞生。他在该书中系统介绍了试验设计的原理和方法，如试验设计的 3 条基本原理：随机、重复、区域控制；提出了随机区组设计、拉丁方设计等基本试验设计及其方差分析方法。1939 年 Bose 和 Nair 提出了部分平衡不完全区组设计；1945 年 D. J. Finney 提出了复因子试验设计的分式方法及裂区混杂设计等。

20 世纪三四十年代，英国、美国、苏联等国继续对试验设计法进行研究，并将它逐步推广到工业生产领域中，在采矿、冶金、建筑、纺织、机械、医药等行业都有所应用。第二次世界大战期间，英美等国在工业试验区采用试验设计法取得显著效果。战后，日本把试验设计作为质量管理技术之一从英美引进。

1949 年，以田口玄一博士为首的一批研究人员在实践中努力研究和改进英国人的试验设计技术，创造了用正交表安排试验的正交试验法。1952 年，他运用 L_{27}（3^{13}）正交表进行正交试验取得了成功。之后，正交试验设计在日本的工业生产中得到迅速推广，10 年中就有 100 万个项目，其中 1/3 的项目效果十分显著，获得了极大的经济效益。日本电讯研究所运用正交试验设计研制"线性弹簧继电器"，对数十个特性值 2 000 多个变量进行了研究，经过 7 年努力，制造出比美国先进的产品。这一产品本身只有几美元，设计研制费用花去了几百万美元。而研究成果给该所带来了几十亿美元的效益。几年之后，他们的竞争对手美国西方电器公司不得不停产，转而从日本引进这种先进的继电器。在日本，试验设计技术已成为企业界人士、工程技术人员、研究人员和管理人员必备的技术。

我国学者范福仁在 1948 年出版了《田间试验之设计与分析》，比较系统地介绍了试验设计的原理和方法。中国科学院系统研究所数学室的研究人员对正交试验设计的观点、理论和方法进行了深入研究，创造了简单易懂、行之有效的正交试验方法，许多科研和生产单位应用试验设计解决了生产中的关键技术问题，取得了显著效益。

随着试验设计向各学科的渗透，在不同研究领域形成了一些各具特色的试验设计，如适用于医学及动物试验的交替设计，适用于农业的间套作试验设计，适用于大量处理的格子设计、增广设计，适用于两个方向控制误差的拉丁方设计、双向区组设计、行列区组设计等。

1.3 试验设计常用的基本概念

试验指标（experimental index） 在试验设计中，根据研究目的而选定的用来衡量或考核试验效果的质量特性称为试验指标。例如，农作物的产量、树木的胸径、树高等。有些指标可以直接用数量表示，称为定量指标；有些指标不能用数量表示称为定性指标，如色泽、口感等，对于这些指标，可以采用评分、划分等级的方法将其转化为定量指标。根据研究目的，在试验设计中，可以只考查一个试验指标，也可以同时考查两个或多个试验指标。

因素（factor）　在试验中，凡对试验指标产生影响的原因或者要素称为因素，也叫因子。例如，氮肥、磷肥、钾肥都是影响生物产量的因素。

由于条件限制，一次试验不可能把影响试验指标的所有因素都考虑进去，总是选择一部分因素进行研究，这部分因素叫作试验因素，通常用大写字母 A、B、C……表示。把除试验因素以外的其他因素称为条件因素，又叫试验条件。考察一个试验因素的试验叫作单因素试验，考察两个因素的试验叫作双因素试验，考察 3 个或 3 个以上因素的试验叫作多因素试验。

水平（level）　试验因素所处的某种特定状态或数量等级称为水平。例如，在品种对比试验中，每个品种就是一个水平；在施肥试验中，氮肥有 5 个不同用量就是 5 个水平。各因素水平用代表该因素的字母加上小标 1、2……来表示，如 A_1、A_2……，B_1、B_2……

试验处理（experimental treatment）　按照设计好的因素和水平实施试验时，一个具体的试验措施就叫作试验处理。在单因素试验中，试验因素的一个水平就是一个处理。在多因素试验中，不同因素的不同水平组成了若干个水平组合，又叫处理组合。例如，氮肥的 3 个水平（A_1、A_2、A_3）与磷肥的 2 个水平（B_1、B_2）可以组成 A_1B_1、A_1B_2、A_2B_1、A_2B_2、A_3B_1、A_3B_2 共 6 个处理组合。

试验单位（experimental unit）　在试验中能接受不同试验处理的独立的试验载体叫作试验单位，也叫试验单元。它是试验中实施处理的基本对象。例如在田间试验中的试验小区、医学试验中的小白鼠、医院的病人等。

准确度（accuracy）　准确度是指在试验中某一试验指标的观测值与其真实值接近的程度，也叫精度。若某一试验指标的真实值为 μ，观测值为 x，则 $|x-\mu|$ 小时，准确度高；反之则低。

精确度（precision）　精确度简称精度，是指在同一试验中试验指标的重复观测值之间彼此接近的程度。如某一试验指标有两个观测值 x_i、x_j，则 $|x_i-x_j|$ 小时，观测精确度高；反之则低。

区组（block）　在试验中，为了减少非试验因素的干扰，往往把整个试验范围划分为若干个条件比较一致的区域（空间、时间等），在每个区域内安排全部或部分需要比较的处理，这些区域就叫作区组。一般来说，区组内环境条件比较一致，以便于不同处理的对比处于公平的条件下；而区组之间环境条件允许有差异。

小区（plot）　小区是田间试验时的试验单元，它是接受试验处理的最小载体。在完全随机区组试验中，把每个区组划分为若干个小区，每个小区安排一个试验处理，因此小区数就等于处理数；在不完全区组试验中，一个区组只安排一部分处理，因此小区数小于处理数。

重复（replication） 在一个试验中，将一个处理实施在两个或两个以上的试验单位上称为重复。例如，在田间试验中，同一因素的同一水平至少应该有两个以上的小区，亦即两个以上的重复。需要注意的是，田间试验中在同一个小区内往往有多个植株，叫作小区内重复，它与我们这里说的试验的重复不是一个概念。

全面试验（overal experiment） 对所有处理组合全部给予实施的试验叫作全面试验。全面试验的优点是能够获得最大量的试验信息，包括各个因素的主效应以及它们之间的交互效应，无一遗漏。全面试验的缺点是当试验因素和水平较多时工作量太大，往往难以实施。因此，全面试验一般只适用于因素和水平均不太多的试验。

部分实施（fractional enforcement） 部分实施也叫部分试验，即从全部试验处理中选取部分有代表性的处理进行试验。它是应全面试验无法解决因试验因素和水平数较大时难以实施而发展起来的一种试验方法。例如，正交设计和均匀设计都属部分实施的试验设计。

1.4 试验设计的基本原则

一个科学、合理的试验设计必须满足以下 3 条基本原则，这 3 条原则也被称为 Fisher 三原则。

1.4.1 重复

设置重复的主要作用有两个方面：

(1) 估计试验误差 同一处理的两次重复结果往往表现出一定的差异，这是由随机干扰因子引起的试验误差。如果每个处理只有一个观测值，就观察不到这种差异，也就无法估计试验误差。只有设置重复，才能估计试验误差。

(2) 降低试验误差 由于试验材料、环境、仪器设备、操作等试验条件的影响，一个观察值往往不能精确反映某个处理的效果，只有用几次重复的平均值才能代表这个处理的真实效果，避免偶然性影响。数理统计学已经证明，误差的大小与重复次数的平方根成反比。当重复增加时，试验误差降低，精确度提高。

1.4.2 随机化

随机化（randomization）是指在试验中，每一个处理及每一次重复都有同等的机会被安排在某个特定的空间和时间环境中，以消除某个处理或重复可能占有的“优势”或“劣势”，保证试验条件在空间和时间上的均匀性。从而降低或消除系统误差，并保证对随机误差的无偏估计。

随机化是应用数理统计学方法分析数据的前提。如果在试验设计中没有执行随机化的原则，那么将来对试验结果进行类似方差分析之类的统计学分析是没有意义的。

随机化处理可以采用抽签、摸牌、查随机数表或由计算器、计算机产生随机数字等方法来实现。

1.4.3　局部控制

局部控制（portion of control）是指把整个试验范围按照干扰因子划分为若干区组，使同一区组内的试验单元之间环境条件保持一致，而区组间的差异可以通过方差分析从试验误差中分离出来，从而减少试验误差，增加处理效应估计的精度。

1.5　试验误差及其控制

1.5.1　试验误差的种类

狭义的试验误差是指系统误差和偶然误差，广义的试验误差还包括疏忽误差。现将三类误差分别介绍如下。

（1）疏忽误差　疏忽误差是指明显歪曲测量结果的误差，实际上属于试验过程中出现的错误，例如，量错了试验地的面积、算错了产量、记错了数字、混杂了品种等。这些问题往往影响试验的准确度，甚至使整个试验报废。在试验过程中，应该细心谨慎，避免疏忽误差的发生。

（2）系统误差　系统误差（systematic error）是指数学期望有偏的误差，它的特点是在多次重复时试验结果之间的误差按一定规律而变化。产生系统误差的原因是试验中存在着某些恒定的干扰因子，例如在进行距离测量时皮尺本身不准确；在田间试验时试验地土壤肥力存在着一个方向的梯度变化等，这些因素都会影响试验结果，而且会使误差逐步积累和扩大。

（3）随机误差　随机误差（random error）也叫抽样误差（sampling error），它是由许多无法控制的内在和外在的偶然因素造成的误差，比如试验材料个体间的差异、量测时不可避免的观测误差、试验材料所处环境的微小变异等引起的误差等。随机误差带有偶然性质，无论怎样小心谨慎也不可能完全消除。统计学上的试验误差就是指随机误差，随机误差影响试验的精度，随机误差越大，试验的精度越低。如果随机误差大到与真实效应不相上下的程度，就难以通过试验得出正确的结论了。因此，在试验中，应该尽可能采取各种措施减少随机误差，提高试验的精度。

1.5.2　试验误差的控制

（1）疏忽误差的控制　疏忽误差多因工作人员责任心不强或粗心大意而产生。所以，健全必要的规章制度和培养测试人员的科学态度是克服疏忽误差的关键。在设计试验、实施操作和调查测试的各个环节中，都应该认真细微地把握好每一个环节，反复核对，杜绝差错。一旦在观察值中发现有疏忽误差造成的异常值，在分析计算时应将其舍弃。

（2）系统误差的控制　系统误差可以通过以下途径消除：①通过随机化处理，将非试验因子造成的系统误差转化为随机误差。②按照局部控制的原则设置区组，将环境因素造成的系统误差分解为区组间的差异，并通过方差分析将其剔除。③设置对照。利用已知结果的标准样品作为对照，使之与不同的处理进行比较。④测试过程中的系统误差主要来源于测定方法、仪器误差和操作者三个方面，可以通过优选测定方法、校正仪器并多次测试以及培训操作者提高操作水平而将其克服。

(3) 随机误差的控制 随机误差只能减小，不可能完全消除。其减小的途径主要是增加处理的重复数，取其平均值用以估计处理的效应。一般来说，重复数越多，均值的随机误差就越小。但是，误差的大小是和重复数的平方根成反比的，当重复数接近 10 次时，即使再增加重复数，其精确度也无显著性增加。而且，重复数太多必然带来工作量和经济成本的成倍增大，给实际操作造成浪费。

1.5.3 田间试验的误差控制

农业、林业、草业、果树、蔬菜、园林等行业的试验大多是在田间进行的。这些试验具有周期长、非试验因素的干扰多、需要考查的因素多等特点。除了上一节介绍的一般性误差控制措施之外，还有以下一些特殊的技术问题需要注意。

(1) 试验地的选择 为了使试验结果具有典型性，以便将来推广，试验地应该选在气候、土壤等条件有代表性的地段，即试验地应具有试验地区的典型气候、典型地势、典型土壤肥力和理化性状、典型的地下水位等。

试验如果在山区进行，试验地一般应设在同一坡向上，坡度也应基本一致，而不应该把试验地选在沟谷中或山顶上。为了避免自然条件的影响和人畜破坏，试验地不宜太靠近村庄、道路和建筑物。

(2) 小区的面积与形状 小区面积的大小与试验误差的大小直接相关。一般来说，小区面积较大时，小区间土壤肥力较均匀，试验较精确。但小区面积大小与区组大小又有关系。根据局部控制原则，区组面积不宜过大，因而小区面积也不能太大。

农业、草业试验的小区一般安排为正方形，最小面积可以到 $1m^2$；林业试验小区的大小，目前尚无统一规定。应根据试验种类、栽培年限、重复次数、土壤肥力差异程度等综合考虑决定。一般来说，树木试验以每小区栽植 1～10 株效率最高，在欧洲也有人主张安排更大的小区。

小区的形状大多采用长方形，有时也用正方形。当试验地肥力呈方向性变化时，采用长方形小区更为适宜。此时，区组长边的方向应与肥力变化方向相垂直，而区组内小区的长边方向应与肥力变化方向相平行。在山地进行试验时，区组的长边应与坡向垂直即平行于等高线，小区的长边则与坡向平行即垂直于等高线。这样安排，可以使区组内各小区间的肥力基本一致。一般来说，小区的长边与宽边的比例以（3～10）：1 为宜。

(3) 小区的重复数 设置重复是试验设计的基本原则之一，有人将重复原理称为现代田间试验的基本原理。因为只有设置重复才能客观地比较各个处理的效果，提高试验的精确度。

田间试验所需要的小区重复数，主要决定因素是土壤差异程度和试验所要求的精度。其次，还要综合考虑处理的数目、试验地面积、小区面积、小区排列方式等。一般来说，在土壤差异不大的地区安排随机区组设计需要 4～6 次重复；土壤差异较大或要求精度较高的试验可安排 8～10 次重复。比较粗放的试验或小区面积较大时也可安排 2～3 次重复。从统计学的观点看，进行方差分析时误差项的自由度最好不小于 12，否则 F_α 值很大，难于检验出处理的显著性。

（4）设置对照小区　对照小区又称标准区，用来安排对照处理。设置对照的目的，一方面是使参加试验的各个处理都能以对照为标准进行比较，以鉴定其优劣；另一方面是利用对照矫正和估计试验地的土壤差异。

选择适宜的对照是试验设计的关键之一。如果对照设置不当或者不设对照，则试验结果的应用价值往往不大。例如进行引种试验，必须有当地的优良树种作对照才能评价引种的效果；进行不同施肥量的对比试验，必须有不施肥的小区为对照以鉴别施肥的效果。

（5）设置保护行　靠近试验地外侧的植株，通风透光条件好，长势旺，有明显的边际效应。为了减少边际效应所引起的试验误差，同时也为了防止人畜破坏践踏，应在试验地周围设置保护行。区组或小区之间一般不设保护行。

对保护行中的植株，应采取与试验地相同的品种和管理措施，必要时可以从保护行中采集标本和选取解析木。

习　题

1. 何为试验设计？何为试验因素、水平？
2. 试验为什么要设置重复？确定重复数要考虑哪些因子？
3. 什么叫系统误差？为什么说没有经过随机化的试验设计其结果不能进行方差分析？
4. 在设计、实施、测试等不同环节中，如何减少随机误差？
5. 在田间安排试验时，当试验地的肥力有一个方向的变化时，区组和小区应如何安排？为什么？

第2章 统计分析基础

2.1 统计分析常用的基本概念

总体（population） 根据研究目的确定的研究对象的全体叫作总体。有的总体是无限的、假想的；有的总体是有限的。但即使是有限总体，它所包含的个体数也相当多。例如苹果硬度的测定，不允许对每一个苹果果实进行测定。

样本（sample） 依据一定方法从总体中抽取部分个体组成的集合叫作样本。为了能可靠地根据样本来推断总体，就要求样本具有一定的含量和代表性。只有从总体中随机抽取的样本才具有代表性。样本所包含的个体数叫作样本容量 n，通常 $n\leqslant 30$ 的样本叫小样本，$n>30$ 的样本叫大样本。例如上例中苹果硬度的测定，我们可以随机抽取 50 个苹果组成大样本，测定这 50 个苹果的硬度，推断这一批苹果总体的硬度。

平均数 $\bar{x}$（mean） 平均数是统计学中最常用的统计量，用来描述资料的集中性，常用的平均数叫算数平均数，常用 $\bar{x}$、$\bar{y}$ 等表示。其计算公式为：

$$\bar{x}=\frac{x_1+x_2+\cdots+x_n}{n}=\frac{\sum_{i=1}^{n}x_i}{n} \tag{2-1}$$

方差 S^2（variance） 总体或样本离差平方和的平均数叫作方差，又称均方。样本方差 S^2 的定义式为：

$$S^2=\frac{\sum_{i=1}^{n}(x_i-\bar{x})^2}{n-1}=\frac{SS}{n-1} \tag{2-2}$$

标准差 S（standard deviation） 标准差是方差的平方根，亦表示资料的变异程度。样本标准差的定义式为：

$$S=\sqrt{\frac{\sum(x_i-\bar{x})^2}{n-1}} \tag{2-3}$$

标准误 $S_{\bar{x}}$（standard error of mean） 标准误是样本平均数的标准误差。从总体中可以抽出若干个样本，每个样本中的变量均为随机变量，所以其样本平均数也为随机变量。

n 次抽取的样本，平均数的方差为 1 次抽取样本的$\frac{1}{n}$，其标准差为 1 次抽取样本的$\frac{1}{\sqrt{n}}$。标准误的定义式为：

$$S_{\bar{x}} = \sqrt{\frac{S^2}{n}} = \frac{S}{\sqrt{n}} \tag{2-4}$$

自由度 df（degree of freedom）　自由度是指样本内独立而能自由变动的离均差个数。一个有 n 个观测值的样本，因为受统计量 $\bar{x}$ 的约束，有 $n-1$ 个数值可以自由取值，而最后一个必须满足 $\sum(x_i - \bar{x}) = 0$ 这一约束条件，不能自由取值。所以，自由度一般为 $n-1$，即 $df=n-1$。如果约束条件不是一个而是 K 个，则自由度 $df=n-K$。

2.2　试验种类及其线性模型

根据参加试验因子的多少，可以将所有试验设计分为单因子和多因子两大类，在多因子试验中根据因子间的相互组合方式，又可分为交叉式、巢式和混合式三种。无论哪一种试验设计，每一个观测值都可以写成该试验的有关因子的不同效应值及其交互效应值的线性函数式。

2.2.1　单因素试验

只含有一个因素的试验称为单因素试验。该因素的若干个处理叫作水平。比如，为了研究油松半同胞家系在抗寒性方面有无显著差异，我们从 10 株油松上采种，分别培育出 10 个半同胞家系，在每个半同胞家系中随机抽取 6 株进行抗寒性试验，以作出抗寒性强弱的判断。这里，半同胞家系是该试验的因素，10 个半同胞家系是该试验的 10 个水平，而每个家系观测 6 株是该试验的重复数。

对于单因素试验，任一观测值都可以用下列线性模型加以描述：

$$x_{ij} = \mu + \alpha_i + e_{ij} \tag{2-5}$$

式中：x_{ij}——第 i 个处理的第 j 个观测值；

μ——观测值的数学期望；

α_i——第 i 个处理的效应值（即 i 处理的平均值距总平均值的离差）；

e_{ij}——随机误差（即第 i 个处理第 j 个个体的观测值与第 i 处理平均值的离差）。

2.2.2　多因素交叉式分组试验

如果在一个试验中同时考查两个以上的因素，即为多因素试验。比如，我们可以通过一次试验考查某一地区最适宜的毛白杨品种和最合理的栽植密度。这里，品种和密度就是本试验要考查的两个因素，它们各有若干个水平。如果我们在试验中使这两个因素的各个水平都能两两相遇，使这两个待考查的因素处于完全平等的地位上，这样进行分组的试验就叫作交叉式分组试验。

双因素交叉分组又分为两种情况：一种是每个交叉点只有一个观测值，如单株小区或用小区平均值统计等；另一种是每个交叉点有重复的情况，例如多株小区。

对于每个交叉点只有一个观测值的试验，其线性模型为：

$$x_{ij} = \mu + \alpha_i + \beta_j + e_{ij} \tag{2-6}$$

式中：α_i——A 因子第 i 水平的效应值；

β_j——B 因子第 j 水平的效应值；

e_{ij}——随机误差。

对于交叉点有重复的试验，其线性模型为：

$$x_{ijk} = \mu + \alpha_i + \beta_j + \alpha\beta_{ij} + e_{ijk} \tag{2-7}$$

式中：α_i——A 因子第 i 水平的效应值；

β_j——B 因子第 j 水平的效应值；

$\alpha\beta_{ij}$——A、B 因子的交互效应值；

e_{ijk}——随机误差。

类似上式，也可以写出三因素以至更多因素试验的线性模型。

2.2.3 多因素巢式分组试验

在多因素试验中，如果因素间的各个水平不能两两相遇，而是一个因素从属于另一个因素，处于下级的因素的各个水平因上级因素的不同水平而变化，这样进行分组的试验叫作巢式分组试验，也叫套式或系统分组试验。

比如，当我们进行某一树种的种源试验时，先在该树种全分布区选定若干个种源，在每个种源中各选取若干个林分，分别在这些选定的林分中采种，再将由这些种子育出的后代苗木栽于某地点进行比较试验，以鉴别不同种源间以及同一种源内不同林分间有无显著差异。在这个试验中，林分这一因素是从属于种源这一因素的，第一个种源的第一个林分并不等于第二个种源的第一个林分。种源属于上一级因素，林分属于下一级因素。

双因素巢式分组试验的线性模型为：

$$x_{ijk} = \mu + \alpha_i + \beta_{j(i)} + e_{ijk} \tag{2-8}$$

式中：α_i——A 因素第 i 水平的效应值；

$\beta_{j(i)}$——从属于 A 因素第 i 水平的 B 因素第 j 水平的效应值。

因为二者是从属关系，所以不存在交互效应。类似上式，也可以写出三因素乃至更多因素巢式分组试验的线性模型。

以上，我们写出了几种设计的最简单的模型，但没有给出任何限制条件。实际上，任何数学模型都是有条件的，这些条件又因各因素效应值的类型不同而异。下面就来讨论这些类型及其限制条件。

2.3 方差分析模型及其限制条件

依据各种试验设计中不同因子的效应值类型，可以将方差分析模型分为三类，即固定模型、随机模型和混合模型。

2.3.1 固定模型

如果在试验中要考察的某因素的各个水平是特意选定的，把这些特意选定的处理看作一个总体，将来对试验结果进行分析所得到的结论也只限于原来设计的那几个水平，并不扩展到未加试验的其他水平上，那么我们要考察的这个因素就叫作固定因素，处理固定因素的数学模型叫作固定效应模型，简称固定模型。固定模型试验的目的是找出各因素各水平的最佳组合。比如，在某地进行白榆 50 个无性系的对比试验，如果目的只是通过试验寻找这 50 个无性系中有哪几个最适宜在当地栽培推广，而不涉及白榆的其他无性系，则应将白榆无性系视作固定因素，分析它的数学模型就是固定模型。

固定模型的限制条件是处理效应值的总和为零。

对于单因素试验，线性模型为：

$$x_{ij} = \mu + \alpha_i + e_{ij}$$

其限制条件为处理效应值总和 $\sum_{i} \alpha_i = 0$，进行方差分析时的零假设为：

$$H_0: \alpha_1 = \alpha_2 = \cdots = 0$$

对于双因素交叉分组试验，线性模型为：

$$x_{ijk} = \mu + \alpha_i + \beta_j + \alpha\beta_{ij} + e_{ijk}$$

其限制条件为 $\sum_{i} \alpha_i = 0, \sum_{j} \beta_j = 0, \sum_{i} \alpha\beta_{ij} = \sum_{j} \alpha\beta_{ij} = 0$

进行方差分析时的零假设为：

$$H_0: \alpha_1 = \alpha_2 = \cdots = 0$$

$$\beta_1 = \beta_2 = \cdots = 0$$

$$\alpha\beta_{11} = \alpha\beta_{12} = \cdots = \alpha\beta_{ij} = 0$$

除了上述限制条件之外，无论采用哪种设计，都要求随机误差是独立的随机变量，并遵从正态分布 $N(0, \sigma^2)$。只有满足了所有这些限制条件，才能够进行方差分析。

2.3.2 随机模型

如果在试验中要考察的某因素的若干水平不是特意选定的，而是从该因素的水平总体中随机抽取的样本，将来对试验结果的分析也是通过这些样本去对该因素的水平总体作出推断，那么我们要考察的这个因素就叫作随机因素，处理随机因素的数学模型就叫作随机效应模型，简称随机模型。随机模型试验的目的是估计总体的变异度（判断总体内有无差异以及估算遗传参数等）。仍以在固定模型中讨论过的白榆 50 个无性系对比试验为例，如果试验目的并不在于从这 50 个无性系中选取当地最适宜栽培的无性系，而在于探索白榆无性系这个总体内是否存在着差异，或者说考察的对象不是无性系效应值本身，而是无性系效应值的变异程度即方差，那么，就应将白榆无性系视作随机因素，分析它的数学模型就属随机模型。所以，同一个试验中的同一个因素可以因试验目的和分析角度而改变数学模型。如果上述试验的目的既要作白榆无性系变异度的分析，又要同时选出最适宜的无性系，那么对试验观测值就应该同时从随机模型和固定模型两个角度去进行分析。

随机模型的限制条件是处理效应为遵从正态分布的随机变量。

对于单因素试验（式 2-5），其限制条件为：

$$\alpha_i \sim N(0, \sigma_\alpha^2)$$

进行方差分析时的零假设为：

$$H_0: \sigma_\alpha^2 = 0$$

对于双因素交叉分组试验（式 2-6，式 2-7），其限制条件为：

$$\alpha_i \sim N(0, \sigma_\alpha^2)$$

$$\beta_j \sim N(0, \sigma_\beta^2)$$

$$\alpha\beta_{ij} \sim N(0, \sigma_{\alpha\beta}^2)$$

进行方差分析时的零假设为：

$$H_0: \sigma_\alpha^2 = 0, \quad \sigma_\beta^2 = 0, \quad \sigma_{\alpha\beta}^2 = 0$$

对于双因素巢式分组试验（式 2-8），其限制条件为：

$$\alpha_i \sim N(0, \sigma_\alpha^2)$$

$$\beta_{j(i)} \sim N(0, \sigma_{\beta(\alpha)}^2)$$

进行方差分析时的零假设为：

$$H_0: \sigma_\alpha^2 = 0, \quad \sigma_{\beta(\alpha)}^2 = 0$$

与固定模型一样，随机模型也要求试验的随机误差是独立的随机变量，并遵从正态分布 N（0，σ^2）。否则也不能进行方差分析。

2.3.3 混合模型

在多因素试验中，如果既有固定因素，又有随机因素，那么处理这些因素的数学模型就叫作混合模型。

例如，在双因素交叉式分组试验中，如果一个因素 A 是固定因素，另一个因素 B 是随机因素，则应建立混合模型。其线性模型是：

$$x_{ijk} = \mu + \alpha_i + \beta_j + \alpha\beta_{ij} + e_{ijk}$$

其限制条件是：

$$\sum \alpha_i = 0$$

$$\beta_j \sim N(0, \sigma_\beta^2)$$

$$\alpha\beta_{ij} \sim N(0, \frac{a-1}{a}\sigma_{\alpha\beta}^2)$$

进行方差分析时的零假设为：

$$H_0: \alpha_1 = \alpha_2 = \cdots = 0$$

$$\sigma_\beta^2 = 0$$

$$\sigma_{\alpha\beta}^2 = 0$$

2.4 不同试验的方差分析

2.4.1 单因素试验的方差分析

单因素试验只考察一个因素，其目的在于判断该因素不同水平处理间的相对效果。这类试验的方差分析，无论采用固定模型还是随机模型，其程序和计算方法都是一样的。

设某试验共有 k 个处理（水平），每个处理重复 n 次，则该试验资料共有 nk 个观测值，其数据模式如表 2-1。

表 2-1　单因素试验的数据模式

处理	观测值 x_{ij}				处理和 $x_{i\cdot}$	处理平均 $\bar{x}_{i\cdot}$
1	x_{11}	x_{12}	…	x_{1n}	$x_{1\cdot}$	$\bar{x}_{1\cdot}$
2	x_{21}	x_{22}	…	x_{2n}	$x_{2\cdot}$	$\bar{x}_{2\cdot}$
⋮	⋮	⋮	⋮	⋮	⋮	⋮
k	x_{k1}	x_{k2}	…	x_{kn}	$x_{k\cdot}$	$\bar{x}_{k\cdot}$
					$x_{\cdot\cdot}$	$\bar{x}_{\cdot\cdot}$

单因素试验的方差分析表如表 2-2。

表 2-2　单因素试验方差分析

变异来源	自由度	平方和	均方	F	EMS（固定、随机）
处理间	$k-1$	SS_A	$MS_A=SS_A/(k-1)$	MS_A/MS_E	$\sigma^2+n\sigma_\alpha^2$
机　误	$k(n-1)$	SS_e	$MS_e=SS_e/k(n-1)$		σ^2
总　计	$kn-1$	SS_T			

表 2-2 中：

$$C=\frac{1}{kn}x_{\cdot\cdot}^2$$

$$SS_A=\frac{1}{n}\sum_i x_{i\cdot}^2-C$$

$$SS_T=\sum_i\sum_j x_{ij}^2-C$$

$$SS_e=SS_T-SS_A$$

方差分析的核心是 F 检验，表内求出的处理间 F 值应与 F 分布的临界值 F_α 相比较，α 一般用 0.05 和 0.01 两个水平。当 $F>F_{0.05}$时，可以 95%的可靠性推翻零假设，断定处理间差异显著；当 $F>F_{0.01}$时，可以 99%的可靠性推翻零假设，断定处理间差异极显著。

【例 2.1】欲比较毛白杨 4 个无性系的生长量，每个无性系随机抽查 3 株，结果如表 2-3，试判断这 5 个无性系间是否存在差异。

表 2-3　4 个毛白杨无性系试验结果

无性系	x_{ij}			$x_{i\cdot}$	$x_{\cdot\cdot}$
A	2	4	9	15	120
B	6	7	11	24	
C	11	13	15	39	
D	12	12	18	42	

【解】先按公式求各项离差平方和

$$C=\frac{1}{kn}x_{..}^{2}=\frac{1}{4\times3}\times120^{2}=1\,200$$

$$SS_{T}=\sum_{i}\sum_{j}x_{ij}^{2}-C=2^{2}+4^{2}+\cdots+18^{2}-1\,200=234$$

$$SS_{A}=\frac{1}{n}\sum_{i}x_{i.}^{2}-C=\frac{1}{3}(15^{2}+24^{2}+39^{2}+42^{2})-1\,200=162$$

$$SS_{e}=SS_{T}-SS_{A}=234-162=72$$

根据上述结果列成方差分析表 2－4。

表 2－4 毛白杨无性系试验方差分析

变异来源	自由度	平方和	均 方	F
无性系	3	162	54	6*
机 误	8	72	9	
总 计	11	234		

$F_{0.05}$（3，8）＝4.07，因 $F>F_{0.05}$，所以无性系间差异显著。

2.4.2 双因素小区内无重复试验的方差分析

设有 A 和 B 两个因素，A 因素有 a 个水平，B 因素有 b 个水平，每一处理组合仅有一个观测值（或用小区平均值进行统计），则全部试验共有 ab 个观测值，其数据模式如表 2－5。

表 2－5 小区内无重复试验的数据模式

A 因素	B 因素				$x_{i\cdot}$	$\bar{x}_{1\cdot}$
	B_1	B_2	…	B_b		
A_1	x_{11}	x_{12}	…	x_{1b}	$x_{1\cdot}$	$\bar{x}_{1\cdot}$
A_2	x_{21}	x_{22}	…	x_{2b}	$x_{2\cdot}$	$\bar{x}_{2\cdot}$
⋮	⋮	⋮	⋮	⋮	⋮	⋮
A_a	x_{a1}	x_{a2}	…	x_{ab}	$x_{a\cdot}$	$\bar{x}_{a\cdot}$
$x_{\cdot j}$	$x_{\cdot 1}$	$x_{\cdot 2}$	…	$x_{\cdot b}$	$x_{..}$	
$\bar{x}_{\cdot j}$	$\bar{x}_{\cdot 1}$	$\bar{x}_{\cdot 2}$	…	$\bar{x}_{\cdot b}$		$\bar{x}_{..}$

该类试验的方差分析如表 2－6。

表 2－6 小区内无重复试验的方差分析

变异来源	自由度	平方和	均方	F	EMS（固定、随机）
因素 A	$a-1$	SS_A	$MS_A=SS_A/(a-1)$	MS_A/MS_e	$\sigma^2+b\sigma_\alpha^2$
因素 B	$b-1$	SS_B	$MS_B=SS_B/(b-1)$	MS_B/MS_e	$\sigma^2+a\sigma_\beta^2$
机误	$(a-1)(b-1)$	SS_e	$MS_e=SS_e/(a-1)(b-1)$		σ^2
总计	$ab-1$	SS_T			

表 2－6 中：$C=\frac{1}{ab}x_{..}^{2}$

$$SS_A = \frac{1}{b}\sum_i x_{i\cdot}^2 - C$$

$$SS_B = \frac{1}{a}\sum_j x_{\cdot j}^2 - C$$

$$SS_T = \sum_i \sum_j x_{ij}^2 - C$$

$$SS_e = SS_T - SS_A - SS_B$$

【例 2.2】 作杂交试验，设有 3 个父本、2 个母本，子代苗小区平均值如表 2-7，试判断父、母本的差异显著性。

表 2-7　杂交试验小区平均值

父本 x_i	母　本 x_j		$x_{i\cdot}$
	1	2	
1	2	8	10
2	4	4	8
3	6	6	12
$x_{\cdot j}$	12	18	$x_{\cdot\cdot}$　30

【解】 先按公式求各项离差平方和

$$C = \frac{1}{ab}x_{\cdot\cdot}^2 = \frac{1}{3 \times 2} \times 30^2 = 150$$

$$SS_A = \frac{1}{b}\sum_i x_{i\cdot}^2 - C = \frac{1}{2}(10^2 + 8^2 + 12^2) - 150 = 4$$

$$SS_B = \frac{1}{a}\sum_j x_{\cdot j}^2 - C = \frac{1}{3}(12^2 + 18^2) - 150 = 6$$

$$SS_T = \sum_i \sum_j x_{ij}^2 - C = 2^2 + 8^2 + \cdots + 6^2 - 150 = 22$$

$$SS_e = SS_T - SS_A - SS_B = 22 - 4 - 6 = 12$$

根据上述结果列成方差分析表，如表 2-8。

表 2-8　小区无重复杂交试验方差分析表

变异来源	自由度	平方和	均方	F
父本	2	4	2	0.33
母本	1	6	6	1.00
机误	2	12	6	
总计	5	22		

$F_{0.05}$（2，2）=19.0，$F_{0.05}$（1，2）=18.5

因 $F_{父}$=0.33<19.0，$F_{母}$=1.00<18.5，所以可以判定父本间、母本间差异均未达到显著水平。

2.4.3　双因素多株小区试验的方差分析

进行 A、B 双因素试验，A 因素有 a 个水平，B 因素有 b 个水平，每个交叉点有 n 个观测值，则全部试验共有 abn 个观测值，其数据模式如表 2-9。

表 2-9 双因素交叉式分组小区内有重复试验的数据模式

A因素	B因素				$x_{i\cdot\cdot}$
	B_1	B_2	…	B_b	
A_1	x_{111}，x_{112}，…，x_{11n}	x_{121}，x_{122}，…，x_{12n}	…	x_{1b1}，x_{1b2}，…，x_{1bn}	$x_{1\cdot\cdot}$
A_2	x_{211}，x_{212}，…，x_{21n}	x_{221}，x_{222}，…，x_{22n}	…	x_{2b1}，x_{2b2}，…，x_{2bn}	$x_{2\cdot\cdot}$
⋮	⋮	⋮	⋮	⋮	⋮
A_a	x_{a11}，x_{a12}，…，x_{a1n}	x_{a21}，x_{a22}，…，x_{a2n}	…	x_{ab1}，x_{ab2}，…，x_{abn}	$x_{a\cdot\cdot}$
$x_{\cdot j\cdot}$	$x_{\cdot 1\cdot}$	$x_{\cdot 2\cdot}$	…	$x_{\cdot b\cdot}$	$x_{\cdot\cdot\cdot}$

该类试验的方差分析如表 2-10。

表 2-10 双因素交叉式分组小区内有重复试验方差分析

变异来源	自由度	平方和	均方	固定模型		随机模型		混合模型（A固定、B随机）	
				EMS	*F*	*EMS*	*F*	*EMS*	*F*
因素A	$a-1$	SS_A	MS_A	$\sigma^2+nb\sigma_A^2$	$\frac{MS_A}{MS_e}$	$\sigma^2+n\sigma_{AB}^2+nb\sigma_A^2$	$\frac{MS_A}{MS_{AB}}$	$\sigma^2+n\sigma_{AB}^2+nb\sigma_A^2$	$\frac{MS_A}{MS_{AB}}$
因素B	$b-1$	SS_B	MS_B	$\sigma^2+na\sigma_B^2$	$\frac{MS_B}{MS_e}$	$\sigma^2+n\sigma_{AB}^2+na\sigma_B^2$	$\frac{MS_B}{MS_{AB}}$	$\sigma^2+n\sigma_B^2$	$\frac{MS_B}{MS_e}$
互作AB	$(a-1)(b-1)$	SS_{AB}	MS_{AB}	$\sigma^2+n\sigma_{AB}^2$	$\frac{MS_{AB}}{MS_e}$	$\sigma^2+n\sigma_{AB}^2$	$\frac{MS_{AB}}{MS_e}$	$\sigma^2+n\sigma_{AB}^2$	$\frac{MS_{AB}}{MS_e}$
机误	$ab(n-1)$	SS_e	MS_e	σ^2		σ^2		σ^2	
总计	$abn-1$	SS_T							

表 2-10 中：$C=\frac{1}{abn}x_{\cdot\cdot\cdot}^2$

$$SS_T=\sum_i\sum_j\sum_k x_{ijk}^2-C$$

$$SS_A=\frac{1}{bn}\sum_i x_{i\cdot\cdot}^2-C$$

$$SS_B=\frac{1}{an}\sum_j x_{\cdot j\cdot}^2-C$$

$$SS_{AB}=\frac{1}{n}\sum_i\sum_j x_{ij\cdot}^2-C-SS_A-SS_B$$

$$SS_e=SS_T-SS_A-SS_B-SS_{AB}$$

【例 2.3】某杂交试验，设有 2 个母本、3 个父本，子代苗重复 2 次，结果如表 2-11，试判断母本、父本及交互作用的差异显著性。

表 2-11 小区有重复杂交试验结果

x_{ijk} 母本 / 父本	1	2	$x_{\cdot j\cdot}$
1	1，3	9，7	20
2	5，3	3，5	16
3	5，7	5，7	24
$x_{i\cdot\cdot}$	24	36	$x_{\cdot\cdot\cdot}=60$

【解】根据表 2-10 计算式计算离差平方和：

$$C=\frac{1}{abn}x_{\cdots}^{2}=\frac{1}{2\times3\times2}\times60^{2}=300$$

$$SS_T=\sum_i\sum_j\sum_k x_{ijk}^2-C=1^2+3^2+\cdots+7^2-300=56$$

$$SS_A=\frac{1}{bn}\sum_i x_{i\cdot\cdot}^2-C=\frac{1}{3\times2}(24^2+36^2)-300=12$$

$$SS_B=\frac{1}{an}\sum_j x_{\cdot j\cdot}^2-C=\frac{1}{2\times2}(20^2+16^2+24^2)-300=8$$

$$SS_{AB}=\frac{1}{n}\sum_i\sum_j x_{ij\cdot}^2-C-SS_A-SS_B=\frac{1}{2}(4^2+16^2+\cdots+12^2)-300-12-8=24$$

$$SS_e=SS_T-SS_A-SS_B-SS_{AB}=56-12-8-24=12$$

把计算结果列成方差分析表如表 2-12。

表 2-12　小区有重复杂交试验方差分析

变异来源	自由度	平方和	均方	固定模型		随机模型	
				EMS	F	EMS	F
母本	2−1=1	12	12	$\sigma^2+6\sigma_F^2$	$\frac{12}{2}=6^*$	$\sigma^2+2\sigma_{FM}^2+6\sigma_F^2$	$\frac{12}{12}=1$
父本	3−1=2	8	4	$\sigma^2+4\sigma_M^2$	$\frac{4}{2}=2$	$\sigma^2+2\sigma_{FM}^2+4\sigma_M^2$	$\frac{4}{12}=0.33$
母×父	(2−1)(3−1)=2	24	12	$\sigma^2+2\sigma_{FM}^2$	$\frac{12}{2}=6^*$	$\sigma^2+2\sigma_{FM}^2$	$\frac{12}{2}=6^*$
机误	2×3(2−1)=6	12	2	σ^2		σ^2	
总计	12−1=11	56					

试验分析结果，固定模型时母本及母×父交互作用间差异显著，随机模型时只有母×父交互作用差异显著。

表 2-13　双因素巢式分组试验的数据模式

A 因素	B 因素	观测值 x_{ijk}				A 因素内 B 因素和	A 因素和	总和
A_1	B_1	x_{111},	x_{112},	…	x_{11n}	$x_{11\cdot}$	$x_{1\cdot\cdot}$	$x_{\cdots}$
	B_2	x_{121},	x_{122},	…	x_{12n}	$x_{12\cdot}$		
	⋮	⋮	⋮	⋮	⋮	⋮		
	B_b	x_{1b1},	x_{1b2},	…	x_{1bn}	$x_{1b\cdot}$		
A_2	B_1	x_{211},	x_{212},	…	x_{21n}	$x_{21\cdot}$	$x_{2\cdot\cdot}$	
	B_2	x_{221},	x_{222},	…	x_{22n}	$x_{22\cdot}$		
	⋮	⋮	⋮	⋮	⋮	⋮		
	B_b	x_{2b1},	x_{2b2},	…	x_{2bn}	$x_{2b\cdot}$		
⋮	⋮	⋮	⋮	⋮	⋮	⋮		
A_a	B_1	x_{a11},	x_{a12},	…	x_{a1n}	$x_{a1\cdot}$	$x_{a\cdot\cdot}$	
	B_2	x_{a21},	x_{a22},	…	x_{a2n}	$x_{a2\cdot}$		
	⋮	⋮	⋮	⋮	⋮	⋮		
	B_b	x_{ab1},	x_{ab2},	…	x_{abn}	$x_{ab\cdot}$		

2.4.4 双因素巢式分组试验的方差分析

设A因素为一级因素，B因素为二级因素，A因素有 a 个水平，每个水平又安排B因素的 b 个水平，每个B因素的水平又有 n 个观测值。则全部试验共有 abn 个观测值，其数据模式如表2-13。

该类试验的方差分析如表2-14。

表2-14 双因素巢式分组试验方差分析

变异来源	自由度	平方和	均方	期望均方*	F
因素A	$a-1$	SS_A	MS_A	$\sigma^2+n\sigma_{B/A}^2+nb\sigma_A^2$	$\frac{MS_A}{MS_{B/A}}$
因素B/A	$a(b-1)$	$SS_{B/A}$	$MS_{B/A}$	$\sigma^2+n\sigma_{B/A}^2$	$\frac{MS_{B/A}}{MS_e}$
机误	$ab(n-1)$	SS_e	MS_e	σ^2	
总计	$abn-1$	SS_T			

*A内B因素效应在一般情况下是随机的。在此前提下，固定模型与随机模型的期望均方可视作相同。

表2-14中：$C=\frac{1}{abn}x_{\cdots}^2$

$$SS_T=\sum_i\sum_j\sum_k x_{ijk}^2-C$$

$$SS_A=\frac{1}{bn}\sum_i x_{i\cdot\cdot}^2-C$$

$$SS_{B/A}=\frac{1}{n}\sum_i\sum_j x_{ij\cdot}^2-\frac{1}{bn}\sum_i x_{i\cdot\cdot}^2$$

$$SS_e=SS_T-SS_A-SS_{B/A}$$

【例2.4】某种源试验，共有2个种源，每种源内有3个林分，每林分内随机采种，子代苗重复2次，结果如表2-15，试判断种源间及林分间有无显著差异。

表2-15 种源试验结果

种源（P）	甲			乙		
林分（S）	A	B	C	D	E	F
试验结果 x_{ijk}	6，8	7，9	8，10	9，11	11，13	13，15
$x_{ij\cdot}$	14	16	18	20	24	28
$x_{i\cdot\cdot}$	48			72		
$x_{\cdots}$	120					

【解】根据表2-14计算式计算离差平方和：

$$C=\frac{1}{abn}x_{\cdots}^2=\frac{1}{2\times3\times2}\times120^2=1200$$

$$SS_T = \sum_i \sum_j \sum_k x_{ijk}^2 - C = 6^2 + 8^2 + \cdots + 15^2 - 1200 = 80$$

$$SS_P = \frac{1}{bn} \sum_i x_{i\cdot\cdot}^2 - C = \frac{1}{3 \times 2}(48^2 + 72^2) - 1200 = 48$$

$$SS_{S/P} = \frac{1}{n} \sum_i \sum_j x_{ij\cdot}^2 - \frac{1}{bn} \sum_i x_{i\cdot\cdot}^2 = \frac{1}{2}(14^2 + 16^2 + \cdots + 28^2) - \frac{1}{3 \times 2}(48^2 + 72^2)$$

$$= 20$$

$$SS_e = SS_T - SS_P - SS_{S/P} = 80 - 18 - 20 = 12$$

然后将计算结果进行方差分析，如表 2-16。

表 2-16　种源试验方差分析

变异来源	自由度	平方和	均方	期望均方	F
种源	2−1=1	48	48	$\sigma^2 + 2\sigma_{S/P}^2 + 6\sigma_P^2$	$\frac{48}{5}$=9.6*
林分/种源	2（3−1）=4	20	5	$\sigma^2 + 2\sigma_{S/P}^2$	$\frac{5}{2}$=2.5
机误	2×3（2−1）=6	12	2	σ^2	
总计	2×3×2−1=11	80			

检验种源间差异的显著性，由 $F_{0.05}$（1，4）=7.71，$F>F_{0.05}$，故差异显著。

检验种源内林分间差异的显著性，由 $F_{0.05}$（4，6）=4.53，$F<F_{0.05}$，故差异不显著。

2.4.5　方差分析中期望均方（EMS）的写法

从上述不同试验的方差分析方法中可以看出，方差分析的核心是 F 检验，而 F 值计算式的确定又要依赖于不同差异来源的期望均方。因此，正确写出各个变异来源的期望均方，就成了方差分析的一个核心问题。关于各种模型的期望均方，在数理统计学中都有严格的推导。从应用的角度出发，我们总想寻找一种简便而准确的方法直接写出期望均方。美籍华人孔繁浩教授找到了这种方法。他的方法适用于随机模型，而随机模型正是我们林业试验设计中使用最广泛的模型。

这种方法大体可分为以下 5 步：

（1）第 1 列写出变异来源；

（2）第 1 行写出对应的均方成分；

（3）所有变异来源都含有误差项，系数为 1；

（4）在对角线上写出对应的方差成分，其系数为变异来源中没有出现的系数的乘积；

（5）从对角线往上看，若均方成分的下标全部包括了变异来源，就照抄；否则就划掉这一项。

例如，2 个母本各与 3 个父本交配，子代苗重复 4 次，则全部观测值个数即全部系数乘积为：$\underset{2\times3\times4}{F\quad M\quad n}$=24，按上述方法，可以直接写出该试验的期望均方如表 2-17。

表 2-17　随机模型期望均方例

变异来源	EMS			
	σ_e^2	σ_{FM}^2	σ_M^2	σ_F^2
母本（F）	σ_e^2	$4\sigma_{FM}^2$	—	$12\sigma_F^2$
父本（M）	σ_e^2	$4\sigma_{FM}^2$	$8\sigma_M^2$	
交互（FM）	σ_e^2	$4\sigma_{FM}^2$		
机误（e）	σ_e^2			

这种方法不仅适用于双因素试验，也适用于更多因素的试验；不仅适用于交叉式分组设计，也同样适用于巢式设计以及交叉式与巢式混合分组的设计。这样，就使各种试验设计的方差分析工作大大简化了。

写出期望均方的主要目的是为了正确地进行 F 检验。计算某一变异来源的 F 值时，应以该变异来源的均方值为分子；分母项的期望均方应该比分子项少一种均方成分即要检验的均方成分。比如上例中母本效应的期望均方是 $\sigma_e^2+4\sigma_{FM}^2+12\sigma_F^2$，其中 $12\sigma_F^2$ 是要检验的均方成分，因此 F 检验的分母项的期望均方应为 $\sigma_e^2+4\sigma_{FM}^2$，对应于这一期望均方的变异来源是父母本交互作用项，故检验母本效应的 F 值计算式为：

$$F=\frac{MS_F}{MS_{FM}}$$

同理，检验父本效应的 F 值计算式为：

$$F=\frac{MS_M}{MS_{FM}}$$

检验父本、母本交互效应的 F 值计算式为：

$$F=\frac{MS_{FM}}{MS_e}$$

2.4.6　多因素混合分组试验的方差分析

除了上述交叉式分组试验和巢式分组试验之外，林业试验中常常有更为复杂的情形，比如在多个地点进行种源-林分的选择试验，从不同种源中选择母本和父本然后进行杂交的试验，不同品种或无性系的多点、多年对比试验，以及多种栽培方式、栽植密度和施肥方案的综合试验等。在这些复杂的试验中，某些因素间属于交叉式关系，某些因素间又属于巢式关系。

对这些比较复杂的试验进行方差分析时，如果按照常规的数理统计方法，要写出离差平方和的计算式是比较困难的。对此，孔繁浩经研究也得出了较为简便和直观的方法。概括起来，这种方法主要有以下 3 个步骤：

第 1 步，根据试验的线性模型写出变异来源及其自由度。自由度的写法是：

总自由度＝数据总数－1

某因素自由度＝该因素水平数－1

巢式关系次级因素自由度＝次级因素水平数－上级因素水平数

交叉关系互作项自由度＝有关因素自由度乘积

第 2 步，根据数学模型，对原始数据进行多个方向的累加，并对累加后的原始数据求平方和。

仍以〔例 2.3〕数据为例说明。对原始数据 x_{ijk}，先累加为 $x_{ij.}$，再从两个方向累加为 $x_{i..}$ 和 $x_{.j.}$，最后总计为 $x_{...}$，如表 2-18。

表 2-18　杂交试验结果的累加

父本 \ x_{ijk} \ 母本	1	2	$x_{ij.}$	$x_{.j.}$
1	1，3	9，7	4　16	20
2	5，3	3，5	8　8	16
3	5，7	5，7	12　12	24
$x_{i..}$			24　36	$x_{...}=60$

求平方和时，累加和是由几个原始数据得到的，平方和就除以几，并说明该平方和是由几项累加和得到的：

$$\sum\sum\sum x_{ijk}^2 = 1^2 + 3^2 + 9^2 + \cdots + 7^2 = 356 \quad (12\text{ 项})$$

$$\frac{1}{2}\sum\sum x_{ij.}^2 = \frac{1}{2}(4^2 + 16^2 + \cdots + 12^2) = 344 \quad (6\text{ 项})$$

$$\frac{1}{6}\sum x_{i..}^2 = \frac{1}{6}(24^2 + 36^2) = 312 \quad (2\text{ 项})$$

$$\frac{1}{4}\sum x_{.j.}^2 = \frac{1}{4}(20^2 + 16^2 + 24^2) = 308 \quad (3\text{ 项})$$

$$\frac{1}{12}x_{...}^2 = \frac{1}{12}\times 60^2 = 300 \quad (1\text{ 项})$$

第 3 步，根据第一步所得到的各变异来源自由度的计算式，写出对应项数的平方和计算式，所得结果即为该变异来源的离差平方和。并据此进行方差分析，如表 2-19。

表 2-19　杂交试验方差分析

变异来源	自由度	离差平方和	均方
母　本	2−1	312−300=12	12
父　本	3−1	308−300=8	4
母×父	（2−1）（3−1）=6−3−2+1	344−308−312+300=24	12
机　误	12−6	356−344=12	2
总　计	12−1	356−300=56	

可见，计算结果与常规数理统计方法所得结果（表 2-12）是完全一样的。（期望均方及 F 值计算同上，略）

下面就用实例说明这种方法在复杂试验中的应用。例如进行多点的种源试验：共有 P 个种源，每个种源有 F 个家系，每个家系内有 n 次重复，该试验同时在 S 个地点进行，则试验的线性模型为：

$$x_{ijkl}=\mu+\alpha_i+\beta_{j(i)}+S_k+aS_{ik}+\beta S_{j(i)k}+e_{ijkl}$$

式中：α_i——种源效应；

$\beta_{j(i)}$——种源内家系效应；

S_k——地点效应；

αS_{ik}——种源与地点交互效应；

$\beta S_{j(i)k}$——种源内家系与地点的交互效应。

该试验的方差分析表如表 2-20 所示。

表 2-20　多点种源试验方差分析

变异来源	自由度	平方和	均方	固定模型		随机模型	
				EMS	F	EMS	F
种源	$P-1$	SS_P	MS_P	$\sigma^2+nS\sigma^2_{F/P}+nSF\sigma^2_P$	$\frac{MS_P}{MS_{F/P}}$	$\sigma^2+n\sigma^2_{SF/P}+nF\sigma^2_{SP}+ns\sigma^2_{F/P}+nSF\sigma^2_P$	$\frac{MS_P}{MS'}$
家系/种源	$P(F-1)$	$SS_{F/P}$	$MS_{F/P}$	$\sigma^2+nS\sigma^2_{F/P}$	$\frac{MS_{F/P}}{MS_e}$	$\sigma^2+n\sigma^2_{SF/P}+nS\sigma^2_{F/P}$	$\frac{MS_{F/P}}{MS_{SF/P}}$
地点	$S-1$	SS_S	MS_S	$\sigma^2+nP\sigma^2_S$	$\frac{MS_S}{MS_e}$	$\sigma^2+n\sigma^2_{SF/P}+nF\sigma^2_{SP}+nPF\sigma^2_S$	$\frac{MS_S}{MS_{SP}}$
地点×种源	$(S-1)(P-1)$	SS_{SP}	MS_{SP}	$\sigma^2+nF\sigma^2_{SP}$	$\frac{MS_{SP}}{MS_e}$	$\sigma^2+n\sigma^2_{SF/P}+nF\sigma^2_{SP}$	$\frac{MS_{SP}}{MS_{SF/P}}$
地点×家系/种源	$P(S-1)(F-1)$	$SS_{SF/P}$	$MS_{SF/P}$	$\sigma^2+n\sigma^2_{SF/P}$	$\frac{MS_{SF/P}}{MS_e}$	$\sigma^2+n\sigma^2_{SF/P}$	$\frac{MS_{SF/P}}{MS_e}$
机误	$PFS(n-1)$	SS_e	MS_e	σ^2		σ^2	
总计	$PFSn-1$	SS_T					

当采取随机模型时，种源的期望均方共有 5 项，但是我们找不到除种源方差 $nSF\sigma^2_P$ 之外，仅含其余 4 项方差的相应变异来源。这时，就要根据期望均方的加减关系，将 F 值的分母项依靠相关的均方进行加减合并出来。检验该 F 值的显著性去查 F_α 值时，第一自由度用种源自由度（$P-1$），第二自由度用刚才求分母项时所用变异来源的自由度以均方的平方为权重求取加权平均值：

求种源 F 值分母 $MS'=MS_{F/P}+MS_{SP}-MS_{SF/P}$

故种源 $F=\frac{MS_P}{MS'}=\frac{MS_P}{MS_{F/P}+MS_{SP}-MS_{SF/P}}$

查 F_α 时第二自由度由构成它的均方的平方为权重，进行加权平均：

$$df=\frac{(\sum MS)^2}{\sum\frac{MS^2}{df}}=\frac{(MS_{F/P}+MS_{SP}-MS_{SF/P})^2}{\frac{(MS_{F/P})^2}{P(F-1)}+\frac{(MS_{SP})^2}{(S-1)(P-1)}+\frac{(MS_{SF/P})^2}{P(S-1)(F-1)}}$$

（自由度四舍五入至整数位）

【例 2.5】 设在两个地点进行种源试验，共 3 个种源，每个种源有 2 个家系，每个家系在每个地点有 2 次重复。观测数据及整理结果如表 2-21。试检验种源、家系、地点及其交互作用的显著性。

表 2-21　两点种源试验结果

种源	家系	地点 1	地点 2	$x_{ijk\cdot}$		$x_{ij\cdot\cdot}$	$x_{i\cdot k\cdot}$		$x_{i\cdots}$
A	Ⅰ	9，11	7，9	20	16	36	44	36	80
	Ⅱ	11，13	9，11	24	20	44			
B	Ⅲ	4，6	10，12	10	22	32	24	48	72
	Ⅳ	6，8	12，14	14	26	40			
C	Ⅴ	11，13	9，11	24	20	44	52	48	100
	Ⅵ	13，15	13，15	28	28	56			
						$x_{\cdot\cdot k\cdot}$	120	132	$x_{\cdots\cdot}$ 252

【解】首先，求原始数据及累加和的平方和：

原始数据：$\sum x_{ijkl}{}^2 = 9^2 + 11^2 + 7^2 + \cdots + 15^2 = 2840$　　（24 项）

地点×家系 / 种源：$\frac{1}{2}\sum x_{ijk\cdot}^2 = \frac{1}{2}(20^2 + 16^2 + \cdots + 28^2) = 2816$　　（12 项）

家系 / 种源：$\frac{1}{4}\sum x_{ij\cdot\cdot}^2 = \frac{1}{4}(36^2 + 44^2 + \cdots + 56^2) = 2732$　　（6 项）

地点×种源：$\frac{1}{4}\sum x_{i\cdot k\cdot}^2 = \frac{1}{4}(44^2 + 36^2 + 48^2) = 2780$　　（6 项）

种源：$\frac{1}{8}\sum x_{i\cdots}^2 = \frac{1}{8}(80^2 + 72^2 + 100^2) = 2698$　　（3 项）

地点：$\frac{1}{12}\sum x_{\cdot\cdot k\cdot}^2 = \frac{1}{12}(120^2 + 132^2) = 2652$　　（2 项）

总计：$\frac{1}{24}\sum x_{\cdots\cdot}^2 = \frac{1}{24} \times 252^2 = 2646$　　（1 项）

然后，根据自由度求各变异来源的离差平方和：

变异来源	自由度	离差平方和
种　源	3－1	2698－2646＝52
家系/种源	6－3	2732－2698＝34
地　点	2－1	2652－2646＝6
地点×种源	（2－1）（3－1）＝6－3－2＋1	2780－2698－2652＋2646＝76
地点×家系/种源	（2－1）（6－3）＝12－6－6＋3	2816－2732－2780＋2698＝2
机　误	24－12	2840－2816＝24
总　计	24－1	2840－2646＝194

最后，将上述结果列成方差分析表，根据数学模型进行 F 检验，如表 2-22。

表 2-22 两点种源试验方差分析表

变异来源	自由度	平方和	均方	F	
				固定模型	随机模型
种　源	2	52	27	27/11.33=2.38	27/（11.33+38−0.67）=0.55
家系/种源	3	34	11.33	11.33/2=5.66*	11.33/0.67=16.91*
地　点	1	6	6	6/2=3.00	6/38=0.16
地点×种源	2	76	38	38/2=19.00**	38/0.67=56.71**
地点×家系/种源	3	2	0.67	0.67/2=0.34	0.67/2=0.34
机　误	12	24	2		
总　计	23	194			

检验随机模型种源显著性时查 F_α 之第二自由度：

$$df=\frac{\left(\sum MS\right)^2}{\sum\frac{MS^2}{df}}=\frac{(11.33+38-0.67)^2}{\frac{11.33^2}{3}+\frac{38^2}{2}+\frac{0.67^2}{3}}=\frac{2367.80}{764.94}\doteq 3$$

2.4.7 数据转换

以上我们介绍了各种不同试验的方差分析方法，然而并不是所有的试验数据都可以直接拿来进行方差分析的。因为方差分析的有效性是建立在一些基本假定之上，或者说方差分析是有条件的。这些条件可以概括为三条：①正态。即试验误差应当是服从正态分布 $N(0,\sigma^2)$ 的独立的随机变量，非正态分布的资料必须经过适当的数据转换后才能进行方差分析。②可加。处理效应与误差效应应该是可加的，即服从方差分析的数学模型。③方差齐性。所有试验的误差方差应具有同质性，即 $\sigma_1^2=\sigma_2^2=\cdots=\sigma_n^2$。

在进行方差分析之前，凡不符合上述三个条件的数据，应该先进行数据转换。常用的转换方法有：

（1）平方根转换 有些生物学观测数据是一定面积上的杂草数、昆虫个数等，这些数据遵从泊松分布而不遵从正态分布，这类数据应进行平方根转换，即对所有观测值 x 开平方，用$\sqrt{x}$进行方差分析，即

$$x'=\sqrt{x}$$

（2）对数转换 某些数据的效应为倍加性或可乘性，例如环境中某些污染物的分布、生物体内某些微量元素的分布、不同时期捕获的昆虫数等，这些数据服从对数正态分布，需将原始数据 x 转化为其对数值再进行方差分析，即

$$x'=\log x$$

（3）反正弦转换 如果观测数据是用比例或百分数表示的，例如发芽率、成活率、花粉生活力等，则其分布趋向于二项分布，方差分析时应该做反正弦转换，其方法是将原始数据先开平方，再求反正弦值，即

$$x' = \sin^{-1}\sqrt{x}$$

2.5　多重比较

经过方差分析的 F 检验，如果证明某个处理差异显著，那也仅仅是证明了这个处理的不同水平间存在着显著差异，并不说明这些不同水平两两之间都存在着显著差异。究竟哪两个水平间有显著差异，哪两个水平间差异不显著，就需要进一步对不同水平两两之间的差异性进行比较，统计学上把这种比较称为多重比较（multiple comparisons）。

2.5.1　多重比较的方法

多重比较的方法很多，本教材介绍以下 4 种比较常用的方法：最小显著差数法（LSD），Tukey 氏固定极差法，Duncan（邓肯）氏新复极差法和 SNK（q 检验）法。

(1) 最小显著差数法（LSD）　最小显著差数法（least significant difference，简称 LSD）实质上是 t 检验，其具体步骤为：

①计算两平均数之差的标准误，其公式为：

$$S_{\bar{x}_i-\bar{x}_j} = \sqrt{\frac{2MS_e}{n}} \tag{2-9}$$

式中：MS_e——方差分析表中误差项的均方；

n——试验的重复数。

②计算最小显著差数 LSD_α。先根据方差分析表误差项的自由度查 t 表，危险率 a 一般用 0.05 和 0.01 两个水平。然后用下式计算 LSD_α：

$$LSD_\alpha = t_\alpha \cdot S_{\bar{x}_i-\bar{x}_j} \tag{2-10}$$

③列多重比较表。先按从大到小顺序把各水平平均数排成一列，然后在第 2 列上用各平均数减去最小的平均数；在第 3 列上用各平均数减去次小的平均数；以此类推，直至最后一列用最大的平均数减去次大的平均数。

④将多重比较表中两两平均数之差与 $LSD_{0.05}$ 和 $LSD_{0.01}$ 比较，差数大于 $LSD_{0.05}$ 的打一个星号，表示差异显著；差数大于$LSD_{0.01}$的打两个星号，表示差异极显著。

【例 2.6】 试对〔例 2.1〕4 个无性系用 LSD 法进行多重比较。

【解】 根据方差分析表（表 2-4），$MS_e=9$，

则$S_{\bar{x}_i-\bar{x}_j}=\sqrt{\frac{2MS_e}{n}}=\sqrt{\frac{2\times 9}{3}}=2.449$

再根据方差分析表中误差项自由度$df_e=8$，查 t 表，得：$t_{0.05}=2.306$，$t_{0.01}=3.355$

然后计算LSD_α：

$$LSD_{0.05} = t_{0.05} \cdot S_{\bar{x}_i-\bar{x}_j} = 2.306 \times 2.449 = 5.65$$

$$LSD_{0.01} = t_{0.01} \cdot S_{\bar{x}_i-\bar{x}_j} = 3.355 \times 2.449 = 8.22$$

最后列多重比较表，将 4 个无性系的平均数按由大到小顺序排为一列，两两相减，其差数排成一个三角形，凡差数大于$LSD_{0.05}$者打一个星号，差数大于$LSD_{0.01}$者打两个星号。如表 2-23。

表 2-23　4 个无性系的 LSD 多重比较

无性系	平均数 $\bar{x}_{1.}$	差异显著性		
		$\bar{x}_{1.}-5$	$\bar{x}_{1.}-8$	$\bar{x}_{1.}-13$
D	14	9**	6*	1
C	13	8*	5	
B	8	3		
A	5			

(2) Tukey 氏固定极差法　此法由 Tukey 提出，其具体步骤为：

①计算平均数标准误，公式为：

$$S_{\bar{x}} = \sqrt{\frac{MS_e}{n}} \tag{2-11}$$

②查 q 表。查 q 表需要两个参数，一个是方差分析表中误差项的自由度 f；另一个是处理数 K，即欲进行比较的因素的水平数。需要注意的是，K 不是该处理的自由度，即不需减 1。q 表同样有 0.05 和 0.01 两个危险率。所以，此步骤就是根据 f 和 K 查出 $q_{0.05}$ 和 $q_{0.01}$。

③计算最小显著差数D_α。将上两步得到的标准误与 q_α 值相乘，即得最小显著差异 D_α，公式为：

$$D_\alpha = q_\alpha \cdot S_{\bar{x}} \tag{2-12}$$

④列多重比较表，将两两平均数之差与D_α比较，结果表示同上一种方法。

【例 2.7】使用 Tukey 氏固定极差法，对〔例 2.1〕4 个无性系进行多重比较。

【解】　先根据式 2-11 计算平均数标准误：

$$S_{\bar{x}} = \sqrt{\frac{MS_e}{n}} = \sqrt{\frac{9}{3}} = 1.732$$

再根据处理数 $K=4$ 和误差项自由度$df_e=8$ 查 q 表，得：

$$q_{0.05}(4,8) = 4.53$$
$$q_{0.01}(4,8) = 6.20$$

然后计算最小显著差异D_α：

$$D_{0.05} = q_{0.05} \cdot S_{\bar{x}} = 4.53 \times 1.732 = 7.85$$
$$D_{0.01} = q_{0.01} \cdot S_{\bar{x}} = 6.20 \times 1.732 = 10.74$$

最后列多重比较表，用D_α尺度衡量两两平均数之差，并用星号标记差异显著的差数，如表 2-24。

表 2-24　4 个无性系的 Tukey 氏多重比较

无性系	平均数 $\bar{x}_{1.}$	差异显著性		
		$\bar{x}_{1.}-5$	$\bar{x}_{1.}-8$	$\bar{x}_{1.}-13$
D	14	9*	6	1
C	13	8*	5	
B	8	3		
A	5			

从比较结果可以看出，原来用 LSD 法（D-B）为差异显著，现在用 Tukey 法变为不显著了；原来 LSD 法（D-A）差异达到了极显著水平，现在用 Tukey 法只达到了显著水平。由此可以看出，Tukey 法比 LSD 法尺度更为严格。

(3) Duncan（邓肯）氏新复极差法　前面介绍的两种方法对于不同平均数间差异的比较均采用相同的显著性尺度，可能会积累误差。Duncan 提出了一种多重比较方法，它是依平均数秩次距的不同而采用一个“可以伸缩”的显著性尺度。该方法的具体操作步骤为：

①先计算平均数标准误$S_{\bar{x}}$，公式与（2-11）相同。

②查 SSR 表。

根据方差分析误差项自由度df_e和要比较的平均数个数 K 查 SSR 表，如果要比较的处理的水平数为 a，则要查 K 分别等于 2、3、…、a 时的SSR_α值。

③计算最小显著极差LSR_α。由不同的SSR_α值分别乘以标准误，即可得到LSR_α。公式为：

$$LSR_\alpha = SSR_\alpha \cdot S_{\bar{x}} \qquad (2-13)$$

④列多重比较表，将两两平均数之差与对应的 K 值所计算出的LSR_α比较，若差值大于$LSR_{0.05}$，为差异显著；若差值大于$LSR_{0.01}$，则为差异极显著。

【例 2.8】仍以〔例 2.1〕数据为例，用邓肯氏新复极差法对 4 个无性系进行多重比较。

【解】先计算平均数标准误：

$$S_{\bar{x}} = \sqrt{\frac{MS_e}{n}} = \sqrt{\frac{9}{3}} = 1.732$$

然后根据误差项自由度$df_e=8$ 和处理数 $K=2\sim4$ 查SSR_α，并分别乘以$S_{\bar{x}}$，得到各个LSR_α，如表 2-25。

表 2-25　4 个无性系的SSR_α和LSR_α

K	2	3	4
$SSR_{0.05}$	3.26	3.39	3.47
$SSR_{0.01}$	4.74	5.00	5.14
$LSR_{0.05}$	5.65	5.87	6.01
$LSR_{0.01}$	8.21	8.66	8.90

最后列多重比较表，用LSR_α尺度去衡量两两平均数之差，如表 2-26。

表 2-26　4 个无性系的 Duncan 氏多重比较

无性系	平均数 $\bar{x}_{1\cdot}$	差异显著性		
		$\bar{x}_{1\cdot}-5$	$\bar{x}_{1\cdot}-8$	$\bar{x}_{1\cdot}-13$
D	14	9^{**}	6^{*}	1
C	13	8^{*}	5	
B	8	3		
A	5			

Duncan 氏检验的特点在于，显著性尺度是随 K 值而变化的。在多重比较表中，反映 K 值变化的平均数之差在对角线上；最下面的对角线上的 3 个差数 3、5、1 要用 $K=2$ 的 LSR_α 衡量，因为这些差数是相邻的两个平均数之差；中间对角线上的两个差数 8、6 要用 $K=3$ 的 LSR_α 衡量，因为这两个差数包含了 3 个平均数；最上面的一个差数 9 要用 $K=4$ 的 LSR_α 来衡量，因为它包含了 4 个平均数。

检验的结果，D 与 A 之差 $9>LSR_{0.01}=8.90$，差异达极显著水平；D 与 B、C 与 A 之差达到了显著水平。可以看出，该法检验的尺度比 Tukey 氏检验的尺度要松，而与 LSD 法相似。

(4) SNK（q 检验）法　此法与新复极差检验相似，其区别仅在于计算最小显著极差 LSR_α 时不是查 SSR_α 表，而是查 q_α 表。除此之外，具体方法与步骤均与新复极差法相同。

【例 2.9】 仍以〔例 2.1〕数据为例，用 SNK（q 检验）法对 4 个无性系进行多重比较。

【解】 先计算平均数标准误：

$$S_{\bar{x}}=\sqrt{\frac{MS_e}{n}}=\sqrt{\frac{9}{3}}=1.732$$

然后根据误差项的自由度 $df_e=8$ 和欲比较的平均数个数 K 查 q_α 表。本例中 K 分别等于 2、3、4。再由查出的 q_α 值分别乘以标准误 $S_{\bar{x}}$，即得 LSR_α 值，如表 2-27。

表 2-27　4 个无性系对比的 q_α 和 LSR_α

K	2	3	4
$q_{0.05}$	3.26	4.04	4.53
$q_{0.01}$	4.74	5.63	6.20
$LSR_{0.05}$	5.64	6.99	7.84
$LSR_{0.01}$	8.20	9.75	10.73

最后列多重比较表，用 LSR_α 分别对两两之差进行检验，结果如表 2-28。

表 2-28　4 个无性系的 SNK 多重比较

无性系	平均数 $\bar{x}_{1.}$	差异显著性		
		$\bar{x}_{1.}-5$	$\bar{x}_{1.}-8$	$\bar{x}_{1.}-13$
D	14	9*	6	1
C	13	8*	5	
B	8	3		
A	5			

可以看出，当 $K=2$ 时，由于q_α与SSR_α一致，所以两种方法的LSR_α也是一样的，而 $K>2$ 时，由于$q_\alpha>SSR_\alpha$，所以 SNK 法比 Duncan 氏法的检验尺度更为严格一些。

上述 4 种多重比较的方法，其显著性尺度大小次序是：

$$\text{LSD} \leqslant \text{Duncan} \leqslant \text{SNK}(q\ \text{检验}) \leqslant \text{Tukey}$$

临界尺度越小，则越灵敏，可检出较多的显著差异，但错误否定零假设的概率也相应增大。在上述 4 种方法中，LSD 法尺度最小，Tukey 氏固定极差法和 SNK（q 检验）尺度最大，新复极差法尺度居中。同一个试验的方差分析用前面方法检验显著的结果，用后面方法检验未必显著；用后面方法检验显著的结果，用前面方法检验必然显著。试验中究竟采用哪一种多重比较方法，主要根据否定一个正确的零假设 H_0和接受一个不正确的零假设 H_0的相对重要性来定。如果否定正确的零假设是事关重大或后果严重的，或对试验要求严格时，用后面两种检验法较为妥当；如果接受一个不正确的零假设 H_0是事关重大或后果严重的，则宜采用新复极差法。而 LSD 法因为采用统一的显著性尺度，比较简便，在工作中也常采用。在具体应用时，只要根据实际条件和灵敏度要求从 4 种方法中选用其中一种方法即可。

2.5.2　多重比较结果的表示方法

多重比较的结果，过去一直沿用梯形表法，随着试验规模的增大和处理数的增加，梯形表法因为占用的篇幅太大，又发展出两种简洁的表示方法：标记字母法、连线法。现将三种方法分别介绍如下。

(1) 梯形表法　将全部平均数由大到小、自上而下顺序排列，然后算出每两个平均数的差数。凡差异显著性达到 $\alpha=0.05$ 水平的，在其右上角标记“*”；凡达到$\alpha=0.01$ 水平的，在其右上角标记“**”；凡未达到 $\alpha=0.05$ 水平的，则不予标记。本章表 2-23、表 2-24、表 2-26、表 2-28 均为这种表示方法。梯形表法简便直观、一目了然，是传统的多重比较表示方法，但占用篇幅较大，在现代科技论文中已经较少使用了。

(2) 标记字母法　标记字母法规定在 $\alpha=0.05$ 水平上差异显著性用小写拉丁字母 a、b、c……表示；在 $\alpha=0.01$ 水平上用大写拉丁字母 A、B、C……表示。具体方法是：先将全部平均数由大到小依次排列，然后在最大的平均数下标记字母 a（或 A），并将该平均数与以下各平均数相比，凡差异不显著的均标上 a（或 A），直至某一个与之差异显著的平均数则标上 b（或 B）。再以该平均数为标准，与上方比它大的平均数相比，凡与它差异不显著的平均数均标记字母 b（或 B）。然后再以标有 b（或 B）的最大数为标准，与以下各未标记的平均数相比，凡与它差异不显著的也一样标以字母 b（或 B），直至某一个与其差异显著时，则标记 c（或 C）……如此重复下去，直至最小一个平均数有了标记字母为止。

标记字母法常常在梯形表法的基础上进行，此法的最大优点是占用篇幅小，在科技论文中常常采用。在各平均数之间，凡有一个相同字母的即为差异不显著；凡没有相同标记字母的即为差异显著。现以〔例 2.6〕为例，表 2-23 的梯形表可以用标记字母法改写，结果如表 2-29。

表 2-29　4 个无性系 LSD 多重比较结果

无性系		D	C	B	A
平均数		14	13	8	5
差异显著性	0.05	a	ab	bc	c
	0.01	A	AB	AB	B

(3) 连线法　在标记字母法的基础上，如将相同字母的平均数用一条直线相连，即可表示差异不显著；而没有相同直线连接的平均数即为差异显著。表 2-29 亦可用连线法表示，如表 2-30。

表 2-30　4 个无性系 LSD 多重比较结果

无性系		D	C	B	A
平均数		14	13	8	5
差异显著性	0.05	————	————		
			————	————	
	0.01	————	————	————	————
			————	————	————

习　题

1. 林业试验设计的种类有哪些？试写出各种设计的线性数学模型。

2. 什么叫固定模型、随机模型、混合模型？方差分析的作用是什么？

3. 何谓交叉式分组试验？何谓巢式分组试验？它们在进行方差分析时有何区别？

4. 进行肉用鸡的杂交育种试验，设选择 8 只公鸡，各配 6 只母鸡圈养，所产卵分别家系孵化和饲养，饲料有 3 种不同的配方，观测雏鸡的百日重，以判断不同亲本和不同饲料对雏鸡发育的影响。试：

(1) 写出该试验的线性模型；

(2) 写出该试验的方差分析表，含各种变异来源的自由度、平方和计算式、均方计算式、期望均方、F 值计算式。

5. 在食品质量检查中，对 A、B、C、D 4 种食品各抽取 5 个样本，统计其不合格率，结果见表 2-31。试对该资料作方差分析，然后将该资料进行反正弦转换，再作方差分析，并比较两种分析的差别。

表 2-31　4 种食品质检的不合格率（%）

A	B	C	D
0.8	4.0	9.8	6.0
3.8	1.9	56.2	79.8
0.0	0.7	66.0	67.0
6.0	3.5	10.3	84.6
1.7	3.2	9.2	2.8

6. 某试验中 6 个处理结果的平均数如表 2-32，已知平均数标准误为 16.219，误差项自由度为 18，用 Duncan 新复极差法进行多重比较，计算临界值，用标记字母法和连线法写出多重比较结果。

表 2-32　6 个处理的平均数

各处理号	1	2	3	4	5	6
平均数	154.84	76.06	121.24	37.48	54.34	173.22

第3章 配对法与完全随机试验设计

配对法设计（paired design）与完全随机设计（complete randomization design）是设计方法比较简单、试验结果容易统计的试验设计，往往用于单因素设计。

3.1 配对法设计

3.1.1 配对法设计的原理和试验布置

配对法设计将试验对象按照性质相同的原则，两两配对，使对子内的环境条件等差异尽量一致，对子间允许有差异，对子内的两个个体用随机的办法确定应该接受何种试验处理。配对法适用于处理只有两种（或有1种处理，1种对照），而且试验条件又容易控制的情况，配对法的试验设置使每一对内除了处理不同之外，其他条件保持一致，体现了局部控制的原则，提高了试验的精度。

例如，为了鉴定两种病毒对烟草的致病力，可将一片烟草叶的左半部接种A病毒，右半部接种B病毒，重复若干叶片，重复时使左右半片所接种的病毒随机化。

在田间进行配对法试验时，常常排为相邻的两行，每相邻的一对安排两种处理，重复时实现随机化。这样能够使得肥力、水分、光照等环境条件尽量相同。

3.1.2 配对法设计的统计分析

配对法设计只比较两者处理的效果，统计分析时一般采用 t 检验。

【例3.1】 为了探索加杨同一枝条不同部位扦插效果是否相同，从20株加杨上分别采集枝条，每一条分为4段，用第一段与第四段配成对子，成对扦插于田间，田间管理等完全一致。结果见表3-1，试判断加杨枝条的不同部位扦插效果是否有差异。

表3-1 加杨扦插试验结果

第1段苗高 H_1	231	205	161	278	146	218	256	282	272	295	172	281	190	142	236	198	182	174	186	204
第4段苗高 H_2	256	226	204	246	232	281	235	286	212	315	156	150	218	208	184	125	234	120	180	276

（续）

$d=H_1-H_2$	−25	−21	−43	32	−86	−63	21	−4	−60	−20	16	131	−28	−66	52	73	−52	54	6	−72

【解】第 1 步，以表 3-1 差值 d 为原始数据进行统计，

得：$\bar{d}=-7.75$

$$S_d=56.19$$

$$S_{\bar{d}}=\frac{S_d}{\sqrt{n}}=\frac{56.19}{\sqrt{20}}=12.56$$

第 2 步，t 检验：

$$t=\frac{|\bar{d}|}{S_{\bar{d}}}=\frac{7.75}{12.56}=0.62$$

$$t_{0.05}(19)=2.09$$

由于 $t<t_{0.05}$，所以不能推翻第 1 段与第 4 段无显著差异的假设，即加杨同一枝条不同部位的扦插效果是一致的。

3.1.3　配对法设计的评价

配对法试验设计符合试验设计的三原则。由于对处理以外的条件控制性强，局部控制好，因而准确性高、误差小；同时，这种方法节省材料、效率高、分析简便易行。所以配对法设计特别适用于要求精度高的小规模单因子试验，例如某些生理试验、病理试验、杀虫剂试验等。其缺点是对试验材料要求比较苛刻，应用范围不广。

3.2　完全随机设计

3.2.1　完全随机设计的原理和试验布置

完全随机设计又称成组设计，是用随机化的方式来控制误差变异，认为经过随机化处理后，样本间的变异在各个处理水平上随机分布，这样就可将试验结果的差异归于不同处理的影响。由于试验要求环境条件基本一致，所以完全随机设计一般适用于试验处理数较少、试验地整齐均一的情况，尤其是实验室培养以及网室、温室的盆钵试验等。

完全随机设计的试验设置中，各处理的重复数可以相同也可以不同。将所有处理的所有重复随机分配到各个试验单元（或小区）中。假设试验共有 n 种处理，每一处理有 k 个重复，共需要 nk 个小区。随机的次序可以用抽签法、查随机数表，或用计算器、计算机等产生。

例如，某试验连同对照共有 5 种处理（A、B、C、D、E），每一处理设置了 3 次重复，共 15 个小区。试验布置见图 3-1。首先将试验地划分为 15 个小区（图 3-1，A），然后将 5 个处理的所有重复取 1～15 的随机号（图 3-1，B），最后将所有处理的所有重复按照抽取的序号排入小区中（图 3-1，C）

完成小区排列之后，在试验地周围加上保护行，即为完整的田间设计。

1	2	3	4	5
6	7	8	9	10
11	12	13	14	15

A.小区号

处理编号	A_1	A_2	A_3	B_1	B_2	B_3	C_1	C_2	C_3	D_1	D_2	D_3	E_1	E_2	E_3
随机序号	13	10	1	12	3	14	6	2	5	15	9	7	4	8	11

B.小区号随机

A	C	B	E	C
C	D	E	D	A
E	B	A	B	D

C.小区排列

图 3-1　完全随机设计试验布置

3.2.2　完全随机设计的统计分析

完全随机设计的试验结果，一般采用单因素方差分析，如果 F 检验显著，再采用多重比较。

【例 3.2】 对台湾青枣 5 个品种幼树进行生长量观测，以地径作为观测指标，每品种 3 次重复，采用完全随机设计方案，试验结果见表 3-2，试对比 5 个品种生长量的差异。

【解】 计算各个品种的总和、平均值，列于表 3-2。接下来计算各项的离差平方和，如下：

$$C = \frac{1}{5 \times 3} \times 62.24^2 = 258.2545$$

$$SS_T = \sum_i \sum_j x_{ij}^2 - C = 5.22^2 + 5.13^2 + 5.16^2 + \cdots + 4.62^2 - 258.2545$$

$$= 268.2820 - 258.2545 = 10.04$$

$$SS_A = \frac{1}{n}\sum_i x_{i.}^2 - C = \frac{1}{3}(15.51^2 + 10.85^2 + \cdots + 14.21^2) - 258.2545$$

$$= 267.8985 - 258.2545 = 9.64$$

$$SS_e = SS_T - SS_A = 10.04 - 9.64 = 0.40$$

表 3-2　台湾青枣不同品种生长量对比试验结果

品种	地径（cm）			总和	平均
	Ⅰ	Ⅱ	Ⅲ		
1	5.22	5.13	5.16	15.51	5.17
2	3.79	3.25	3.81	10.85	3.62
3	2.81	3.01	2.93	8.75	2.92
4	4.04	4.56	4.32	12.92	4.31
5	4.77	4.82	4.62	14.21	4.74
总计				62.24	4.15

列出方差分析表，见表 3-3。

表 3-3　台湾青枣不同品种生长量对比试验结果方差分析

变异来源	自由度 df	平方和 SS	均方 MS	F
品种间	5－1＝4	9.64	2.41	61.79**
机误	5×（3－1）＝10	0.40	0.04	
总计	5×3－1＝14	10.04		

由方差分析表可知，$F=61.79>F_{0.01}(4,10)=5.99$，表明品种间差异极显著，进行多重比较，本例中用 Turkey 氏固定极差法进行。

$$S_{\bar{x}} = \sqrt{\frac{MS_e}{n}} = \sqrt{\frac{0.04}{3}} = 0.11$$

处理数 $k=5$，误差项自由度 $df=10$，查 q 表，得

$$q_{0.05}(5,10) = 4.66, \quad q_{0.01}(5,10) = 6.14$$

计算最小显著差异D_α

$$D_{0.05} = q_{0.05} \cdot S_{\bar{x}} = 4.66 \times 0.11 = 0.51$$

$$D_{0.01} = q_{0.01} \cdot S_{\bar{x}} = 6.14 \times 0.11 = 0.68$$

以此尺度对任意两品种之间的差异进行显著性检验，分别用标记字母法和连线法表示，见表 3-4。

检验结果，3 号品种生长量平均值最低，极显著地低于其他品种；1 号、5 号、4 号品种的生长量极显著高于 2 号、3 号品种。

表 3-4　台湾青枣不同品种生长量对比试验结果多重比较

品种	平均数	字母表示法		连线法	
		α=0.05	α=0.01	α=0.05	α=0.01
1	5.17	a	A		
5	4.74	ab	AB		
4	4.31	b	B		
2	3.62	c	C		
3	2.92	d	D		

下面是一个各处理的重复数不相等的例子。

【例 3.3】用完全随机试验设计，在三种不同基质上进行组培苗移栽试验，以苗高作为测定指标，数据见表 3-5，评价不同基质对苗高是否有影响？

表 3-5　不同基质育苗试验结果

基质	苗高（cm）								总和
沙土	12	8	15	9	13	10	7	10	84
珍珠岩	15	10	7	12	8				52
壤土	10	6	13	12	8	9			58
总计									194

【解】

$$C=\frac{194^2}{8+5+6}=1980.8421$$

$$SS_T=\sum_i\sum_j x_{ij}^2-C=12^2+8^2+15^2+\cdots+9^2-C$$

$$=2108-1980.8421$$

$$=127.1579$$

$$SS_A=\sum_i\frac{x_{i.}^2}{n_i}-C=\frac{84^2}{8}+\frac{52^2}{5}+\frac{581^2}{6}-C=882+540.8+560.6667$$

$$-1980.8421=2.6246$$

$$SS_e=SS_T-SS_A=127.1579-2.6246$$

$$=124.5333$$

表 3-6　不同基质育苗试验结果方差分析

变异来源	自由度 df	平方和 SS	均方 MS	F
处理间	2	2.62	1.31	<1
机误	16	124.53	7.78	
总计	18	127.16		

方差分析结果表明，试验所用三种基质对苗高影响差异不显著。

3.2.3　完全随机设计的评价

完全随机设计简单易行，且机动灵活，既适用于重复数相等的试验，也可用于重复数不等的试验。试验结果能够进行方差分析且比较简单，容易掌握。

其缺点是局部控制差，而且设计本身是假设通过随机化能平衡被试对象间的差异，但实际上在实验结果当中常常会包括个体差异。如果可以将这些个体差异排除，实验结果才会更加精确。此外，完全随机设计现场施工费时费力，成本较高。因此适用于规模较小并且除处理以外环境等其他因素尽量一致的试验。

习　　题

1. 配对法设计的结果如何分析？它的适用条件是什么？

2. 完全随机化设计如何布置试验？它的适用条件是什么？

3. 采用完全随机设计进行某品种对比试验，参试品种共 10 个，重复 3 次，试验结果如下表。试分析各品种的差异性。

重复 \ 品种	A	B	C	D	E	F	G	H	I	J
Ⅰ	10.5	8.6	7.7	7.1	7.4	4.2	6.7	5.7	12.2	11.3
Ⅱ	7.7	8.0	8.8	5.8	7.6	5.7	6.4	4.8	9.8	7.0
Ⅲ	6.3	6.4	7.2	5.7	6.1	4.6	5.0	6.7	7.1	5.2

第4章

完全随机区组试验设计

完全随机区组试验设计（completed randomized block design），又称为随机区组设计（randomized block design）或随机完全区组设计（randomized completed block design），是科学试验的一般常用方法。完全随机区组试验最初来源于农业的田间试验，这种设计的特点是根据“局部控制”的原则，将试验地按环境差异程度（如肥力、坡度等）划分为等于重复次数的区组，一个区组安排一次重复，区组内各处理小区随机排列。

4.1 完全随机区组试验设计的原理和方法

林业试验大多在田间进行，当试验规模比较大时，所需要的试验地也随之增大，因此同一试验地内也不可避免地存在着地形、地势、土壤肥力、地下水位、小气候等环境条件的差异。尤其在山区进行试验时，阴坡与阳坡，坡上与坡下环境条件往往相差很大。如果无视这些环境差异，仍然按照我们前面介绍的简单试验设计方法安排试验，例如用第3章介绍的完全随机设计，那么上述环境差异必然影响试验结果、加大试验误差、降低试验的可靠性。为了尽可能避免环境条件的影响，我们把整个试验分为若干个单元，并使每一个单元内部环境条件基本一致，然后把所有处理全部安排到每一个单元中去加以试验比较，不同单元之间则允许有环境条件的差异存在。这里所说的单元，在试验设计中有一个专用名词，就是区组。

这种设计方法实质上是在完全随机设计的基础上引入了局部控制的思想，允许区组之间有环境差异，而使每一个区组内部环境条件尽可能保持一致，使不同试验处理的效果突出出来。从另一个角度看，这种设计方法也可以理解为配对法设计的发展，配对法中的“对”实际上相当于一个区组，将每个“对”加以扩展，让它容纳全部处理，就成为完全随机区组设计中的一个区组了。

完全随机区组设计的区组数就是该设计的重复数。当土地面积一定时，区组数要与处理数、小区面积、株行距等因子综合考虑确定。从统计学的观点看，进行方差分析时误差项的自由度应不小于12。否则，F_α值很大，难于检验出处理的差异显著性。根据这一思想，对于单因子的完全随机区组试验，误差项的自由度应为：

$$df_{误}=(处理数-1)(重复数-1)\geqslant 12$$

所以，重复数$\geqslant \frac{12}{处理数-1}+1$；

对于多因子的完全随机区组试验，误差项的自由度应为：

$$df_{误}=(处理组合数-1)(重复数-1)\geqslant 12$$

所以，重复数$\geqslant \frac{12}{处理组合数-1}+1$。

根据以上两个公式，可以计算出不同处理数（处理组合数）时最少区组数即重复数，见表 4-1。

表 4-1　完全随机区组设计所需的最少重复数

处理数（处理组合数）	2	3	4	5	6	7	8	9	10
重复数	13	7	5	4	4	3	3	3	3

由表 4-1 可以看到，当处理数（处理组合数）在 4～6 个时，一般需要设置重复 4～5 次。当处理数（处理组合数）大于 7 甚至大于 10 时，最少要求重复 3 次。对于精度要求高或者环境条件差异大的试验，重复数还应再多一些。

4.2　单因素完全随机区组设计

4.2.1　单因素完全随机区组设计的试验布置

单因素完全随机区组试验的目的在于检查一个因素的不同水平之间是否有差异，安排这类试验时，往往把对照当作试验因素的一个水平来考虑。首先确定试验的区组数，即重复数。根据水平数（即处理数）的大小，按照表 4-1 确定最少重复数。然后在试验地内按垂直于环境条件变化的方向（如肥力、坡向等）的原则划分区组，在每个区组内再按照平行于环境条件变化方向划分小区，各个区组内小区数要与试验水平数（处理数）相同，以便在每个区组内把所有的处理随机地落实在各个小区内。同一区组内实现随机排列的方法，可以使用随机数表、计算器、计算机软件产生随机数或者使用抽签、抓阄等方法。最后，在试验地周围加上保护行，就是一个完整的田间设计了。

在地形破碎或试验地面积不足时，允许将不同的区组拆开安排试验。例如在山区进行林业试验时，往往遇到一个山丘面积不足，无法安排所有的试验区组的情况。这时可以把某一个或者某几个区组安排到邻近的山丘上。但是无论如何，绝对不允许将一个区组拆开来安排，因为那样会使同一区组内不同处理之间的比较失去意义。

例如，在某试验地比较毛白杨无性系生长快慢，有编号为 1～8 的 8 个引入的毛白杨无性系，以编号为 CK 的一个原有毛白杨无性系作为对照，以二年生苗高作为统计指标。已知试验地南北方向呈现土壤肥力的变化，安排完全随机区组试验。本试验中只有一个试验因素，即无性系。把对照当做一个水平（处理）来考虑，此试验有 9 个水平（处理）。查表 4-1 可知，需要 3 次重复，即要划分 3 个区组。按照垂直于土壤肥力变化的方向（南北向），即东西向划分 3 个区组，这样能够确保每个区组内部的土壤肥力条件尽量一致，当然，3个区组间是有土壤肥力的差异的；每区组再南北向划分成9个小区，将9个无性系随机安排到每个区组的各个小区上去，加上保护行，即为该试验的设计。如图4-1。

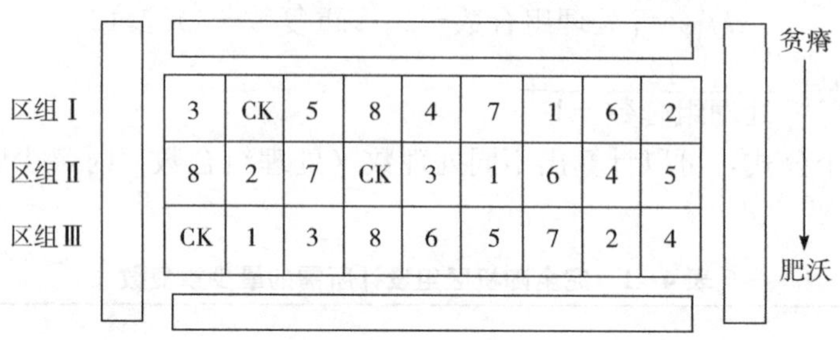

图4-1　毛白杨无性系对比试验设计图

4.2.2　单因素完全随机区组的统计分析

虽然试验因素只有一个，但由于采用了完全随机区组设计，能够区分出区组效应，所以此类设计的统计分析实际上是要进行双因素方差分析。其数学模型为：

小区内无重复试验：$x_{ij}=\mu+P_i+\alpha_j+e_{ij}$

小区内有重复试验：$x_{ijk}=\mu+P_i+\alpha_j+P\alpha_{ij}+e_{ijk}$

式中：μ——群体平均值；

P_i——第 i 个区组的效应值，$i=1$，2，…，r；

α_j——A因子第 j 水平的效应值，$j=1$，2，…，a；

$P\alpha_{ij}$——试验误差，即处理×区组的交互效应值；

e_{ijk}——抽样误差，即多次重复的误差值。

试验误差也叫误差Ⅰ，抽样误差也叫误差Ⅱ，在方差分析中往往将它们合并，称作随机误差，简称机误。对于单因子试验，无论采用固定模型、随机模型或混合模型，其 F 值的计算公式都是一致的。现用实例说明其分析方法。

【例4.1】如图4-1设计的9个毛白杨无性系对比试验，二年生时苗高的小区平均值如表4-2，试作分析。

【解】先根据表4-2计算离差平方和：

$$C=\frac{1}{ar}x_{..}^2=\frac{1}{9\times 3}\times 14171.7^2=7438410.4$$

$$SS_T=\sum_{i=1}^{r}\sum_{j=1}^{a}x_{ij}^2-C=521.0^2+565.0^2+\cdots+530.0^2-C=63093.6$$

$$SS_A=\frac{1}{r}\sum_{j=1}^{a}x_{\cdot j}^2-C=\frac{1}{3}(1642.6^2+1502.5^2+\cdots+1646.0^2)-C=49883.2$$

$$SS_B=\frac{1}{a}\sum_{i=1}^{r}x_{i\cdot}^2-C=\frac{1}{9}(4609.7^2+4853.1^2+4708.9^2)-C=3328.8$$

$$SS_e=SS_T-SS_A-SS_B=63093.6-49883.2-3328.8=9881.6$$

表 4-2　毛白杨无性系对比试验结果

无性系	苗　高（cm）			$x_{\cdot j}$	$\bar{x}_{\cdot j}$
	区组Ⅰ	区组Ⅱ	区组Ⅲ		
CK	521.0	565.0	556.6	1 642.6	547.5
1	505.0	507.5	490.0	1 502.5	500.8
2	510.0	525.0	510.0	1 545.0	515.0
3	453.7	485.0	470.0	1 408.7	469.6
4	542.0	590.0	515.0	1 647.0	549.0
5	507.0	513.3	572.3	1 592.6	530.9
6	595.0	637.3	585.0	1 817.3	605.8
7	455.0	435.0	480.0	1 370.0	456.7
8	521.0	595.0	530.0	1 646.0	548.7
$x_{i\cdot}$	4 609.7	4 853.1	4 708.9	$x_{\cdot\cdot}$=14 171.7	

然后进行方差分析如表 4-3。

表 4-3　毛白杨无性系对比试验方差分析

变异来源	df	SS	MS	F	F_{α}（8，16）
区 组 间	3−1=2	3 328.8	1 664.4	2.69	
无性系间	9−1=8	49 883.2	6 235.4	10.10**	$F_{0.05}$=2.59
机　　误	（3−1）（9−1）=16	9 881.6	617.6		$F_{0.01}$=3.89
总　　计	3×9−1=26	63 093.6			

F 检验结果表明无性系间差异极显著，于是需要进一步进行多重比较。如采用 LSD 检验，则标准误：$S_{\bar{x}_1-\bar{x}_2}=\sqrt{\dfrac{2MS_e}{r}}=\sqrt{\dfrac{2\times617.6}{3}}=20.29$

显著性水准：$LSD_{0.05}=t_{0.05\,(16)}\cdot S_{\bar{x}_1-\bar{x}_2}=2.12\times20.29=43.01$

$LSD_{0.01}=t_{0.01\,(16)}\cdot S_{\bar{x}_1-\bar{x}_2}=2.92\times20.29=59.25$

将所有无性系的平均值按由大到小顺序排列，两两相减，用上述 LSD 水准进行检验。表 4-4 中分别用字母表示法和连线法列出了多重比较结果。

由表 4-4 可以看出，6 号无性系生长最快，与其他各个无性系有显著或极显著差异；4 号、8 号表现也较好，但与对照差异不显著；7 号、3 号、1 号生长较慢，且与对照有显著或极显著的差异。

表 4-4　毛白杨无性系苗高的多重比较

无性系	平均高	字母表示法		连线法	
		α=0.05	α=0.01	α=0.05	α=0.01
6	605.8	a	A		
4	549.0	b	AB		
8	548.7	b	AB		
CK	547.5	b	AB		
5	530.9	bc	B		
2	515.0	bc	BC		
1	500.8	cd	BC		
3	469.6	de	C		
7	456.7	e	C		

4.3　多因素完全随机区组设计

完全随机区组试验设计不仅适用于单因素试验，而且也适用于多因素试验，即同时考察两个或两个以上因素的试验。其试验结果不仅能鉴定各个因子的试验效果，而且可以鉴定不同因子之间的交互作用。

4.3.1　多因素完全随机区组的试验布置

用完全随机区组设计进行多因子试验时，要把处理组合作为一个单位，安排到每个小区上去。例如某试验包含 A、B 两个因素，其中 A 因素有 a 个水平，B 因素有 b 个水平，则共有 ab 个处理组合，因而每个区组需要划分 ab 个小区，安排所有的处理组合。假设此试验共有 m 个区组，则试验共有 abm 个试验小区。这种试验设计称为二因素完全随机区组试验设计。类似的，若某试验包含 A、B、C 三个试验因素，各因素分别有 a、b、c 个水平，则处理组合共有 abc 个，即每个区组需要划分为 abc 个小区，假设此试验共有 m 个区组，则试验共有 $abcm$ 个试验小区。这种试验设计称为三因素完全随机区组试验设计，依次类推。常见的多因素完全随机区组试验设计为两因素或三因素设计，因为在同一试验中安排的因素太多时，往往会使区组的面积太大而失去了局部控制。不过，在林业试验中，往往需要进行连年观测，或者试验需要在多地点进行，所以在有时间（年份）和空间（地点）作为试验因素的情形下，进行田间试验布置时，属于二因素或者三因素试验设计，而把年份或地点的试验结果综合起来，则需要看作三因素或四因素的完全随机区组试验设计来进行统计分析。

例如，某油松栽培试验，同时考察家系、施肥量以及年份对高生长的影响。此试验有三个因素，但年份只是不同年度的测量值，实际在进行田间布置试验时无须作为一个因素考虑，只是将来分析试验结果时需要作为一个因素来对待。所以，布置试验时只安排家系和施肥量两个因素。假设此试验有 3 个家系、3 种施肥量，那么处理组合共有 3×3=9

个，也就是说每个区组需要设置 9 个小区，分别安排 9 个处理组合，这 9 个处理组合如表 4 - 5 所示。

表 4 - 5　油松家系与施肥量处理组合

家系（因子 A）	施肥量（因子 B）		
	b_1	b_2	b_3
a_1（1 号）	a_1b_1	a_1b_2	a_1b_3
a_2（2 号）	a_2b_1	a_2b_2	a_2b_3
a_3（3 号）	a_3b_1	a_3b_2	a_3b_3

根据表 4 - 1，该试验需要重复 3 次，即设置 3 个区组。将 9 个处理组合分别随机地落实到每个区组的 9 个小区内，再加上保护行，即为该试验的设计，如图 4 - 2。

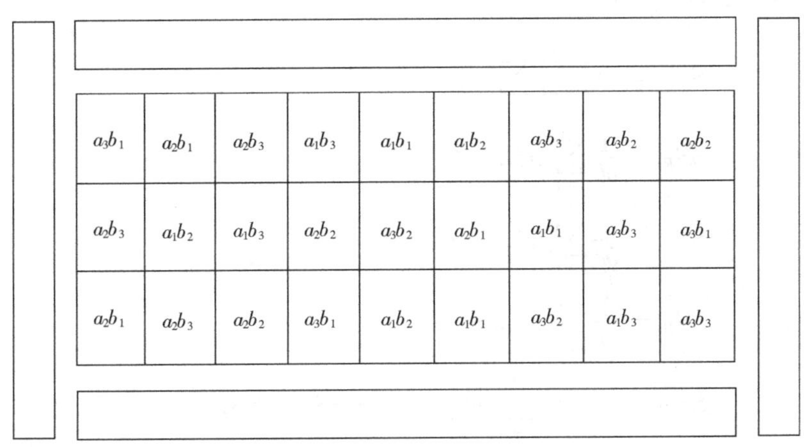

图 4 - 2　油松栽培试验田间设计

4.3.2　多因素完全随机区组的统计分析

二因子随机区组（小区组内无重复）试验的线性模型为：

$$x_{ijk} = \mu + P_i + \alpha_j + \beta_k + \alpha\beta_{jk} + e_{ijk}$$

式中：μ——群体平均值；

P_i——第 i 个区组的效应值，$i=1，2，\cdots，r$；

α_j——A 因子第 j 水平的效应值，$j=1，2，\cdots，a$；

β_k——B 因子第 k 个水平效应值，$k=1，2，\cdots，b$；

$\alpha\beta_{jk}$——试验误差，即 A×B 的交互效应值；

e_{ijk}——抽样误差，即多次重复的误差值。

二因子随机区组试验的方差分析如表 4 - 6，其多重比较时的标准误列于表 4 - 7。

表 4-6 二因子随机区组试验方差分析

变异来源	df	SS	MS	固定模型		随机模型	
				EMS	F	EMS	F
区组间	$r-1$	SS_R	MS_R	$\sigma^2+ab\sigma_R^2$	$\frac{MS_R}{MS_e}$	$\sigma^2+ab\sigma_R^2$	$\frac{MS_R}{MS_e}$
A	$a-1$	SS_A	MS_A	$\sigma^2+br\sigma_A^2$	$\frac{MS_A}{MS_e}$	$\sigma^2+r\sigma_{AB}^2+br\sigma_A^2$	$\frac{MS_A}{MS_{AB}}$
B	$b-1$	SS_B	MS_B	$\sigma^2+ar\sigma_B^2$	$\frac{MS_B}{MS_e}$	$\sigma^2+r\sigma_{AB}^2+ar\sigma_B^2$	$\frac{MS_B}{MS_{AB}}$
A×B	$(a-1)(b-1)$	SS_{AB}	MS_{AB}	$\sigma^2+r\sigma_{AB}^2$	$\frac{MS_{AB}}{MS_e}$	$\sigma^2+r\sigma_{AB}^2$	$\frac{MS_{AB}}{MS_e}$
机　误	$(ab-1)(r-1)$	SS_e	MS_e	σ^2		σ^2	
总　计	$abr-1$	SS_T					

表 4-6 中：$C=\frac{1}{abr}x^2\ldots$

$$SS_T=\sum_{i=1}^{r}\sum_{j=1}^{a}\sum_{k=1}^{b}x_{ijk}^2-C$$

$$SS_R=\frac{1}{ab}\sum_{i=1}^{r}x_{i}^2..-C$$

$$SS_A=\frac{1}{br}\sum_{j=1}^{a}x^2._j.-C$$

$$SS_B=\frac{1}{ar}\sum_{k=1}^{b}x^2.._k-C$$

$$SS_{AB}=\frac{1}{r}\sum_{j=1}^{a}\sum_{k=1}^{b}x^2._{jk}-C-SS_A-SS_B$$

$$SS_e=SS_T-SS_R-SS_A-SS_B-SS_{AB}$$

表 4-7 二因子随机区组试验标准误

类　别	平均数标准误 (Tukey 氏固定极差法或 Duncan 氏新复极差法或 SNK 法)	平均数差数标准误 (LSD 检验)
$\bar{X}_A$间	$\sqrt{\frac{1}{br}MS_e}$	$\sqrt{\frac{2}{br}MS_e}$
$\bar{X}_B$间	$\sqrt{\frac{1}{ar}MS_e}$	$\sqrt{\frac{2}{ar}MS_e}$
$\bar{X}_{AB}$间	$\sqrt{\frac{1}{r}MS_e}$	$\sqrt{\frac{2}{r}MS_e}$

三因子随机区组试验的线性模型为：

$$x_{ijkl}=\mu+P_i+\alpha_j+\beta_k+\gamma_l+\alpha\beta_{jk}+\alpha\gamma_{jl}+\beta\gamma_{kl}+\alpha\beta\gamma_{jkl}+e_{ijkl}$$

其方差分析和多重比较时的标准误分别列于表 4-8 和表 4-9。

表 4-8　三因子随机区组试验方差分析

变异来源	df	SS	MS	固定模型		随机模型	
				EMS	F	EMS	F
区组间	$r-1$	SS_R	MS_R	$\sigma^2+abc\sigma_R^2$	$\frac{MS_R}{MS_e}$	$\sigma^2+abc\sigma_R^2$	$\frac{MS_R}{MS_e}$
A	$a-1$	SS_A	MS_A	$\sigma^2+bcr\sigma_A^2$	$\frac{MS_A}{MS_e}$	$\sigma^2+r\sigma_{ABC}^2+cr\sigma_{AB}^2+br\sigma_{AC}^2+bcr\sigma_A^2$	$\frac{MS_1}{MS_2}$
B	$b-1$	SS_B	MS_B	$\sigma^2+acr\sigma_B^2$	$\frac{MS_B}{MS_e}$	$\sigma^2+r\sigma_{ABC}^2+cr\sigma_{AB}^2+ar\sigma_{BC}^2+acr\sigma_B^2$	$\frac{MS_3}{MS_4}$
C	$c-1$	SS_C	MS_C	$\sigma^2+abr\sigma_C^2$	$\frac{MS_C}{MS_e}$	$\sigma^2+r\sigma_{ABC}^2+br\sigma_{AC}^2+ar\sigma_{BC}^2+abr\sigma_C^2$	$\frac{MS_5}{MS_6}$
A×B	$(a-1)(b-1)$	SS_{AB}	MS_{AB}	$\sigma^2+cr\sigma_{AB}^2$	$\frac{MS_{AB}}{MS_e}$	$\sigma^2+r\sigma_{ABC}^2+cr\sigma_{AB}^2$	$\frac{MS_{AB}}{MS_{ABC}}$
A×C	$(a-1)(c-1)$	SS_{AC}	MS_{AC}	$\sigma^2+br\sigma_{AC}^2$	$\frac{MS_{AC}}{MS_e}$	$\sigma^2+r\sigma_{ABC}^2+br\sigma_{AC}^2$	$\frac{MS_{AC}}{MS_{ABC}}$
B×C	$(b-1)(c-1)$	SS_{BC}	MS_{BC}	$\sigma^2+ar\sigma_{BC}^2$	$\frac{MS_{BC}}{MS_e}$	$\sigma^2+r\sigma_{ABC}^2+ar\sigma_{BC}^2$	$\frac{MS_{BC}}{MS_{ABC}}$
A×B×C	$(a-1)(b-1)(c-1)$	SS_{ABC}	MS_{ABC}	$\sigma^2+r\sigma_{ABC}^2$	$\frac{MS_{ABC}}{MS_e}$	$\sigma^2+r\sigma_{ABC}^2$	$\frac{MS_{ABC}}{MS_e}$
机　误	$(abc-1)(r-1)$	SS_e	MS_e	σ^2		σ^2	
总　计	$abcr-1$	SS_T					

表 4-8 中：$MS_1=MS_A+MS_{ABC}$

$$MS_2=MS_{AB}+MS_{AC}$$

检验因子 A 时，$df_1=\dfrac{(MS_1)^2}{\dfrac{(MS_A)^2}{df_A}+\dfrac{(MS_{ABC})^2}{df_{ABC}}}$

$$df_2=\frac{(MS_2)^2}{\dfrac{(MS_{AB})^2}{df_{AB}}+\dfrac{(MS_{AC})^2}{df_{AC}}}$$

$$MS_3=MS_B+MS_{ABC}$$

$$MS_4=MS_{AB}+MS_{BC}$$

检验因子 B 时，$df_1=\dfrac{(MS_3)^2}{\dfrac{(MS_B)^2}{df_B}+\dfrac{(MS_{ABC})^2}{df_{ABC}}}$

$$df_2=\frac{(MS_4)^2}{\dfrac{(MS_{AB})^2}{df_{AB}}+\dfrac{(MS_{BC})^2}{df_{BC}}}$$

$$MS_5 = MS_C + MS_{ABC}$$
$$MS_6 = MS_{AC} + MS_{BC}$$

检验因子 C 时，$df_1 = \dfrac{(MS_5)^2}{\dfrac{(MS_C)^2}{df_C} + \dfrac{(MS_{ABC})^2}{df_{ABC}}}$

$$df_2 = \frac{(MS_6)^2}{\dfrac{(MS_{AC})^2}{df_{AC}} + \dfrac{(MS_{BC})^2}{df_{BC}}}$$

表 4-9　三因子随机区组试验标准误

类　别	平均数标准误 （Tukey 氏固定极差法或 Duncan 氏新复极差法或 SNK 法）	平均数差数标准误 （LSD 检验）
$\bar{X}_A$间	$\sqrt{\frac{1}{bcr}MS_e}$	$\sqrt{\frac{2}{bcr}MS_e}$
$\bar{X}_B$间	$\sqrt{\frac{1}{acr}MS_e}$	$\sqrt{\frac{2}{acr}MS_e}$
$\bar{X}_C$间	$\sqrt{\frac{1}{abr}MS_e}$	$\sqrt{\frac{2}{abr}MS_e}$
$\bar{X}_{AB}$间	$\sqrt{\frac{1}{cr}MS_e}$	$\sqrt{\frac{2}{cr}MS_e}$
$\bar{X}_{AC}$间	$\sqrt{\frac{1}{br}MS_e}$	$\sqrt{\frac{2}{br}MS_e}$
$\bar{X}_{BC}$间	$\sqrt{\frac{1}{ar}MS_e}$	$\sqrt{\frac{2}{ar}MS_e}$
$\bar{X}_{ABC}$间	$\sqrt{\frac{1}{r}MS_e}$	$\sqrt{\frac{2}{r}MS_e}$

以下分别举例说明二因素和三因素随机区组试验的统计分析方法。

【例 4.2】某葡萄施肥试验，有氮肥（A）、磷肥（B）两种肥料，每种各设置三个水平，如表 4-10。采用完全随机区组设计，重复 4 次（$r=4$）。以产量（kg）作为测量指标，试验结果见表 4-11，试分析试验中氮肥、磷肥各个水平以及交互作用之间是否有显著差异。

表 4-10　葡萄施肥试验因素、水平表

水平	因　素	
	氮肥（A 因素）	磷肥（B 因素）
1	0	0
2	尿素 1.0kg/株	过磷酸钙 2.5kg/株
3	尿素 2.0kg/株	过磷酸钙 5.0kg/株

【解】先计算区组、处理和误差项的离差平方和：

$$C=\frac{1176^2}{4\times3\times3}=\frac{1382976}{36}=38416$$

$$SS_T=\sum x^2-C=21^2+26^2+30^2+\cdots+43^2+50^2-38416=2412$$

$$SS_r=\frac{\sum T_r{}^2}{ab}-C=\frac{288^2+293^2+292^2+303^2}{9}-38416$$

$$=38429.56-38416=13.56$$

$$SS_t=\frac{\sum T_t{}^2}{r}-C=\frac{81^2+113^2+118^2+\cdots+195^2}{4}-38416$$

$$=40686.5-38416=2270.5$$

表 4-11　葡萄施肥试验结果统计表

处理组合	产量（kg）				总和 T_t	平均 X_t
	Ⅰ	Ⅱ	Ⅲ	Ⅳ		
a_1b_1（1）	21	19	23	18	81	20.25
a_1b_2（2）	26	28	30	29	113	28.25
a_1b_3（3）	30	30	26	32	118	29.5
a_2b_1（4）	26	30	28	27	111	27.75
a_2b_2（5）	35	32	29	37	133	33.25
a_2b_3（6）	32	34	35	35	136	34.00
a_3b_1（7）	28	27	33	32	120	30.00
a_3b_2（8）	40	45	41	43	169	42.25
a_3b_3（9）	50	48	47	50	195	48.75
总计 T_r	288	293	292	303	T=1176	

$SS_e=SS_T-SS_t-SS_r=2412-2270.5-13.56=127.94$

进行自由度的计算

$$df_T=abr-1=36-1=35$$

$$df_r=r-1=4-1=3$$

$$df_t=ab-1=9-1=8$$

$$df_e=df_T-df_t-df_r=35-8-3=24$$

列 A、B 因素两向表，见表 4-12。

表 4-12　A、B 因素两向表

	b_1	b_2	b_3	T_A
a_1	81	113	118	312
a_2	111	133	136	380
a_3	120	169	195	484
T_B	312	415	449	T=1 176

根据表 4 - 12 计算因素 A、B 以及交互作用 A×B 的离差平方和：

$$SS_A = \frac{\sum T_A{}^2}{rb} - C = \frac{312^2 + 380^2 + 484^2}{4 \times 3} - 38416 = 39666.67 - 38416 = 1250.67$$

$$SS_B = \frac{\sum T_B{}^2}{ra} - C = \frac{312^2 + 415^2 + 449^2}{4 \times 3} - 38416 = 39264.17 - 38416 = 848.17$$

$$SS_{A\times B} = SS_t - SS_A - SS_B = 2270.5 - 1250.67 - 848.17 = 171.66$$

自由度的计算：

$$df_A = a - 1 = 3 - 1 = 2$$

$$df_B = b - 1 = 3 - 1 = 2$$

$$df_{A\times B} = df_t - df_A - df_B = 8 - 2 - 2 = 4$$

列方差分析表，做 F 检验，见表 4 - 13。

表 4 - 13　葡萄施肥试验结果方差分析表

变异来源	df	SS	MS	F	$F_{0.05}$	$F_{0.01}$
区组	3	13.56	4.52	<1		
氮肥（A）	2	1 250.67	625.3	118.0**	3.40	5.61
磷肥（B）	2	848.17	424.1	80.0**	3.40	5.61
A×B	4	171.66	42.9	8.1**	2.78	4.22
机误	24	127.94	5.3			
总计	35	2 412				

F 检验结果，A 因素、B 因素和 A×B 的交互作用均达到极显著水平，因此需要进行多重比较。多因素试验多重比较的项目较多，不同的比较内容，每个处理所占小区数不同，样本容量也不同，如 A 因素间比较，A 因素每一水平所占小区为 rb，即 B 因素的水平数乘重复次数，而 B 因素间比较时，B 因素每一水平所占的小区数为 ra，即 A 因素的水平数乘重复次数。参见表 4 - 7。本例中采用 Duncan 氏新复极差法进行。

A 因素各水平比较

首先，计算 A 因素各水平的平均小区产量，由总产除以该水平所占的小区数，这里为 B 因素的水平数乘重复次数，如 a_3 的平均产量为 $Ta_3/rb = 484/(4 \times 3) = 40.33$

表 4 - 14　A 因素各水平平均产量

A	总产 TA	平均产量
a_3	484	40.33
a_2	380	31.67
a_1	312	26.00

计算 A 因素的标准误 $S_{\bar{x}}=\sqrt{\frac{MS_e}{rb}}=\sqrt{\frac{5.3}{4\times 3}}=0.66$

根据误差项自由度 $d=24$ 和要比较的平均数个数 $k=3$，查邓肯氏新复极差测验表（附表 4）得出 $k=2\sim3$ 范围内的 $SSR_{0.05}$ 和 $SSR_{0.01}$，再将查出的数值分别乘以标准误 $S_{\bar{x}}$ 即得相应的显著性水准 LSR 值，如表 4-15。

表 4-15　Duncan 氏新复极差法进行多重比较的临界值

K	2	3
$SSR_{0.05}$	2.92	3.07
$SSR_{0.01}$	3.96	4.14
$LSR_{0.05}$	1.93	2.03
$LSR_{0.01}$	2.61	2.73

将 A 因素 3 个水平的平均值由大到小排列，两两相减，差值分别与上表中对应的 K 值所计算出的 LSR_α 比较，若差值大于 $LSR_{0.01}$ 为差异极显著；若差值小于 $LSR_{0.01}$ 但大于 $LSR_{0.05}$ 为差异显著，见表 4-16。

表 4-16　A 因素各水平多重比较结果

A	平均产量	差数	
	$\bar{X}_A$	$\bar{X}_i-a_1$	$\bar{X}_i-a_2$
a_3	40.33	14.33**	8.66**
a_2	31.67	5.67**	
a_1	26.00		

检验结果，A 因素 3 个水平相互比较均达到极显著标准，说明高氮肥处理最好，既优于对照（a_1），也优于中氮肥处理（a_2）。

接下来进行 B 因素各水平比较，同样方法计算 B 因素各水平的平均小区产量，见表 4-17。

表 4-17　B 因素各水平平均产量

B	总产 T_B	平均产量
b_3	449	37.41
b_2	415	34.58
b_1	312	26.00

计算 B 因素的标准误 $S_{\bar{x}}=\sqrt{\frac{MS_e}{ra}}=\sqrt{\frac{5.3}{4\times 3}}=0.66$

由于本例中 $a=b=3$，因此 B 因素各水平比较所用的显著标准与 A 因素相同。

列出 B 因素各水平比较的结果，见表 4-18

表 4-18　B 因素各水平多重比较结果

B	平均产量 $\bar{X}_B$	差数 $\bar{X}_i - b_1$	$\bar{X}_i - b_2$
b_3	37.41	11.41**	2.83**
b_2	34.58	8.60**	
b_1	26.00		

检验结果，B 因素 3 个水平相互比较均达到极显著标准，说明增施磷肥可提高产量，其中高磷肥处理效果最好，既优于对照（b_1），也优于中磷肥处理（b_2）。

接下来进行交互作用即处理组合间的比较。处理组合的相互比较可以做两种比较，一种是将 9 个处理组合放在一起，比较哪些处理组合最好；另一种是按 B 因素比较 A 因素不同水平的差异或反过来按 A 因素比较 B 因素不同水平的差异。以下分别介绍这两种比较方法。

首先是第一种方法，处理组合相互比较。

计算标准误：$S_{\bar{x}} = \sqrt{\frac{MS_e}{n}} = \sqrt{\frac{5.3}{4}} = 1.15$（$n$ 在本例中为重复数 4）

根据误差项自由度 $df_e = 24$ 和要比较的平均数个数 $k=9$，查 Duncan 氏新复极差测验表（附表 4），得出 $k=2 \sim 9$ 范围内的 $SSR_{0.05}$ 和 $SSR_{0.01}$，再分别乘以标准误 $S_{\bar{x}}$，即得相应的显著性水准 LSR 值，见表 4-19。

表 4-19　Duncan 氏新复极差法进行多重比较的临界值

K	2	3	4	5	6	7	8	9
$SSR_{0.05}$	2.92	3.07	3.15	3.22	3.28	3.31	3.34	3.37
$SSR_{0.01}$	3.96	4.14	4.24	4.33	4.39	4.44	4.49	4.53
$LSR_{0.05}$	3.36	3.53	3.62	3.70	3.77	3.81	3.81	3.88
$LSR_{0.01}$	4.55	4.76	4.88	4.98	5.05	5.11	5.16	5.21

将 9 个处理组合的平均值由大到小排列，两两相减，差值分别与上表中对应的 K 值所计算出的 LSR_α 比较，若差值大于 $LSR_{0.01}$，则为差异极显著；若差值小于 $LSR_{0.01}$ 但大于 $LSR_{0.05}$，为差异显著。表 4-20 是用梯形列表法表示的多重比较结果。

测验结果，所有处理组合与对照（a_1b_1）相比均有极显著差异，施高氮肥和高磷肥的处理 a_3b_3 和高氮肥中磷肥处理 a_3b_2 极显著优于其他处理，说明在本次试验的施氮肥和磷肥的水平范围内，氮肥和磷肥的施用量越高，产量越高。

下面介绍第二种方法。

将各个处理组合的小区平均产量，按 A、B 两因素列两项表，因为每一组合所占的小区数是重复次数，因此误差的标准与对处理组合间进行比较时相同，见表 4-19。

不同施氮水平在不同施磷水平下产量比较见表 4-21。

表 4-20　各处理组合多重比较结果

处理组合	平均值	$x-a_1b_1$	$x-a_2b_1$	$x-a_1b_2$	$x-a_1b_3$	$x-a_3b_1$	$x-a_2b_2$	$x-a_2b_3$	$x-a_3b_2$
a_3b_3	48.75	28.50**	21.00**	20.50**	19.25**	18.75**	15.50**	14.75**	6.50**
a_3b_2	42.25	22.00**	14.50**	14.00**	12.75**	12.25**	9.00**	8.25**	
a_2b_3	34.00	13.75**	6.25**	5.75**	4.50*	4.00*	0.75		
a_2b_2	33.25	13.00**	5.50**	5.00**	3.75*	3.25			
a_3b_1	30.00	9.75**	2.25	1.75	0.50				
a_1b_3	29.50	9.25**	1.75	1.25					
a_1b_2	28.25	8.00**	0.50						
a_2b_1	27.75	7.50**							
a_1b_1	20.25								

表 4-21　磷（B因素）不同水平下氮（A因素）不同水平的比较

	b_1	b_2	b_3
a_3	30.00aA	42.25aA	48.75aA
a_2	27.75aA	33.25bB	34.00bB
a_1	20.25bB	28.25cC	29.50cB

从表4-21中可以看出，无论磷的水平如何，施用高氮肥比不施氮肥明显增产。在增磷肥的情况下，高氮肥比中氮肥明显增产；在无磷肥时，高氮肥与中氮肥无明显差异。在无磷肥和中磷肥的条件下，中氮肥比无氮肥明显增产，差异极显著；高磷肥的条件下，中氮肥比无氮肥也增产，差异显著。

不同施磷肥水平在不同施氮肥水平下产量比较见表4-22。

表 4-22　氮（A因素）不同水平下磷（B因素）不同水平的比较

	a_1	a_2	a_3
b_3	29.50aA	34.00aA	48.75aA
b_2	28.25aA	33.25aA	42.25bB
b_1	20.25bB	27.75bB	30.00cC

从表4-22中可见，高磷肥和中磷肥在氮肥的各个水平下都明显增产，与无磷肥比较差异达0.01的极显著水平。高磷肥与中磷肥比较，在无氮肥和中氮肥条件下，无明显差异，只有在高氮肥的条件下，才有明显差异，达0.01极显著水平。

【例 4.3】以表 4-5 和图 4-2 油松栽培试验为例，说明三因子随机区组试验的统计分析方法。该试验同时考查 3 个家系（A）、3 种施肥量（B）和连续 2 个年份（C）对油松高生长的影响，设置 3 次重复（R），试验结果如表 4-23，试作分析。

【解】先计算区组、处理和误差项的离差平方和：

$$C=\frac{2\,854^2}{3\times3\times3\times2}=150839.18$$

$$SS_T=58^2+61^2+\cdots+54^2-C=1294.82$$

$$SS_R=\frac{947^2+961^2+946^2}{3\times3\times2}-C=7.82$$

$$SS_t=\frac{178^2+180^2+\cdots+152^2}{3}-C=1194.15$$

$$SS_e=SS_T-SS_t-SS_R=92.85$$

然后对处理组合分别统计如表 4-24。

表 4-23 油松栽培试验结果

单位：cm

处理（t）			区组（R）			$X_{\cdot jkl}$
A	B	C	Ⅰ	Ⅱ	Ⅲ	
a_1	b_1	c_1	58	61	59	178
		c_2	56	62	62	180
	b_2	c_1	54	54	52	160
		c_2	57	58	55	170
	b_3	c_1	55	56	51	162
		c_2	45	49	48	142
a_2	b_1	c_1	58	59	58	175
		c_2	55	56	56	167
	b_2	c_1	50	51	49	150
		c_2	52	53	50	155
	b_3	c_1	44	45	43	132
		c_2	47	47	44	138
a_3	b_1	c_1	57	57	56	170
		c_2	60	57	59	176
	b_2	c_1	51	50	51	152
		c_2	49	50	50	149
	b_3	c_1	49	48	49	146
		c_2	50	48	54	152
$X_{i\cdots}$			947	961	946	$X_{\cdots}$ 2 854

表 4-24　油松栽培试验结果的三向统计表

处理因子 B A　C	b_1		b_2		b_3		$b_1+b_2+b_3$	
	c_1	c_2	c_1	c_2	c_1	c_2	c_1	c_2
a_1	178 ($a_1b_1c_1$)	180 ($a_1b_1c_2$)	160 ($a_1b_2c_1$)	170 ($a_1b_2c_2$)	162 ($a_1b_3c_1$)	142 ($a_1b_3c_2$)	500 (a_1c_1)	492 (a_1c_2)
	358 (a_1 b_1)		330 (a_1 b_2)		304 (a_1 b_3)		992 (a_1)	
a_2	175 ($a_2b_1c_1$)	167 ($a_2b_1c_2$)	150 ($a_2b_2c_1$)	155 ($a_2b_2c_2$)	132 ($a_2b_3c_1$)	138 ($a_2b_3c_2$)	457 (a_2c_1)	460 (a_2c_2)
	342 (a_2 b_1)		305 (a_2 b_2)		270 (a_2 b_3)		917 (a_2)	
a_3	170 ($a_3b_1c_1$)	176 ($a_3b_1c_2$)	152 ($a_3b_2c_1$)	149 ($a_3b_2c_2$)	146 ($a_3b_3c_1$)	152 ($a_3b_3c_2$)	468 (a_3c_1)	477 (a_3c_2)
	346 (a_3 b_1)		301 (a_3 b_2)		298 (a_3 b_3)		945 (a_3)	
$a_1+a_2+a_3$	523 (b_1c_1)	523 (b_1c_2)	462 (b_2c_1)	474 (b_2c_2)	440 (b_3c_1)	432 (b_3c_2)	1 425 (c_1)	1 429 (c_2)
	1 046 (b_1)		936 (b_2)		872 (b_3)		$\sum$2 854	

再根据表 4-24 计算各因子及其交互作用的离差平方和，并列出方差分析表如表 4-25。

$$SS_A=\frac{992^2+917^2+945^2}{3\times3\times2}-C=159.60$$

$$SS_B=\frac{1\ 046^2+936^2+872^2}{3\times3\times2}-C=860.60$$

$$SS_{AB}=\frac{358^2+330^2+\cdots+298^2}{3\times2}-C-SS_A-SS_B=55.62$$

$$SS_C=\frac{1\ 425^2+1\ 429^2}{3\times3\times3}-C=0.30$$

$$SS_{AC}=\frac{500^2+492^2+\cdots+477^2}{3\times3}-C-SS_A-SS_C=8.25$$

$$SS_{BC}=\frac{523^2+523^2+\cdots+430^2}{3\times2}-C-SS_B-SS_C=15.70$$

$$SS_{ABC}=SS_t-SS_A-SS_B-SS_{AB}-SS_C-SS_{AC}-SS_{BC}=94.08$$

表 4-25　油松栽培试验方差分析

变异来源	df	SS	MS	F（固定）	F（随机）
区组间	$r-1=2$	7.82	3.91	1.43	1.43
A（家系）	$a-1=2$	159.60	79.80	29.23**	5.73**
B（施肥量）	$b-1=2$	860.60	430.30	157.62**	20.86**
C（年份）	$c-1=1$	0.30	0.30	<1	1.99
A×B	$(a-1)(b-1)=4$	55.62	13.90	5.09**	<1
A×C	$(a-1)(c-1)=2$	8.25	4.12	1.51	<1

（续）

变异来源	df	SS	MS	F（固定）	F（随机）
B×C	$(b-1)(c-1)=2$	15.70	7.85	2.88	<1
A×B×C	$(a-1)(b-1)(c-1)=4$	94.08	23.52	8.62**	8.62**
机　误	$(abc-1)(r-1)=34$	92.85	2.73		
总　计	$abcr-1=53$	1 294.82			

表中两种模型的 F 值即根据表 4-8 所给出的计算式得到，其中采用随机模型时查 F_α 值表所用的自由度为：

检验因子 A：
$$df_1=\frac{(79.80+25.52)^2}{\frac{(79.80)^2}{2}+\frac{(23.52)^2}{4}}\doteq 3$$

$$df_2=\frac{(13.90+4.12)^2}{\frac{(13.90)^2}{4}+\frac{(4.12)^2}{2}}\doteq 6$$

检验因子 B：
$$df_1=\frac{(430.30+23.52)^2}{\frac{(430.30)^2}{2}+\frac{(23.52)^2}{4}}\doteq 2$$

$$df_2=\frac{(13.90+7.85)^2}{\frac{(13.90)^2}{4}+\frac{(7.85)^2}{2}}\doteq 6$$

检验因子 C：
$$df_1=\frac{(0.30+23.52)^2}{\frac{(0.30)^2}{1}+\frac{(23.52)^2}{4}}\doteq 3$$

$$df_2=\frac{(4.12+7.85)^2}{\frac{(4.12)^2}{2}+\frac{(7.85)^2}{2}}\doteq 4$$

最后，根据方差分析中 F 检验的结果，对差异显著的因子或交互作用进行多重比较。若采用固定模型，则有因子 A、B、A×B 及 A×B×C 四项需要进行多重比较。本例中采用 Tukey 氏固定极差法进行。

对于因子 A，其平均数的标准误为：

$$S_{\bar{X}}=\sqrt{\frac{1}{bcr}MS_e}=\sqrt{\frac{1}{3\times 2\times 3}\times 2.73}=0.39$$

再根据所要比较的水平数 K（本例为 3）和误差项自由度 df_e（本例为 34）查 q 表，得：

$$q_{0.05}(3,34)=3.46$$
$$q_{0.01}(3,34)=4.40$$

将 q 值乘以标准误即为显著性水准 D：

$$D_{0.05}=q_{0.05}\times S_{\bar{X}}=3.46\times 0.39=1.37$$
$$D_{0.01}=q_{0.01}\times S_{\bar{X}}=4.41\times 0.39=1.72$$

将 A 因子 3 个水平的平均值按由大到小的顺序排好，两两相减，凡差数大于 $D_{0.05}$ 者表示差异显著，以 * 表示；差数大于 $D_{0.01}$ 者表示差异极显著，以 ** 表示。A 因子检验结果见表 4-26。

表 4-26 A 因子多重比较

处 理	$\overline{X}_i$	$\overline{X}_i - a_2$	$\overline{X}_i - a_3$
a_1	$\frac{992}{18}=55.11$	4.17**	2.61**
a_3	$\frac{945}{18}=52.50$	1.56*	
a_2	$\frac{917}{18}=50.94$		

检验结果，1 号家系极显著地优于 3 号和 2 号家系，3 号家系显著优于 2 号家系。

对于因子 B，因水平数和重复数恰好与因子 A 相同，故标准误与显著性水准也与因子 A 相同，检验结果见表 4-27。

表 4-27 B 因子多重比较

处 理	$\overline{X}_i$	$\overline{X}_i - b_3$	$\overline{X}_i - b_2$
b_1	$\frac{1\,046}{18}=58.11$	9.67**	6.11**
b_2	$\frac{936}{18}=52.00$	3.56**	
b_3	$\frac{872}{18}=48.44$		

检验结果，3 种施肥量之间差异均极显著，即第一种施肥量极显著优于其他两种施肥量，同时第二种施肥量极显著优于第三种施肥量。

对于 A×B 交互作用，平均数标准误为：

$$S_{\overline{X}}=\sqrt{\frac{1}{cr}MS_e}=\sqrt{\frac{1}{2\times3}\times2.73}=0.67$$

A×B 共有 9 个处理组合，查 q 表并计算出相应的显著性水准为

$$q_{0.05}(9,34)=4.67,\quad q_{0.01}(9,34)=5.56$$

$$D_{0.05}=q_{0.05}\times S_{\overline{X}}=4.67\times0.67=3.13$$

$$D_{0.01}=q_{0.01}\times S_{\overline{X}}=5.56\times0.67=3.73$$

将 A×B 共 9 个处理组合的平均值按由大到小的顺序排好，两两相减，并用显著性水准 D 值进行检验，多重比较结果用梯形列表法表示，见表 4-28。

表 4-28　A×B 处理组合的多重比较

处理组合	$\bar{X}_i$	$\bar{X}_i-45.00$	$\bar{X}_i-49.67$	$\bar{X}_i-50.17$	$\bar{X}_i-50.67$	$\bar{X}_i-50.83$	$\bar{X}_i-55.00$	$\bar{X}_i-57.00$	$\bar{X}_i-57.67$
a_1b_1	$\frac{358}{6}=59.33$	14.00**	9.66**	9.16**	8.66**	8.50**	4.33**	2.33	1.66
a_3b_1	$\frac{346}{6}=57.67$	12.67**	8.00**	7.50**	7.00**	6.84**	2.67	0.67	
a_2b_1	$\frac{342}{6}=57.00$	12.00**	7.33**	6.83**	6.33**	6.17**	2.00		
a_1b_2	$\frac{330}{6}=55.00$	10.00**	5.33**	4.83**	4.33**	4.17**			
a_2b_2	$\frac{305}{6}=50.83$	5.83**	1.16	0.66	0.16				
a_1b_3	$\frac{304}{6}=50.67$	5.67**	1.00	0.50					
a_3b_2	$\frac{301}{6}=50.17$	5.17**	0.50						
a_3b_3	$\frac{298}{6}=49.67$	4.67**							
a_2b_3	$\frac{270}{6}=45.00$								

由上表可见，a_1b_1、a_3b_1、a_2b_1 和a_1b_2 4 个处理组合均极显著地优于其他处理组合，而 a_2b_3 则极显著地劣于其他处理组合。

类似于 A×B 的处理组合，同样可以进行 A×B×C 的多重比较，只是要比较的处理组合要有 18 个。不过，三重以上的交互作用已难以解释，作多重比较的意义不大。从选择最佳组合的目的出发，可以根据表 4-24 进行直观比较。可以看到，组合 $a_1b_1c_2$、$a_1b_1c_1$ 和 $a_3b_1c_2$ 产量最高，而组合 $a_2b_3c_1$ 和 $a_2b_3c_2$ 产量最低。

4.4　完全随机区组试验设计的评价

4.4.1　优点

完全随机区组设计有以下优点：

（1）设计简单，容易掌握，试验结果的统计分析简单易行。

（2）符合试验设计的三条基本原则，能无偏地估计试验误差，试验结果可以进行方差分析和其他统计学检验。

（3）设计方法机动灵活，对处理数和区组数没有限制，对试验地的形状和大小要求不高，必要时，不同区组亦可分散设置在不同地段上；既可以安排单因素试验，又可以安排多因素试验并考察出因子间的交互作用。

（4）由于设置了区组，在完全随机化基础上从误差项平方和中分解出了区组平方和，有效消除了环境条件对试验结果的干扰，提高了试验精度。

（5）具有一定的坚韧性，即在试验过程中若某些区组受到破坏，甚至不得不放弃某些处理时，剩下的处理和相应数据仍然可以进行分析。这一点对于往往处于恶劣环境条件下的林业试验尤为可贵。

4.4.2 缺点

完全随机区组设计的主要缺点是：

（1）试验设计要求区组内条件基本一致，进行方差分析时只能鉴别出区组间的差异而不能分辨出区组内的差异。如果试验地内存在着两个方向上的差异，那么采用这种试验设计方法时很难划分区组。

（2）当处理数太多时，一个区组的面积太大，从而失去了局部控制。要使各区组内初始条件一致将有一定难度，因而在随机区组设计中，处理数以不超过 20 为宜。

习　题

1. 完全随机区组设计的主要特点是什么？布置这种试验时要注意哪些问题？

2. 采用完全随机区组设计安排小麦品种对比试验，共有 A、B、C、D、E、F、G、H 8 个品种（k=8），其中 A 是当地种源，设置 3 次重复（n=3），试验设计如下图。试对比这 8 个品种的优劣。

C	11.1	F	13.9	H	14.4
E	11.8	A	9.1	G	14.1
H	9.3	D	10.7	C	10.5
B	10.8	H	10.4	F	11.8
A	10.9	G	11.5	B	14.0
G	10.0	E	13.9	A	12.2
D	9.1	B	12.3	E	16.8
F	10.1	C	12.5	D	10.1

3. 在海拔为 800～1 000m 的山地南坡上试验某树种 5 个无性系的生长状况，地形如下图。用完全随机区组试验设计，设置 10 个重复，每小区栽植 10 株，应该按哪个方向来划分区组？

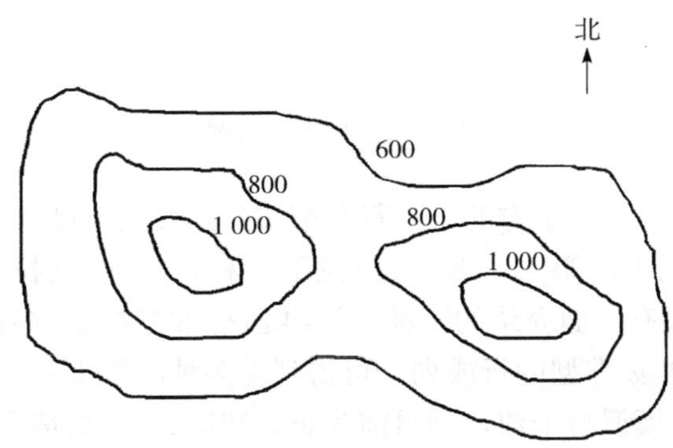

第 5 章

拉丁方试验设计

在第 4 章中提到，如果试验地存在两个方向的环境条件的差异，采用完全随机区组试验设计仍然难以保证区组内环境条件的一致性，因而受到限制。在这种情况下可以考虑采用拉丁方设计（latin square design）。拉丁方设计本质上是从两个方向划分区组，实行双向局部控制，消除非试验因素的干扰，因而其试验精度比完全随机区组设计更高。

5.1 拉丁方简介

拉丁方 以 n 个字母 A、B、C…为元素，列出一个 n 阶方阵，若这 n 个字母在这个 n 阶方阵的每一行、每一列都出现，并且只出现一次，则称该 n 阶方阵为 $n\times n$ 阶拉丁方。图 5-1 列出了两个 2×2 阶拉丁方和一个 3×3 阶拉丁方。

2×2 阶拉丁方

A	B
B	A

B	A
A	B

3×3 阶拉丁方

A	B	C
B	C	A
C	A	B

图 5-1　拉丁方示例

标准拉丁方 如果一个拉丁方的第一行和第一列是按照字母顺序排列的，则称为标准拉丁方。图 5-1 中所列出的第一个 2×2 阶拉丁方和 3×3 阶的拉丁方都是标准拉丁方。3×3 阶标准型拉丁方只有上面介绍的 1 种，4×4 阶标准型拉丁方有 4 种，5×5 阶标准型拉丁方有 56 种。若变换标准型的行或列，可得到更多种的拉丁方。

标准拉丁方的可能模型与个数，到目前为止只知道 n≤8 的情形。标准拉丁方 $n\times n$ 的数目如表 5-1 所示。

表 5-1　$n \times n$ 标准拉丁方的个数 N_n

n	N_n
2	1
3	1
4	4
5	56
6	9 408
7	16 942 080
8	535 281 401 856

图 5-2 中列出了部分不同阶数的标准拉丁方。

4×4

(1)

A B C D
B A D C
C D B A
D C A B

(2)

A B C D
B C D A
C D A B
D A B C

(3)

A B C D
B D A C
C A D B
D C B A

(4)

A B C D
B A D C
C D A B
D C B A

5×5

(1)

A B C D E
B A E C D
C D A E B
D E B A C
E C D B A

(2)

A B C D E
B A D E C
C E B A D
D C E B A
E D A C B

(3)

A B C D E
B A E C D
C E D A B
D C B E A
E D A B C

(4)

A B C D E
B A D E C
C D E A B
D E B C A
E C A B D

6×6

A B C D E F
B F D C A E
C D E F B A
D A F E C B
E C A B F D
F E B A D C

7×7

A	B	C	D	E	F	G
B	C	D	E	F	G	A
C	D	E	F	G	A	B
D	E	F	G	A	B	C
E	F	G	A	B	C	D
F	G	A	B	C	D	E
G	A	B	C	D	E	F

8×8

A	B	C	D	E	F	G	H
B	C	D	E	F	G	H	A
C	D	E	F	G	H	A	B
D	E	F	G	H	A	B	C
E	F	G	H	A	B	C	D
F	G	H	A	B	C	D	E
G	H	A	B	C	D	E	F
H	A	B	C	D	E	F	G

9×9

A	B	C	D	E	F	G	H	I
B	C	D	E	F	G	H	I	A
C	D	E	F	G	H	I	A	B
D	E	F	G	H	I	A	B	C
E	F	G	H	I	A	B	C	D
F	G	H	I	A	B	C	D	E
G	H	I	A	B	C	D	E	F
H	I	A	B	C	D	E	F	G
I	A	B	C	D	E	F	G	H

图 5-2 部分标准拉丁方

每一个标准拉丁方经过行、列置换，共产生 $n!(n-1)!$ 个拉丁方。因此，$n\times n$ 拉丁方的总数 T_n 为：$T_n = n!(n-1)!N_n$ ，见表 5-2。

多拉丁方 对于一个 $n\times n$ 阶的拉丁方试验设计，有时需要在多个地点进行重复；有时虽在一个地点进行，但需要连续多年观测，这些在地点或年份间有重复的拉丁方叫作多拉丁方。

正交拉丁方 把两个同阶的拉丁方叠套在一起，如果一个拉丁方的每个字母与另外一个拉丁方的每个字母相遇且仅仅相遇一次，那么我们称这两个拉丁方互为正交的拉丁方，新组成的拉丁方称为希腊拉丁方。

表 5-2　n 个拉丁方个数

n	标准方数目	每个标准拉丁方可变化出的拉丁方数目	拉丁方总数
2	1	2	2
3	1	12	12
4	4	144	576
5	56	2 880	161 280
6	9 408	86 400	812 851 200
7	16 942 080	3 628 800	61 479 419 904 000

正交拉丁方的完全系　在 $n \times n$ 拉丁方总数 T_n 中，互为正交的拉丁方最多有 $n-1$ 个。如果存在着 $n-1$ 个互为正交的拉丁方，叫作正交拉丁方的完全系。

5.2　拉丁方设计的原理

拉丁方设计是从横行和直列两个方向进行双重局部控制，使得每一行或每一列都成为一个完全单位组，而每一处理在每一行或每一列都只出现一次。

在对拉丁方设计试验结果进行统计分析时，由于能将横行、直列两个单位组间的变异从试验误差中分离出来，因而拉丁方设计的试验误差比完全随机区组设计小，试验精确性比完全随机区组设计高。

5.3　拉丁方设计的试验布置

5.3.1　单拉丁方设计的试验布置

在进行拉丁方设计时，可以根据阶数从上述多种拉丁方中随机选择一种，或选择一种标准型，随机改变其行列顺序后再使用。在试验中，最常用的有 3×3、4×4、5×5、6×6 阶拉丁方。

现举例说明具体的设计方法和步骤。

【例 5.1】在温室中进行地被菊 5 个品种的对比试验。将 5 个地被菊品种设为 1、2、3、4、5，由于所在温室中可能存在温度和湿度两个方向的差异（图 5-3），因此采用拉丁方设计。

【解】设计步骤如下：

(1) 选择拉丁方　选择拉丁方时应根据试验的处理数即横行、直列单位组数先确定采用几阶拉丁方，再选择标准型拉丁方或非标准型拉丁方。

此例因试验因素为不同地被菊品种，处理数为 5；将湿度作为直列单位组因素，直列单位组数为 5；将温度作为横行单位组因素，横行单位组数亦为 5，即试验处理数、直列

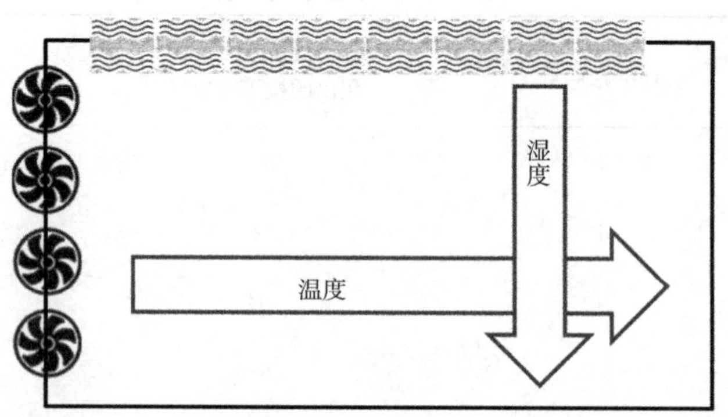

图 5-3 温室中可能存在两个方向的环境条件差异

单位组数、横行单位组数均为 5，则应选取 5×5 阶拉丁方。本例选取表 5-2 列出的第 2 个 5×5 标准型拉丁方，即：

A	B	C	D	E
B	A	D	E	C
C	E	B	A	D
D	C	E	B	A
E	D	A	C	B

(2) 随机排列 在选定拉丁方之后，若是非标准型，则可直接由拉丁方中的字母获得试验设计。若是标准型拉丁方，还需对直列、横行和试验处理的顺序进行随机排列。下面对选定的 5×5 标准型拉丁方进行随机排列。把 1～5 五个数字进行随机排列，取 3 次随机得到 3 个五位数字为：13542、41523、34521。然后将上面选定的 5×5 拉丁方的直列、横行及处理按这 3 个五位数的顺序重新随机排列。

①直列随机 将拉丁方的各直列顺序按 13542 顺序重排。

②横行随机 再将直列重排后的拉丁方的各横行按 41523 顺序重排。

选择拉丁方

1	2	3	4	5
A	B	C	D	E
B	A	D	E	C
C	E	B	A	D
D	C	E	B	A
E	D	A	C	B

直列随机

	1	3	5	4	2
1	A	C	E	D	B
2	B	D	C	E	A
3	C	B	D	A	E
4	D	E	A	B	C
5	E	A	B	C	D

随行随机

4	D	E	A	B	C
1	A	C	E	D	B
5	E	A	B	C	D
2	B	D	C	E	A
3	C	B	D	A	E

③品种随机 把 5 种不同地被菊按第三个 5 位数 34521 顺序排列，即：A=3、B=4、C=5、D=2、E=1，从而得出 5×5 拉丁方设计，如表 5-3 所示。

表 5-3　地被菊不同品种试验拉丁方设计

湿度	温度				
	一	二	三	四	五
Ⅰ	D（2）	E（1）	A（3）	B（4）	C（5）
Ⅱ	A（3）	C（5）	E（1）	D（2）	B（4）
Ⅲ	E（1）	A（3）	B（4）	C（5）	D（2）
Ⅳ	B（4）	D（2）	C（5）	E（1）	A（3）
Ⅴ	C（5）	B（4）	D（2）	A（3）	E（1）

最后，加上保护行，得出本例试验田间排列图，如图 5-4。

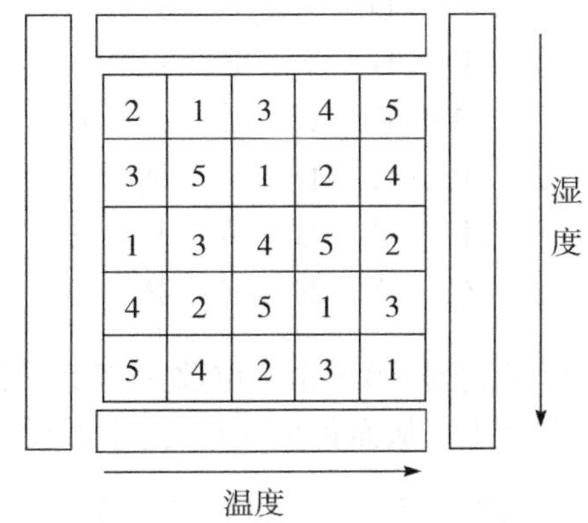

图 5-4　地被菊不同品种拉丁方试验设计图

单拉丁方不仅能够进行单因素试验设计，也可以用于双因素试验设计，现举例说明。

【例 5.2】进行某栽培试验，A 因素为品种（$a=2$），B 因素为肥料种类（$b=3$），重复 6 次（$n=6$），采用拉丁方设计以提高试验精度。

【解】拉丁方设计步骤如下：

（1）选择拉丁方　此例为双因素试验，由于 $a=2$、$b=3$，处理组合共用 $2\times3=6$ 种，重复 6 次，因此可将试验设置成试验处理组合数、直列单位组数、横行单位组数均为 6 的拉丁方，本例选取图 5-2 列出的 6×6 标准型拉丁方，即：

A　B　C　D　E　F
B　F　D　C　A　E
C　D　E　F　B　A
D　A　F　E　C　B
E　C　A　B　F　D
F　E　B　A　D　C

（2）随机排列　把 1～6 六个数字进行随机排列，取 3 次随机得到 3 个六位数字为：163452、541263、352146。然后将上面选定的 6×6 拉丁方的直列、横行及处理按这 3 个六位数的顺序重新随机排列。

直列随机：将拉丁方的各直列顺序按 163452 顺序重排。

1	6	3	4	5	2
A	F	C	D	E	B
B	E	D	C	A	F
C	A	E	F	B	D
D	B	F	E	C	A
E	D	A	B	F	C
F	C	B	A	D	E

横行随机：再将直列重排后的拉丁方的各横行按 541263 顺序重排。

5	E	D	A	B	F	C
4	D	B	F	E	C	A
1	A	F	C	D	E	B
2	B	E	D	C	A	F
6	F	C	B	A	D	E
3	C	A	E	F	B	D

处理组合随机：把 6 种处理组合按第三个 6 位数 352146 顺序排列，即：11＝C、12＝E、13＝B、21＝A、22＝D、23＝F，从而得出 6×6 拉丁方设计。

12	22	21	13	23	11
22	13	23	12	11	21
21	23	11	22	12	13
13	12	22	11	21	23
23	11	13	21	22	12
11	21	12	23	13	22

最后加上保护行，即为本栽培试验的田间设计图，如下：

12	22	21	13	23	11
22	13	23	12	11	21
21	23	11	22	12	13
13	12	22	11	21	23
23	11	13	21	22	12
11	21	12	23	13	22

5.3.2　多拉丁方设计的试验布置

例如，分别在 2 个地点进行 4 个品种（A、B、C、D）的对比试验。

可以分别在每一个地点按照前面所述单个拉丁方的步骤设计一个 4×4 的拉丁方，加上保护行，实施试验，将来统计分析时再将 2 个拉丁方的试验数据合并分析。如 U_1、U_2分别代表 2 个地点的拉丁方，则上述 2 个地点的拉丁方设计可能如图 5-5。

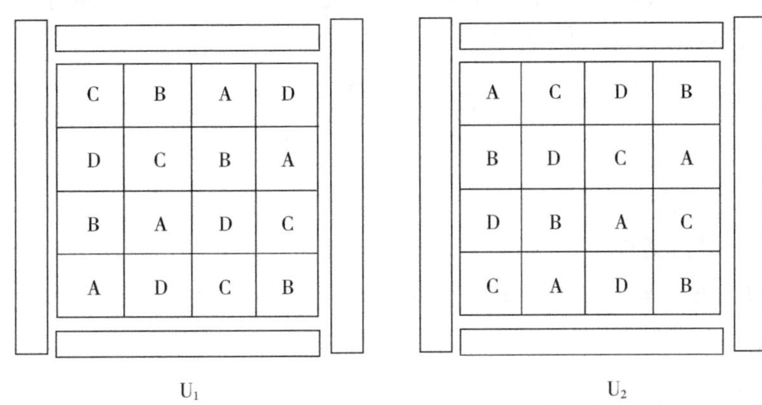

图 5-5　4×4 多拉丁方设计图

5.3.3　希腊-拉丁方设计的试验布置

例如，进行施肥试验时，氮（N）肥有 3 个水平，分别以 A、B、C 表示，排成一个拉丁方；磷（P）肥也有 3 个水平，分别以 α、β、γ 表示，排成另一个拉丁方，而且这 2 个拉丁方互为正交。当把这 2 个拉丁方重叠在一起时，就形成了一个具有 9 个处理组合的希腊-拉丁方（图 5-6）。即：

A　B　C
B　C　A
C　A　B
a

α　β　γ
γ　α　β
β　γ　α
b

$A\alpha$　$B\beta$　$C\gamma$
$B\gamma$　$C\alpha$　$A\beta$
$C\beta$　$A\gamma$　$B\alpha$
c

图 5-6　a. 氮肥 3 个水平排列成拉丁方　b. 磷肥 3 个水平排列成拉丁方
c. 氮肥、磷肥两因素各 3 个水平排列成具有 9 个处理组合的希腊-拉丁方

把这个希腊-拉丁方的列、行及每个字母所代表的处理进行随机化，再加上保护行就是一个完整的希腊-拉丁方设计。

从理论上讲，还可以把 3 个以至更多个互为正交的拉丁方重叠在一起，安排 3 个以至

更多个试验因子。但在实际工作中，这类试验一般都采用其他设计方法，例如正交设计、析因设计等。

5.4 拉丁方设计的统计分析

5.4.1 单拉丁方的统计分析

线性模型：$n\times n$ 拉丁方设计共有 n^2 个观察值，而 n 个处理又存在于这 n 行 n 列个数据之中。所以，拉丁方设计虽然包含有行、列、处理 3 个因子，但不同于一般的三因子试验。若 t 表示处理时，其线性模型为：

$$X_{ij(t)} = \mu + \lambda_i + P_j + \alpha_{(t)} + e_{ij}$$

式中：λ_i ——行效应；

P_j ——列效应；

$\alpha_{(t)}$ ——处理效应。

进行方差分析时，离差平方和的计算式为：

矫正值 $C = \dfrac{X_{..}^2}{n^2}$

总计 $SS_T = \sum_i \sum_j X_{ij}^2 - C$

行间 $SS_r = \dfrac{\sum_i X_{i.}^2}{n} - C$

列间 $SS_C = \dfrac{\sum_j X_{.j}^2}{n} - C$

处理 $SS_A = \dfrac{\sum_t X_t^2}{n} - C$

机误 $SS_e = SS_T - SS_r - SS_C - SS_A$

如果拉丁方设计遗缺一个小区的数据，则先用统计方法估算该小区理论值，然后再使用填补数据进行方差分析，并将总自由度和机误自由度各减 1。估算缺区理论值的公式是：

$$x = \frac{n(T_{i.} + T_{.j} + T_t) - 2T}{(n-1)(n-2)}$$

式中：n——行数、列数或处理数；

$T_{i.}$ ——缺区所在行总和；

$T_{.j}$ ——缺区所在列总和；

T_t ——缺区所在处理总和；

T ——全试验总和。

拉丁方设计方差分析法如表 5-4 所示。

表 5-4　拉丁方设计方差分析

变异来源	自由度	SS	MS	EMS	F
行间	$n-1$	SS_r	MS_r	$\sigma^2+n\sigma_\lambda^2$	$\frac{MS_r}{MS_e}$
列间	$n-1$	SS_c	MS_c	$\sigma^2+n\sigma_p^2$	$\frac{MS_c}{MS_e}$
处理	$n-1$	SS_A	MS_A	$\sigma^2+n\sigma_A^2$	$\frac{MS_A}{MS_e}$
机误	$(n-1)(n-2)$	SS_e	MS_e	σ^2	
总计	n^2-1	SS_T			

以下举例说明用单拉丁方进行单因素试验设计的统计分析方法。

【例 5.3】用 5×5 拉丁方设计进行地被菊 5 个品种（分别以 A、B、C、D、E 表示）的对比试验，用株高作为试验统计指标，试验设计及其结果如图 5-7 所示，试进行分析。

A　53	D　49	B　44	E　40	C　45
D　44	A　50	C　51	B　52	E　42
C　50	B　47	E　43	D　46	A　54
B　44	E　49	A　54	C　40	D　45
E　43	C　43	D　44	A　60	B　45

图 5-7　地被菊 5×5 拉丁方设计试验结果

【解】第 1 步，先将试验结果按行、列、处理 3 个方向进行整理和统计，如表 5-5、表 5-6。

表 5-5　拉丁方试验结果的行、列统计

行＼列	1	2	3	4	5	$X_{i\cdot}$
1	53	49	44	40	45	231
2	44	50	51	52	42	239
3	50	47	43	36	54	240
4	44	49	54	40	45	232
5	43	43	44	60	45	235
$X_{\cdot j}$	234	238	236	238	231	1 177

表 5-6　拉丁方试验结果的处理统计

品种	A	B	C	D	E
处理和 $\sum_t X_t$	271	232	229	228	217
处理平均 $\overline{X}_t$	54.2	46.4	45.8	45.6	43.4

第 2 步，计算离差平方和

$$C = \frac{X_{..}^2}{n^2} = \frac{1177^2}{25} = 55413.16$$

$$SS_T = \sum_i \sum_j X_{ij}^2 - C = 53^2 + 49^2 + \cdots + 45^2 - 55413.16 = 589.84$$

$$SS_r = \frac{\sum_i X_{i.}^2}{n} - C = \frac{231^2 + 239^2 + \cdots + 235^2}{5} - 55413.16 = 13.04$$

$$SS_c = \frac{\sum_j X_{.j}^2}{n} - C = \frac{234^2 + 238^2 + \cdots + 231^2}{5} - 55413.16 = 7.04$$

$$SS_A = \frac{\sum_t X_t^2}{n} - C = \frac{271^2 + 232^2 + \cdots + 217^2}{5} - 55413.16 = 342.64$$

$$SS_e = SS_T - SS_r - SS_C - SS_A = 589.84 - 7.04 - 13.04 - 342.64 = 227.12$$

第 3 步，列方差分析表进行 F 检验，如表 5-7。

表 5-7　5×5 拉丁方试验方差分析

变异来源	自由度	SS	MS	F	F_{α}
行间	4	13.04	3.26	<1	
列间	4	7.04	1.76	<1	
处理	4	342.64	85.66	4.53*	$F_{0.05}=3.26$ $F_{0.01}=5.41$
机误	12	227.12	18.93		
总计	24	589.84			

检验结果，行间与列间差异均不显著，说明试验地环境条件均匀一致，而品种间差异显著，需要进一步作多重比较。

第 4 步，品种间的多重比较，本例中用 SNK 法。计算标准误，得

$$S_{\bar{e}} = \sqrt{\frac{MS_e}{n}} = \sqrt{\frac{18.93}{5}} = 1.946$$

根据误差项自由度 $df=12$ 和要比较的平均数个数 $k=5$，查 q 表（附表 3）得出 $k=2\sim5$ 范围内的 $q_{0.05}$ 和 $q_{0.01}$，再将查出的数值分别乘以标准误 $S_{\bar{x}}$ 即得相应的显著性水准 LSR 值，如表 5-8。

表 5-8　SNK 法进行多重比较的临界值

K	2	3	4	5
$q_{0.05}$	3.08	3.77	4.20	4.51
$q_{0.01}$	4.32	5.04	5.50	5.84
$LSR_{0.05}$	5.99	7.34	8.17	8.78
$LSR_{0.01}$	8.41	9.81	10.71	11.36

将各品种的平均值由大到小排列，两两相减，差值分别与上表中对应的 K 值所计算出的 LSR_{α} 比较，若差值大于 $LSR_{0.05}$ ，为差异显著；若差值大于 $LSR_{0.01}$ ，则为差异极显著，见表 5－9。

表 5－9　5 个地被菊品种的多重比较结果

品种平均 $\overline{X}_i$	$\overline{X}_i-43.4$	$\overline{X}_i-45.6$	$\overline{X}_i-45.8$	$\overline{X}_i-46.4$
A 54.2	10.8*	8.6*	8.4*	7.8*
B 46.4	3.0	0.8	0.6	
C 45.8	2.4	0.2		
D 45.6	2.2			
E 43.4				

检验结果：品种 A 与其他各品种均有显著差异。品种 B、C、D、E 相互之间差异均不显著。所以，5 个品种中以品种 A 为入选品种。

以下举例说明用单拉丁方进行双因素试验设计的统计分析方法。

【例 5.4】 某栽培试验，A 因素为品种（$a=2$），B 因素为肥料种类（$b=3$），重复 6 次（$n=6$），采用拉丁方设计，田间排列见表 5－10，试验结果见表 5－11。以产量为试验指标，试进行分析。

表 5－10　双因素试验的田间排列

行区组	列区组					
	Ⅰ	Ⅱ	Ⅲ	Ⅳ	Ⅴ	Ⅵ
Ⅰ	22	12	11	13	21	23
Ⅱ	13	22	23	21	12	11
Ⅲ	11	21	22	12	23	13
Ⅳ	21	11	12	23	13	22
Ⅴ	23	13	21	22	11	12
Ⅵ	12	23	13	11	22	21

表 5－11　品种、肥料双因素栽培试验结果

行区组	列区组						总和（T_r）
	Ⅰ	Ⅱ	Ⅲ	Ⅳ	Ⅴ	Ⅵ	
Ⅰ	507（22）	399（12）	430（11）	507（13）	517（21）	643（23）	3 003
Ⅱ	548（13）	493（22）	582（23）	529（21）	427（12）	419（11）	2 998
Ⅲ	367（11）	437（21）	486（22）	452（12）	598（23）	437（13）	2 777
Ⅳ	588（21）	407（11）	386（12）	611（23）	504（13）	597（22）	3 093

(续)

行区组	列区组						总和 (T_r)
	Ⅰ	Ⅱ	Ⅲ	Ⅳ	Ⅴ	Ⅵ	
Ⅴ	524 (23)	515 (13)	544 (21)	531 (22)	435 (11)	482 (12)	3 031
Ⅵ	389 (12)	546 (23)	479 (13)	505 (11)	560 (22)	504 (21)	2 983
总和 (T_c)	2 923	2 797	2 907	3 135	3 041	3 082	17 885 (T)

【解】 第 1 步，整理资料。计算 T、T_r、T_c、T_{AB}、T_A、T_B。

其中，T、T_r、T_c的计算结果见表 5-12，T_{AB}的计算方法如下：

$T_{A_1B_1}=430+419+367+407+435+505=2563$

$T_{A_1B_2}=399+427+452+386+482+389=2535$

$T_{A_1B_3}=507+548+437+504+515+479=2990$

$T_{A_2B_1}=517+529+437+588+544+504=3119$

$T_{A_2B_2}=507+493+486+597+531+560=3174$

$T_{A_2B_3}=643+582+598+611+524+546=3504$

列品种与肥料总和数两向表，将以上 T_{AB} 值填入表中，并计算 T_A、T_B，见表 5-12。

表 5-12　品种 (A) ×肥料 (B) 总和数两向表

品种 A	肥料 B			总和 (T_A)
	B_1	B_2	B_3	
A_1	2 563	2 535	2 990	8 088
A_2	3 119	3 174	3 504	9 797
总和 (T_B)	5 682	5 709	6 494	17 885 (T)

计算各个平均数，见表 5-13。

表 5-13　品种 (A) ×肥料 (B) 平均数两向表

品种 A	肥料 B			平均 ($\overline{X}_A$)
	B_1	B_2	B_3	
A_1	427.17	422.50	498.33	449.33
A_2	519.83	529.00	584.00	544.28
平均 ($\overline{X}_B$)	473.50	475.75	541.17	$\overline{X}=496.81$

第 2 步，分解平方和与自由度。

$C=T^2/abn=17885^2/2\times3\times6=8885367.3611$

$SS_T=507^2+399^2+\cdots+504^2-C=173009.6389$

$SS_r=(3003^2+\cdots+2983^2)/2\times3-C=9572.8056$

$SS_c=(2923^2+\cdots+3082^2)/2\times3-C=13368.8056$

$SS_t=(2563^2+2535^2+\cdots+3504^2)/6-C=117257.1389$

$SS_e=SS_T-SS_r-SS_c-SS_t=32810.8889$

$SS_A=(8088^2+9797^2)/3\times6-C=81130.0278$

$SS_B=(5682^2+5709^2+6494^2)/2\times6-C=35452.7222$

$SS_{AB}=SS_t-SS_A-SS_B=674.3889$

$df_T=abn-1=2\times3\times6-1=35$

$df_r=n-1=5$

$df_c=n-1=5$

$df_t=ab-1=5$

$df_e=df_T-df_r-df_c-df_t=(ab-2)(n-1)=20$

$df_A=a-1=1$

$df_B=b-1=2$

$df_{AB}=(a-1)(b-1)=2$

表 5-14　品种、肥料双因素方差分析表

变异来源	df	SS	MS	F	F_α
行间	5	9 572.81	1 914.56	1.17	$F_{0.05}$（1，20）=4.35
列间	5	13 368.81	2 673.76	1.63	$F_{0.01}$（1，20）=8.10
品种	1	81 130.03	81 130.03	49.45**	$F_{0.05}$（2，20）=3.49
肥料	2	35 452.72	17 726.36	10.81**	$F_{0.01}$（2，20）=5.85
品种×肥料	2	674.39	337.20	<1	
机误	20	32 810.89	1 640.54		
总计	35	173 009.64			

品种（A）各水平间与肥料（B）各水平之间差异均达到极显著水平。因此，根据平均数可以判定第 2 号品种极显著优于第 1 号品种。肥料各水平间进行多重比较，用 LSD 法。

查表，得：$t_{0.05}=2.086$，$t_{0.01}=2.845$，所以显著性水准：

$$LSD=t_\alpha(df_e)\sqrt{\frac{2MS_e}{a\cdot n}}$$

$$LSD_{0.05}=2.086\times\sqrt{\frac{2\times1640.54}{2\times6}}=34.56$$

$$LSD_{0.01}=47.13$$

表 5-15　肥力各水平间多重比较结果

肥料	平均值	5%	1%
B_3	541.17	a	A
B_2	475.75	b	B
B_1	473.50	b	B

多重比较结果表明，肥料种类的第三水平极显著的优于第二和第一水平。即应该选用第三种肥料。

5.4.2　多个拉丁方的统计分析

多拉丁方的线性模型为：$X_{ijkt}=\mu+\lambda_i+P_j+U_k+\alpha_{(t)}+U\alpha_{k(t)}+e_{ijk}$

U_k为拉丁方的效应，其他符号同单个拉丁方。

统计分析时，在上述单拉丁方方差分析的基础上，变异来源中增加“方间”及“处理×方间”两项，并计算相应的离差平方和与均方。如表 5-16。

表 5-16　k 个 $n\times n$ 拉丁方设计的方差分析

变异来源	自由度	SS	MS	EMS	
				固定模型	随机模型
行间	$k(n-1)$	SS_r	MS_r	$\sigma^2+nk\sigma_\lambda^2$	$\sigma^2+nk\sigma_\lambda^2$
列间	$k(n-1)$	SS_c	MS_e	$\sigma^2+nk\sigma_P^2$	$\sigma^2+nk\sigma_P^2$
方间	$k-1$	SS_U	MS_U	$\sigma^2+nk\sigma_U^2$	$\sigma^2+n\sigma_{AU}^2+n^2\sigma_U^2$
处理间	$n-1$	SS_A	MS_A	$\sigma^2+nk\sigma_A^2$	$\sigma^2+n\sigma_{AU}^2+nk\sigma_A^2$
处理×方间	$(n-1)(k-1)$	SS_{AU}	MS_{AU}	$\sigma^2+nk\sigma_{AU}^2$	$\sigma^2+n\sigma_{AU}^2$
机误	$k(n-1)(n-2)$	SS_e	MS_e	σ^2	σ^2
总计	kn^2-1	SS_T			

表 5-16 中：

校正值 $C=\dfrac{X_{\cdots}^2}{n^2k}$

总计 $SS_T=\sum_i\sum_j\sum_k\sum X_{ijk}^2-C$

$$行间\ SS_r=\frac{\sum_i\sum_k X_{i\cdot k}^2}{n}-\frac{\sum_k X_{\cdot\cdot k}^2}{n^2}$$

$$列间\ SS_c=\frac{\sum_j\sum_k X_{\cdot jk}^2}{n}-\frac{\sum_k X_{\cdot\cdot k}^2}{n^2}$$

$$方间\ SS_U=\frac{\sum_k X_{\cdot\cdot k}^2}{n^2}-C$$

处理 $SS_A = \frac{\sum_t X_t^2}{nk} - C$

互作 $SS_{AU} = \frac{\sum_k \sum_t X_{kt}^2}{n} - C - SS_A - SS_u$

机误 $SS_e = SS_T - SS_r - SS_c - SS_U - SS_A - SS_{AU}$

进行多重比较时，多拉丁方的标准误计算式如表 5 - 17。

表 5 - 17　k 个 $n \times n$ 拉丁方多重比较时的标准误

比较类别	平均数标准误	平均数差数标准误
方　　间	$\sqrt{\frac{MS_e}{n^2}}$	$\sqrt{\frac{2MS_e}{n^2}}$
处理间	$\sqrt{\frac{MS_e}{nk}}$	$\sqrt{\frac{2MS_e}{nk}}$
处理×方间	$\sqrt{\frac{MS_e}{n}}$	$\sqrt{\frac{2MS_e}{n}}$

现以实例说明其具体分析方法（该例引自莫惠栋《农业试验设计》）。

【例 5.5】 对 4 个棉花品种分别在两地进行 4×4 拉丁方试验，其田间排列及皮棉产量（斤，注：1 斤＝0.5kg）如图 5 - 8，试作分析。

U_1

				T_r
C 5.9	B 4.9	A 6.1	D 7.6	24.5
D 7.9	C 5.6	B 5.8	A 7.8	27.1
B 5.0	A 7.6	D 8.2	C 6.5	27.3
A 7.3	D 7.2	C 6.0	B 4.9	25.4
T_c 26.1	25.3	26.1	26.8	104.3 (TU_1)

U_2

				T_r
A 4.2	C 3.6	B 3.6	D 4.8	16.2
B 3.0	D 4.0	C 3.4	A 3.9	14.3
D 4.6	B 3.0	A 3.6	C 3.5	14.7
C 3.4	A 4.1	D 4.4	B 3.1	15.0
15.2	14.7	15.0	15.3	60.2 (TU_2)

图 5 - 8　两个 4×4 拉丁方的田间设计及其产量

【解】 图 5 - 8 已对行、列和方进行了统计，还需对拉丁方和处理进行两向统计，如表 5 - 18。

表 5-18　拉丁方（U）与处理两向统计

拉丁方	处理				拉丁方和（$X_{..k}$）
	A	B	C	D	
1	28.8	20.6	24.0	30.9	104.3
2	15.8	12.7	13.9	17.8	60.2
处理和 $\sum_{t} x_t$	44.6	33.3	37.9	48.7	164.5（$X_{...}$）
处理平均 $\bar{X}_t$	5.58	4.16	4.74	6.09	

于是，可计算离差平方和，得：

$$C=\frac{164.5^2}{4^2\times 2}=845.6328$$

$$SS_T=5.9^2+4.9^2+\cdots+4.4^2+3.1^2-C=84.8772$$

$$SS_r=\frac{24.5^2+27.1^2+\cdots+15.0^2}{4}-\frac{104.3^2+60.2^2}{4^2}=1.8744$$

$$SS_c=\frac{26.1^2+25.3^2+\cdots+15.3^2}{4}-\frac{104.3^2+60.2^2}{4^2}=0.3344$$

$$SS_U=\frac{104.3^2+60.2^2}{4^2}-C=60.7753$$

$$SS_A=\frac{44.6^2+33.3^2+37.9^2+48.7^2}{4\times 2}-C=17.6360$$

$$SS_{AU}=\frac{28.8^2+20.6^2+\cdots+17.8^2}{4}-C-17.6360-60.7753=2.3534$$

$$SS_e=84.8772-1.8744-0.3344-60.7753-17.6360-2.3534=1.9037$$

从而得方差分析表 5-19。

表 5-19　两个 4×4 拉丁方试验的方差分析

变异来源	自由度	SS	MS	F（固定模型）	$F_{0.05}$	$F_{0.01}$
行　间	6	1.874 4				
列　间	6	0.334 4				
方　间	1	60.775 3	60.775 3	383.19**	4.75	9.33
品种间	3	17.636 0	5.878 7	37.06**	3.49	5.95
品种×方间	3	2.353 4	0.784 5	4.95*	3.49	5.95
机误	12	1.903 7	0.158 6			
总计	31	84.877 2				

方差分析结果，方间、品种间差异都极显著，品种×方间交互作用差异显著。由于本题方间自由度为 1，无需再作多重比较，可以根据总产量直接判断第一方极显著地优于第二方。对于品种和交互作用两项则需进行多重比较。

采用 Tukey 氏固定极差法进行检验，品种间标准误为：

$$S_{\bar{e}}=\sqrt{\frac{MS_e}{nk}}=\sqrt{\frac{0.1586}{4\times 2}}=0.1408$$

根据处理数（4）和误差项自由度（12）查 q 表，得

$q_{0.05}=4.20$，$q_{0.01}=5.50$

于是：$D_{0.05}=4.20\times 0.1408=0.59$，$D_{0.01}=5.50\times 0.1408=0.77$

多重比较结果见表 5-20。可以看到品种 D、A 生产力较高，与品种 C、B 有显著或极显著差异。

表 5-20　品种产量多重比较

品种 $\bar{X}_t$	$\bar{X}_t-4.16$	$\bar{X}_t-4.74$	$\bar{X}_t-5.58$
D 6.09	1.93**	1.35**	0.51
A 5.58	1.42**	0.84**	
C 4.74	0.58		
B 4.16			

所谓品种×方间的交互作用，就是不同品种在不同拉丁方上的表型值的平均差数，即：

品种　　交互效应（$\bar{X}_{AU}=\frac{U_1-U_2}{n}$）

A　　$\frac{28.8-15.8}{4}=3.25$

B　　$\frac{20.6-12.7}{4}=1.98$

C　　$\frac{24.0-13.9}{4}=2.53$

D　　$\frac{30.9-17.8}{4}=3.28$

对上述交互效应进行多重比较，采用 Tukey 氏固定极差法，标准误为

$$S_{\bar{e}}=\sqrt{\frac{MS_e}{n}}=\sqrt{\frac{0.1586}{4}}=0.1991$$

根据要比较的误差项自由度（12）和差值数（4），查 q 表，得：

$$q_{0.05}=4.20，q_{0.01}=5.50$$

故显著性水准：$D_{0.05}=4.20\times 0.1991=0.83$，$D_{0.01}=5.50\times 0.1991=1.09$

检验结果见表 5-21。

表 5-21　品种×方间交互作用的多重比较

品种	互作 $\bar{X}_{AU}$	$\bar{X}_{AU}-1.98$	$\bar{X}_{AU}-2.53$	$\bar{X}_t-3.25$
D	3.28	1.30**	0.75	0.03
A	3.25	1.27**	0.72	
C	2.53	0.55		
B	1.98			

检验结果，品种 D 和 A 与品种 B 的差异极显著，即品种 D、A 在拉丁方 2 中的产量比在拉丁方 1 中产量下降的幅度明显高于品种 B。也就是说，品种 D、A 对环境条件敏感，而品种 B 对环境的反应比较迟钝，适应性较强。

5.4.3 希腊-拉丁方的统计分析

希腊-拉丁方的数学模型为：

$$x_{ij(kl)} = \mu + \lambda_i + \rho_j + \alpha_{(k)} + \beta_{(l)} + e_{ij}$$

式中$\alpha_{(k)}$、$\beta_{(l)}$分别为 2 个拉丁方所安排的试验因子的效应，其他符号含义同前。希腊-拉丁方要求 2 个拉丁方之间不存在交互作用，所以在模型中也没有互作项。

希腊-拉丁方的方差分析与单个拉丁方相似，只是要分别计算 2 个拉丁方 2 个处理因子的平方和。具体自由度和离差平方和的计算式如表 5-22 所示。

表 5-22　希腊-拉丁方设计的方差分析

变异来源	自由度	SS
行　间	$n-1$	$SS_r = \frac{1}{n}\sum_i X_{i.}^2 - C$
列　间	$n-1$	$SS_c = \frac{1}{n}\sum_j X_{.j}^2 - C$
A 处理间	$n-1$	$SS_A = \frac{1}{n}\sum_k X_{..(k)}^2 - C$
B 处理间	$n-1$	$SS_B = \frac{1}{n}\sum_l X_{..(l)}^2 - C$
机　误	$(n-1)(n-3)$	$SS_e = SS_T - SS_r - SS_c - SS_A - SS_B$
总　计	n^2-1	$SS_T = \sum_i\sum_j X_{ij}^2 - C$

表 5-22 中：$C = \frac{1}{n^2} x_{..}^2$

【例 5.6】某施肥试验采用 5×5 希腊-拉丁方设计，施用氮（N）肥和磷（P）肥各 5 个水平如表 5-23 所示，田间排列及试验结果（苗高）见表 5-24，试作分析。

表 5-23　施肥试验方案

试验因子	N 肥					P 肥				
水平号	A	B	C	D	E	α	β	γ	δ	ε
肥料用量（kg/hm^2）	0	100	200	300	400	0	50	100	150	200

表 5-24　施肥试验田间排列及其结果

行＼列	1		2		3		4		5		$x_{i.}$
1	$C\gamma$	40	$A\alpha$	32	$B\beta$	39	$E\varepsilon$	28	$D\delta$	38	177
2	$A\delta$	28	$D\beta$	40	$E\gamma$	28	$C\alpha$	39	$B\varepsilon$	37	172
3	$E\beta$	31	$C\varepsilon$	39	$D\alpha$	40	$B\delta$	37	$A\gamma$	27	174

（续）

行＼列	1		2		3		4		5		$x_{i\cdot}$
4	$D\varepsilon$	42	$B\gamma$	38	$C\delta$	39	$A\beta$	26	$E\alpha$	32	177
5	$B\alpha$	35	$E\delta$	36	$A\varepsilon$	35	$D\gamma$	43	$C\beta$	40	189
$x_{\cdot j}$		176		185		181		173		174	$x_{\cdot\cdot}=889$

【解】根据试验结果数据，计算各行、各列的总和以及试验总和，列入表 5-25，对 2 种肥料的各个水平之和分别进行统计，见表 5-25。

表 5-25　两种肥料各水平之和

N肥 $x_{\cdot\cdot(k)}$	A	B	C	D	E
	148	186	197	203	155
P肥 $x_{\cdot\cdot(l)}$	α	β	γ	δ	ε
	178	176	176	178	181

于是，可按表 5-22 的公式计算离差平方和，得：

$$C=\frac{1}{n^2}x_{\cdot\cdot}^{2}=\frac{1}{5^2}889^2=31612.84$$

$$SS_T=\sum_i\sum_j X_{ij}^2-C=40^2+32^2+\cdots+40^2-31612.84=622.16$$

$$SS_r=\frac{1}{n}\sum_i X_{i\cdot}^2-C=\frac{1}{5}(177^2+172^2+\cdots+189^2)-31612.84=34.96$$

$$SS_c=\frac{1}{n}\sum_j X_{j\cdot}^2-C=\frac{1}{5}(176^2+185^2+\cdots+174^2)-31612.84=20.56$$

$$SS_A=\frac{1}{n}\sum_k X_{\cdot\cdot(k)}^2-C=\frac{1}{5}(148^2+186^2+\cdots+155^2)-31612.84=495.76$$

$$SS_B=\frac{1}{n}\sum_l X_{\cdot\cdot(l)}^2-C=\frac{1}{5}(178^2+176^2+\cdots+181^2)-31612.84=3.36$$

$$SS_e=SS_T-SS_r-SS_c-SS_A-SS_B$$
$$=622.16-34.96-20.56-495.76-3.36=67.52$$

计算各个变异来源的自由度，得方差分析表 5-26。

表 5-26　施肥试验方差分析

变异来源	自由度	SS	MS	F	F_α（4，8）
行间	4	34.96	8.74	1.04	$F_{0.05}=3.84$
列间	4	20.56	5.14	<1	$F_{0.01}=7.01$
N肥	4	495.76	123.94	14.68**	
P肥	4	3.36	0.84	<1	
机误	8	67.52	8.44		
总计	24	622.16			

F 检验结果，N 肥不同施用量间差异极显著，而 P 肥不同施用量差异不显著，故只对 N 肥的不同水平间进行多重比较。

采用 Tukey 氏固定极差法进行检验，标准误为：

$$S_{\bar{e}} = \sqrt{\frac{MS_e}{n}} = \sqrt{\frac{8.44}{5}} = 1.30$$

根据处理数（5）和误差项自由度（8）查 q 表，得

$$q_{0.05} = 4.89, q_{0.01} = 6.63$$

故显著性水准为：

$$D_{0.05} = q_{0.05} \times S_{\bar{e}} = 4.89 \times 1.30 = 6.36$$
$$D_{0.01} = q_{0.01} \times S_{\bar{e}} = 6.63 \times 1.30 = 8.62$$

表 5-27　5 种 N 肥用量的多重比较

N 肥用量	$\bar{x}_k$	$\bar{x}_k-29.6$	$\bar{x}_k-31.0$	$\bar{x}_k-37.2$	$\bar{x}_k-39.4$	$\alpha=0.05$	$\alpha=0.01$
D203	40.6	11.0**	9.6**	3.4	1.2	a	A
C197	39.4	9.8**	8.4*	2.2		a	AB
B186	37.2	7.6*	6.2			ab	ABC
E155	31.0	1.4				bc	BC
A148	29.6					c	C

按此水准对 N 肥 5 个水平的平均数之差进行检验，结果见表 5-27。

检验结果，D 处理（施 N 肥 300kg/hm^2）和 C 处理（施 N 肥 200kg/hm^2）效果最好，而施 N 肥太多（E 处理 400kg/hm^2）时效果反而不好，与不施肥处理（A）差异不显著。

5.5　拉丁方试验设计的评价

5.5.1　优点

拉丁试验设计有以下优点：它不仅贯彻了试验设计的 3 条基本原则，而且能从两个方向划分区组，实行了双重局部控制，使试验误差减少到了最低限度，所以拉丁方试验设计是各种田间试验设计中精度最高的一种方法。另外，该方法不仅能够用于单因素设计，在条件允许的情况下也可以用于双因素试验；不仅能够鉴别出处理的优劣，还可以鉴别出处理与地点或者处理与年份等的交互作用。同时，拉丁方试验设计的统计分析也较为简单，不难掌握。

5.5.2　缺点

拉丁方试验设计的主要缺点：

(1) 处理数受到一定限制　在拉丁方设计中，横行单位组数、直列单位组数、试验处理数与试验处理的重复数必须相等。因此，只有试验的处理数合适才适用。若处理数少，

则重复数也少，估计试验误差的自由度就小，影响检验的灵敏度；若处理数多，则重复数也多，横行、直列单位组数也多，导致试验工作量大。

（2）需要整块试验地，缺乏灵活性　拉丁方试验设计要求试验的行、列、区组都不能分开，要在整块试验地上进行。

因此，拉丁方设计一般用于 5～8 个处理的试验。在采用 4 个以下处理的拉丁方设计时，为了使估计误差的自由度不少于 12，可采用“复拉丁方设计”，即同一个拉丁方试验重复进行数次，并将试验数据合并分析，以增加误差项的自由度。

习　题

1. 什么叫拉丁方、标准拉丁方、正交拉丁方、希腊-拉丁方和多拉丁方？

2. 拉丁方设计与完全随机区组设计的区别是什么？为什么说拉丁方设计比完全随机区组设计的精度高？

3. 采用 5×5 拉丁方设计对 5 个杨树品种进行对比试验，连续观测两年，田间排列及两年的观测数据如下图，试分析之。

D 99.0 121.0	E 98.4 110.0	A 97.5 101.0	C 98.4 120.1	B 98.5 115.2
A 97.6 110.1	C 98.5 119.2	E 98.4 112.1	B 98.5 117.2	D 98.9 123.1
E 98.4 115.2	B 97.4 112.0	D 98.5 111.1	A 99.1 122.0	C 98.3 115.2
B 98.5 119.3	A 98.5 114.3	C 98.7 117.4	D 97.5 111.5	E 98.5 106.5
C 98.4 113.2	D 99.0 118.0	B 98.5 121.0	E 98.4 114.5	A 97.5 115.1

第6章

平衡不完全区组试验设计

在第4章所介绍的完全随机区组试验设计中，每个区组内的小区数与处理数相等，从而每一个处理恰好配置在一个小区内。但是，在林业试验中，由于受地形、处理数太多等客观条件的限制，一个区组往往无法容纳全部处理而只能安排部分处理实施试验，称为不完全区组。比较理想的“不完全区组”是平衡不完全区组设计（balanced incomplete block design），简称BIB设计。所谓平衡是指试验设计中任何两处理共同出现于同一区组的次数相同，或者称两处理相遇于同一区组的次数相同。

6.1 平衡不完全区组设计的参数和条件

平衡不完全区组设计有下列参数：

v——处理数；

k——每区组的小区数（区组容量）；

r——各处理的重复数；

b——区组数；

λ——任意两个处理出现在同一区组的次数。

为了满足平衡性，平衡不完全区组设计中的处理数、区组数、重复数等参数不是任意设置的。各个参数之间关系必须满足以下三个条件：

（1）$rv=bk=N$（总的试验单元数）

（2）$\lambda=\frac{r(k-1)}{v-1}$

（3）$b\geqslant v$

6.2 平衡不完全区组的试验布置

平衡不完全区组设计不是任意安排的，而是按照数学家已经编制出BIB表来安排试验的（附表5）。在BIB表中，阿拉伯数字1、2、3……表示处理号；罗马数字Ⅰ、Ⅱ、Ⅲ……表示重复数；横行表示区组，在每一设计的表头给出了5个参数。例如：

设计 1　$v=4$，$k=2$，$r=3$，$b=6$，$\lambda=1$

Ⅰ	Ⅱ	Ⅲ
1　2	1　3	1　4
3　4	2　4	2　3

该表告诉我们，设计 1 共有 4 种处理，3 次重复，必须设置 6 个不完全区组，每个区组安排 2 个小区。这 6 个不完全区组即（1　2），（1　3），（1　4），（3　4），（2　4），（2　3）。很明显，任意两个处理在该设计中相遇 1 次，而且仅有 1 次。

安排 BIB 设计时，首先根据处理数和每区组所能容纳的小区数选用合适的 BIB 表，然后对各区组进行随机排列，最后对各个区组内的处理再进行随机，加上保护行，即为 BIB 试验设计。以下举例说明具体设计方法。

【例 6.1】在有东西方向环境条件差异的试验地上对落叶松 5 个无性系进行对比试验，由于地形限制，每个区组只能容纳 3 个无性系。

【解】查 BIB 表，选择 $v=5$，$k=3$ 的表，只能选择设计 4。为了表述方便，在各个区组前加上号码（1），（2）……作为区组号。

设计 4　$v=5$，$k=3$，$r=6$，$b=10$，$\lambda=3$

	Ⅰ	Ⅱ	Ⅲ		Ⅳ	Ⅴ	Ⅵ
(1)	1	2	3	(6)	1	2	4
(2)	2	3	4	(7)	2	3	5
(3)	3	4	5	(8)	3	4	1
(4)	4	5	1	(9)	4	5	2
(5)	5	1	2	(10)	5	1	3

该表要求设置 10 个不完全区组，每个区组安排 3 个小区。垂直于环境条件变化的方向，即南北方向划分区组，进行区组随机，区组随机之后的结果如图 6-1。

(5)	(7)	(10)	(1)	(4)	(2)	(8)	(3)	(6)	(9)

图 6-1　随机化后区组排列

再进行处理随机：

(1) 1　2　3 ⟶ 3　2　1
(2) 2　3　4 ⟶ 2　3　4
(3) 3　4　5 ⟶ 3　5　4
(4) 4　5　1 ⟶ 1　5　4
(5) 5　1　2 ⟶ 2　1　5
(6) 1　2　4 ⟶ 4　2　1
(7) 2　3　5 ⟶ 5　3　2
(8) 3　4　1 ⟶ 4　1　3
(9) 4　5　2 ⟶ 2　5　4
(10) 5　1　3 ⟶ 1　5　3

将区组随机、处理随机后的结果安排入试验地内，加上保护行，得到田间试验设计图，如图 6-2。

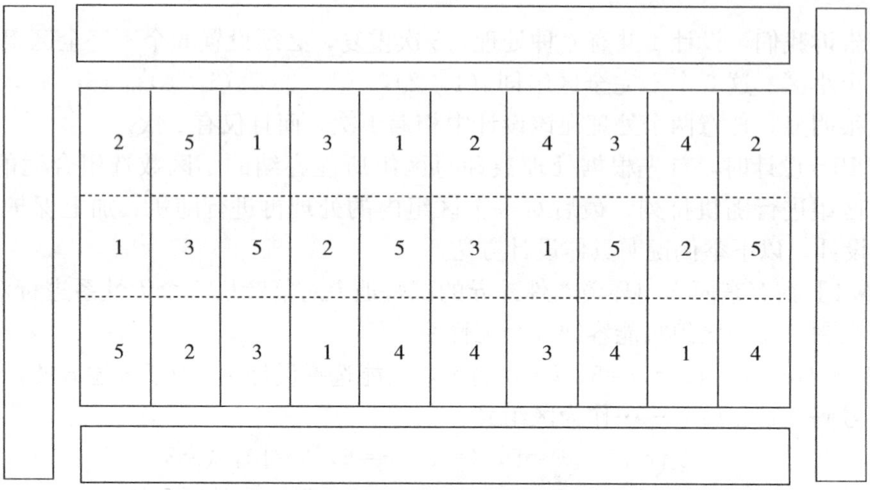

2	5	1	3	1	2	4	3	4	2
1	3	5	2	5	3	1	5	2	5
5	2	3	1	4	4	3	4	1	4

图 6-2　落叶松无性系对比 BIB 设计图

与完全随机区组设计相同，BIB 设计区组之间允许有环境条件的差异，在地形破碎的地方甚至可以分割开来。但是，一个区组内部应该保证环境条件基本一致，而且绝对不允许将一个区组再进行分割。

6.3　平衡不完全区组设计的统计分析

平衡不完全区组设计由于采用了不完全区组，试验精度比完全随机区组设计低，所以主要用于安排单因子试验，很少安排多因子试验。在实际工作中，多用于品种、家系、无性系等的对比试验。

其数学模型为：

$$x_{ij} = \mu + P_i + \alpha_j + e_{ij}$$

式中：μ——群体平均值；

P_i——第 i 个区组的效应值，$i=1, 2, \cdots, r$；

α_j——A 因子第 j 水平的效应值；

e_{ij}——随机误差。

平衡不完全区组设计中，每一个处理并不出现在所有的区组内，而只出现于 r 个区组内，所以处理间的差异与区组间的差异出现了混杂，统计分析时需要对观察数据进行调整以消除区组对处理的影响。下面举例说明调整及分析方法。

【例 6.2】 上述落叶松无性系对比试验（图 6-2）的结果如表 6-1，试进行分析。

表 6-1　落叶松无性系对比试验结果及计算表

区组 \ 苗高 \ 无性系	1	2	3	4	5	$X_i.$（区组和）
1	7.5	8.0	13.4			28.9
2		13.0	8.2	9.3		30.5
3			9.4	6.6	3.0	19.0
4	6.0			7.4	4.6	18.0
5	6.7	7.5			5.0	19.2
6	7.8	10.0		8.8		26.6
7		9.4	10.7		4.2	24.3
8	8.0		9.8	7.2		25.0
9		8.4		8.0	3.8	20.2
10	6.6		10.9		5.1	22.6
$X._j$（无性系和）	42.6	56.3	62.4	47.3	25.7	$X..=234.3$
T_j	140.3	149.7	150.3	139.3	123.3	$\bar{X}..=7.81$
$Q_j=kX._j-T_j$	−12.5	19.2	36.9	2.6	−46.2	
$\bar{X}_j=\dfrac{Q_j}{\lambda v}+\bar{X}..$	6.98	9.09	10.27	7.98	4.73	

【解】第 1 步，计算区组和与无性系和，即将原始数据横向累加，填入该表最后一列 $X_i.$（区组和），将原始数据纵向累加，填入表下 $X._j$（无性系和）一行，并计算总和 $X..$ 和总平均 $\bar{X}..$。总和 $X..$ 应与 $X_i.$ 一行累加结果一致，总平均 $\bar{X}..$ 为总和 $X..$ 除以总的观察次数 N 之商，本例中 $\bar{X}..=\dfrac{x..}{bk}=\dfrac{234.3}{10\times3}=7.81$

第 2 步，计算各无性系的 T_j。T_j 为第 j 个无性系所在的所有区组的产量之和，例如：

$$T_1=X_1.+X_4.+X_5.+X_6.+X_8.+X_{10}.$$
$$=28.9+18.0+19.2+26.6+25.0+22.6=140.3$$
$$T_2=X_1.+X_2.+X_5.+X_6.+X_7.+X_9.$$
$$=28.9+30.5+19.2+26.6+24.3+20.2=149.7$$

其余类推。

第 3 步，计算消除区组影响后的无性系效应值 Q_j。其计算式为 $Q_j=kX_j-T_j$，例如

$$Q_1=KX_1-T_1=3\times42.6-140.3=-12.5$$
$$Q_2=KX_2-T_2=3\times56.3-149.7=19.2$$

其余类推。

第 4 步，计算修正后的无性系平均数 $\bar{X}_j$。计算公式为：$\bar{X}_j=\dfrac{Q_j}{\lambda v}+\bar{X}..$，其中 $\bar{X}..$ 为第一步取得的全试验总平均。例如：

$$\bar{X}_1=\frac{Q_1}{\lambda v}+\bar{X}..=\frac{-12.5}{3\times5}+7.81=6.98$$

$$\bar{X}_2 = \frac{Q_2}{\lambda v} + \bar{X}.. = \frac{19.2}{3 \times 5} + 7.81 = 9.09$$

其余类推。

第 5 步，进行方差分析。

$$C = \frac{x^2}{N} = \frac{234.3^2}{80} = 1829.88$$

总计 $SS_T = \sum_i \sum_j X_{ij}^2 - C = 7.5^2 + 8.0^2 + \cdots + 5.1^2 - 1829.88 = 179.67$

区组 $SS_R = \frac{1}{k} \sum_i X_{i.}^2 - C = \frac{1}{3}(28.9^2 + 30.5^2 + \cdots + 22.6^2) - 1829.88 = 57.10$

无性系 $SS_V = \frac{1}{\lambda k v} \sum Q_j^2 = \frac{1}{3 \times 3 \times 5}[(-12.5)^2 + 19.2^2 + \cdots + (-46.2)^2] = 89.50$

机误 $SS_e = SS_T - SS_R - SS_V = 179.67 - 57.10 - 89.50 = 33.07$

然后列出方差分析表进行 F 检验，如表 6-2。

表 6-2　落叶松无性系试验方差分析表

变异来源	df	SS	MS	F	$F_{0.01}$
区　组	10−1=9	57.10	6.34		
无性系	5−1=4	89.50	22.38	10.81**	4.77
机　误	29−9−4=16	33.07	2.07		
总　计	30−1=29	179.67			

F 检验的结果表明，无性系间有极显著差异，故需继续进行多重比较。

第 6 步，无性系间的多重比较。

采用 BIB 设计进行多重比较时，需要用经过修正后的处理平均数进行计算。具体方法同样可以选用 LSD 法、SSR 法或 Tukey 氏固定极差法等，本例中采用 SNK 法进行，首先计算标准误：

$$S_{\bar{X}} = \sqrt{\frac{K}{\lambda v} MS_e} = \sqrt{\frac{3}{3 \times 5} \times 2.07} = 0.64$$

然后根据误差项的自由度和欲比较的平均数个数 K 查 q_α 表。本例中 K 分别等于 2、3、4、5。再由查出的 q_α 值分别乘以标准误 $S_{\bar{X}}$，即得 LSR_α 值，如表 6-3。

表 6-3　5 个无性系多重比较的 q_α 和 LSR_α

K	2	3	4	5
$q_{0.05}$	3.00	3.65	4.05	4.34
$q_{0.01}$	4.13	4.79	5.19	5.49
$LSR_{0.05}$	1.92	2.34	2.59	2.78
$LSR_{0.01}$	2.64	3.07	3.32	3.51

将调整后的无性系平均值由大到小排列，两两相减，相邻两个平均数之差用 $K=2$的 LSR 值检验，相隔一个平均数的两个无性系之差用 $K=3$ 的 LSR 值检验，其余类推。

列多重比较表，用 LSR_α 分别对两两之差进行检验，结果如表 6-4 和表 6-5。

表 6-4　落叶松无性系间的多重比较（梯形列表法）

无性系号	$\overline{X}_j$	$\overline{X}_j-4.73$	$\overline{X}_j-6.98$	$\overline{X}_j-7.98$	$\overline{X}_j-9.09$
3	10.27	5.54**	3.29*	2.29	1.18
2	9.09	4.36**	2.11	1.11	
4	7.98	3.25**	1.00		
1	6.98	2.25*			
5	4.73				

表 6-5　落叶松无性系间的多重比较(字母法和连线法)

无性系号	$\overline{X}_j$	字母表示法		连线法	
		$\alpha=0.05$	$\alpha=0.01$	$\alpha=0.05$	$\alpha=0.01$
3	10.27	a	A		
2	9.09	ab	A		
4	7.98	ab	A		
1	6.98	b	AB		
5	4.73	c	B		

检验结果，5 号无性系显著或极显著地差于其他无性系。其他 4 个无性系相比，除 1 号无性系显著低于 3 号外，其余两两之间差异均不显著。

6.4　平衡不完全区组设计的评价

6.4.1　优点

平衡不完全区组设计主要有以下优点：符合试验设计的三条基本原则，能无偏地估计试验误差，试验结果可以进行方差分析和其他统计学检验；当区组可能安排的处理数少于供试处理数时仍然可以对各个处理作出正确的比较。因此 BIB 设计在林业以及果树、畜牧业等研究领域有广泛的用途，特别是在山区进行试验时，由于地形破碎，区组面积很小，而实际工作又要求我们对多个处理进行比较时，BIB 设计就尤为可取。

6.4.2　缺点

平衡不完全区组设计的主要缺点：

(1) 灵活性和坚韧性差。平衡不完全区组设计对于处理数、区组数等参数有严格规定，缺一不可，否则就失去了平衡性。同时，由于是不完全区组设计，区组内所选定的每个处理都必须完成，取得的数据才能够进行分析，因此设计缺乏坚韧性。

（2）BIB设计需要安排的区组数多，试验规模比完全随机区组大，因而需要付出更多的人力、物力的代价，但其精度却低于完全随机区组设计。采用BIB设计时，两个处理比较的精度相当于完全随机区组设计的E倍，E的计算公式为：$E=\frac{\lambda v}{rK}$。如本章例6.2落叶松无性系对比试验中，其精度相当于5个无性系6次重复的完全随机区组设计的$E=\frac{\lambda v}{rK}=\frac{3\times5}{6\times3}=\frac{5}{6}$。

（3）从理论上看，BIB设计研究得比较充分，数学家已经编出了众多的BIB表，可以用来安排小至4～5个处理、大至近百个处理的各种试验。但是需要指出，本章第1节给出的BIB设计各参数之间的3个条件是这种设计的必要条件，而不是充分条件。下列4行参数也都满足上述3个条件，但数学家已经证明了它们设计的不可能性。

v	k	r	b	λ
15	5	7	21	2
22	7	7	22	2
29	8	8	29	2
46	10	10	46	2

而下列2行参数能否编出BIB表，至今还没有肯定的答案。

v	k	r	b	λ
46	6	9	69	1
51	6	10	85	1

习　题

1. BIB设计有哪些参数？

2. 在一块肥力变化呈东西方向的正方形试验地上，需安排一个BIB试验，处理数为5，要求重复4次以上，试选择适宜的BIB表，并画出田间设计图。

3. 某施肥试验共设5种施肥方案（A～E），采用BIB设计，试验结果如下表，试分析之。

区组 \ 苗高 \ 施肥方案	A	B	C	D	E
1	68	87	51		
2		80	47	37	
3			54	40	36
4	60			30	25
5	55	70			22

（续）

区组＼苗高＼施肥方案	A	B	C	D	E
6		75		35	20
7	63	82	50		
8	59		45	34	
9		77		38	25
10	62		60		23

第7章

裂 区 设 计

前述各章中所讨论的试验单元的大小都是一定的，也就是说，每个处理都有相同大小的试验单元。因此，在田间试验中，各小区的面积大小和形状都是相同的。但是，在多因素的试验中常常会遇到这样一些情形：其一，根据专业知识可以预知试验中一些因素各水平间容易表现出较大的差异，而另一些因素各水平间差异会比较小。表现较大差异的因素，即使试验误差较大仍然可以发现该因素不同水平间的差异；而表现较小差异的因素，则必须严格控制试验误差，否则将难以鉴别该因素不同水平间的差异。其二，有些试验中不同因子要求大小不同的试验单元。例如，耕作制度、栽培方式、种植密度等要求较大的小区面积，品种、修剪、生长激素的使用以及病虫害防治等需要相对较小的小区面积。如某一双因素试验研究灌溉次数和施肥方式对杨树生长的影响，灌溉次数这一因素需要在较大的小区上实施，而施肥方式可以在相对较小的小区上实施。以上这两种情形都需要在试验设计中把试验单元进行分级。这就需要用到裂区设计（slip plot design）。

7.1 裂区设计的原理与特点

裂区设计基本思想是根据试验要求和目的的不同首先将整个试验区分成几个大区，在每个大区内安排比较容易表现出差异的因素的处理，或者需要较大试验单元的处理，它们常称为主处理。主处理所在各区内引进第二类因素的各个处理，它们称为副处理。主处理所在的区叫主区或整区；副处理所在的区叫副区或裂区。这种设计方法将主区分裂为副区，故称为裂区设计。理论上，如果试验有三个因素，可以在副区内再分裂出副副区，安排第三个因素，这种设计叫作裂裂区或再裂区设计。但是，实际工作中，三个以上的多因素试验如果采用再裂区设计，试验起来很复杂，统计分析中因素间的交互作用也很难解释。一般来说，裂区设计多用于双因素的试验。

裂区设计有以下特点：

（1）主、副区分级对应 在裂区设计中，可以将试验小区按照试验实施或精度的要求分为两级，即主区和副区。相应的，处理也进行分级，分为主处理和副处理。

（2）主、副区误差不同 裂区设计中，由于副区范围小，不同副区比不同主区之间更为接近，因此对副处理来说，局部控制原则实现得更好，从而精确度会比主处理更高；并且，由于副处理的重复次数比主处理多，所以副处理比主处理的试验精度高。

(3) 处理分级，简化实施 由于划分了主、副处理，主处理可以在较大试验单元上实施，副处理在较小的试验单元上实施，有时还可以在试验中临时添加副处理。既可以减少实验规模，又可灵活安排。

7.2 裂区设计的试验布置

7.2.1 裂区设计的方法

首先要分清主要因子和次要因子。主要因子是试验中想要获得较高精确度的因子，或者是可以在相对小的区域实施的因子；次要因子是要求精确度较低的因子，或者是需要较大区域实施的因子。在裂区设计中，主要因子的各个水平安排在裂区（副区），次要因子的各个水平安排在整区（主区）。只有这样，主要因子的各水平的重复数才会大大多于次要因子的各个水平的重复数，才能获得较高的精确度。具体设计方法如下：

首先，根据试验要求，划分区组，区组数即试验的重复数。其次，先将次要因子排列入每个区组的整区中，各个整区中，安排次要因子的各个水平，即整区处理。最后，将每个整区划分为若干裂区，把主要因子的各个水平安排在各个裂区上，主要因子的各个水平称为裂区处理。

7.2.2 裂区设计的排列方式

裂区设计的排列有多种：主区可以按完全随机区组、不完全随机区组或拉丁方等方式排列；副区一般用完全随机区组排列，但在副区误差自由度不太小的条件下，也可采用拉丁方排列。

下面用图表说明排列方法，图中Ⅰ、Ⅱ、Ⅲ……代表重复；a_1、a_2、a_3…… 代表主处理；1、2、3 ……代表副处理。

（1）主处理与副处理均为随机区组排列，如图 7-1。

（2）主处理排列为拉丁方，副处理排列为随机区组，如图 7-2。

（3）主处理排列为随机区组，副处理排列为拉丁方。这种排列要求重复次数与副处理数相等，在同一主处理的重复间，副处理按拉丁方排列，如图 7-3。

（4）主、副处理均为拉丁方，这种设计要求主处理数＝副处理数＝重复次数，如图 7-4。

7.3 裂区设计的统计分析

当裂区设计的主、副处理均按随机区组排列时，其线性模型可以表示为：

$$x_{ijk} = \mu + \rho_i + \alpha_j + \delta_{ij} + \beta_k + (\alpha\beta)_{jk} + \varepsilon_{ijk}$$

式中：ρ_i——区组效应　　　　$i=1, 2, \cdots, r$；

α_j——主处理效应（A）　　　　$j=1, 2, \cdots, a$；

δ_{ij}——主区随机误差　　　　$\delta_{ij} \sim (0, \sigma_\delta^2)$；

β_k——副处理效应（B）　　　　$k=1, 2, \cdots, b$；

$(\alpha\beta)_{jk}$——主×副交互效应（A×B）；

ε_{ijk}——副区随机误差，$\varepsilon_{ijk} \sim (0, \sigma_e^2)$。

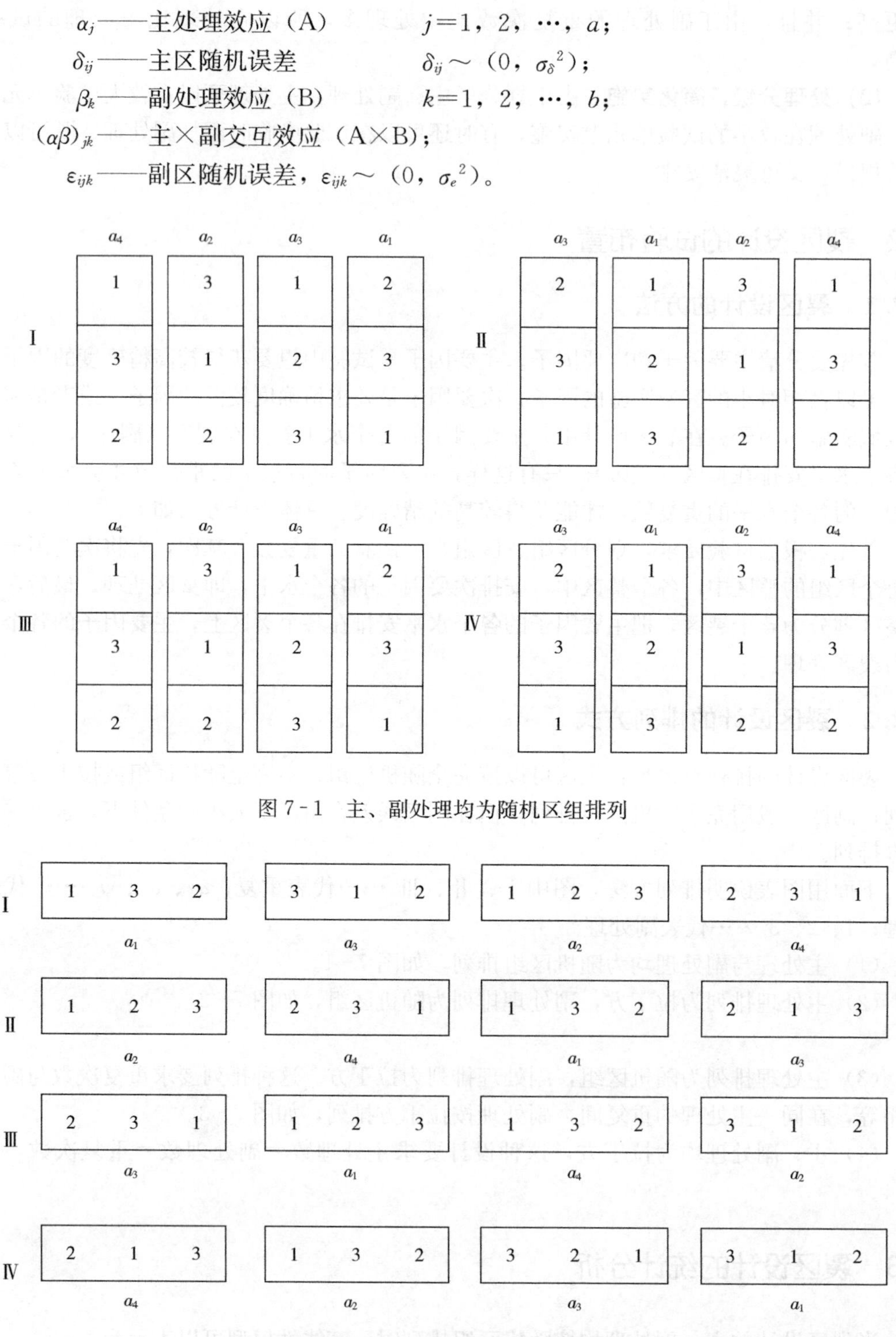

图 7-1　主、副处理均为随机区组排列

图 7-2　主处理为拉丁方排列，副处理为随机区组排列

a_1	a_3	a_2	a_4
3	3	1	3
2	1	3	1
1	2	2	2

Ⅰ

a_3	a_4	a_2	a_1
1	2	3	2
2	3	2	1
3	1	1	3

Ⅱ

a_3	a_1	a_4	a_2
2	1	1	2
3	3	2	1
1	2	3	3

Ⅲ

图 7－3　主处理为随机区组排列，副处理为拉丁方排列

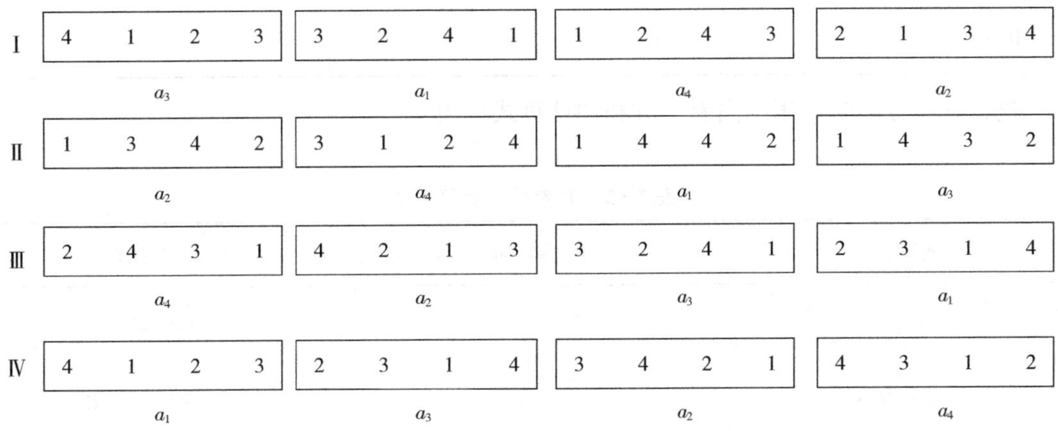

图 7－4　主、副处理均为拉丁方排列

处理效应模型可以是固定模型、随机模型或混合模型，不同模型的期望均方见表 7－1。

表 7－1　按随机区组排列的裂区设计的期望均方

变异来源	自由度	固定模型	随机模型
区　组	$r-1$	$\sigma_\varepsilon^2+b\sigma_\delta^2+ab\sigma_\rho^2$	$\sigma_\varepsilon^2+b\sigma_\delta^2+ab\sigma_\rho^2$
主处理 A	$a-1$	$\sigma_\varepsilon^2+b\sigma_\delta^2+rb\dfrac{\sum\alpha_j^2}{a-1}$	$\sigma_\varepsilon^2+b\sigma_\delta^2+r\sigma_{\alpha\beta}^2+rb\sigma_\alpha^2$
机误 E（a）	（$r-1$）（$a-1$）	$\sigma_\varepsilon^2+b\sigma_\delta^2$	$\sigma_\varepsilon^2+b\sigma_\delta^2$
副处理 B	$b-1$	$\sigma_\varepsilon^2+ra\dfrac{\sum\beta_k^2}{b-1}$	$\sigma_\varepsilon^2+r\sigma_{\alpha\beta}^2+ra\sigma_\beta^2$
A×B	（$a-1$）（$b-1$）	$\sigma_\varepsilon^2+r\dfrac{\sum(\alpha\beta)_{jk}}{(a-1)(b-1)}$	$\sigma_\varepsilon^2+r\sigma_{\alpha\beta}^2$
机误 E（b）	a（$b-1$）（$r-1$）	σ_ε^2	σ_ε^2

（续）

变异来源	混合模型	
	A随机B固定	A固定B随机
主处理A	$\sigma_\varepsilon^2+b\sigma_\delta^2+rb\sigma_\alpha^2$	$\sigma_\varepsilon^2+b\sigma_\delta^2+r\frac{a}{a-1}\sigma_{\alpha\beta}^2+rb\frac{\sum\alpha_j^2}{a-1}$
机误E（a）	$\sigma_\varepsilon^2+b\sigma_\delta^2$	$\sigma_\varepsilon^2+b\sigma_\delta^2$
副处理B	$\sigma_\varepsilon^2+r\frac{b}{b-1}\sigma_{\alpha\beta}^2+ra\frac{\sum\beta_k^2}{b-1}$	$\sigma_\varepsilon^2+ra\sigma_\beta^2$
A×B	$\sigma_\varepsilon^2+r\frac{b}{b-1}\sigma_{\alpha\beta}^2$	$\sigma_\varepsilon^2+r\frac{a}{a-1}\sigma_{\alpha\beta}^2$
机误E（b）	σ_ε^2	σ_ε^2

进行方差分析时所用的离差平方和计算式见表7-2。

表7-2　方差分析计算公式

变异来源	自由度	离差平方和计算式
区　组	$r-1$	$SS_r=\frac{\sum x_{i\cdot\cdot}^2}{ab}-C$
主处理A	$a-1$	$SS_A=\frac{\sum x_{\cdot j\cdot}^2}{rb}-C$
机误E（a）	$(r-1)(a-1)$	$SS_{E(a)}=SS_M-SS_R-SS_A$
主区部分	$ar-1$	$SS_M=\frac{\sum x_{ij\cdot}^2}{b}-C$
副处理B	$b-1$	$SS_B=\frac{\sum x_{\cdot\cdot k}^2}{ra}-C$
A×B	$(a-1)(b-1)$	$SS_{AB}=\frac{\sum x_{\cdot jk}^2}{r}-C-SS_A-SS_B$
机误E（b）	$a(b-1)(r-1)$	$SS_{E(b)}=SS_S-SS_B-SS_{AB}$
副区部分	$ar(b-1)$	$SS_S=SS_T-SS_M$
总变异	$abr-1$	$SS_T=\sum x_{ijk}^2-C$

表7-2中，$C=\frac{x_{\cdots}^2}{rab}$

裂区设计如果出现缺区，可用下式估计缺失数据：

$$Y=\frac{rW+bV-G}{(r-1)(b-1)}$$

式中：Y——缺区估计值；

W——具有缺区的主区总和；

V——具有缺区的同一处理的副区总和；

G——缺区所在的主处理总和。

进行方差分析时，将全部试验分为主区和副区两部分，并且分开来计算和分析。作 F 检验时，如采取固定模型分析，主处理 A 的方差除以机误 E(a) 的方差，副处理 B 的方差和 A×B 的互作方差除以机误 E(b) 的方差。

当 F 检验差异显著而需要进行多重比较时，标准误的计算公式如表 7-3 所示。

表 7-3　裂区设计多重比较时所用标准误计算式

项　　目	平均数标准误（*SNK* 检验或 *Tukey* 氏固定极差法或 *Duncan* 氏新复极差法）	平均数差数标准误（*LSD* 检验）
主处理 A	$\sqrt{\frac{MS_{E(a)}}{br}}$	$\sqrt{\frac{2MS_{E(a)}}{br}}$
副处理 B	$\sqrt{\frac{MS_{E(b)}}{ar}}$	$\sqrt{\frac{2MS_{E(b)}}{ar}}$
A×B	$\sqrt{\frac{MS_{E(b)}}{r}}$	$\sqrt{\frac{2MS_{E(b)}}{r}}$

需要说明的是，以上统计分析方法，都是以主、副处理均按随机区组排列为基础的。当采用拉丁方排列时，自由度与离差平方和都应进行相应的转换。例如，当主处理排列为拉丁方，副处理为随机区组（图 7-2）时，自由度应按表 7-4 分析；当主处理排列为随机区组，副处理排列为拉丁方（图 7-3）时，自由度应按表 7-5 分析。

表 7-4　主处理为拉丁方、副处理为随机区组的自由度

变异来源		自　由　度
主区	行　间	$(a-1)$
	列　间	$(a-1)$
	主处理 A	$(a-1)$
	E(a)	$(a-1)(a-2)$
副区	副处理 B	$(b-1)$
	A×B	$(a-1)(b-1)$
	E(b)	$a(a-1)(b-1)$
总　计		a^2b-1

表 7-5　主处理为随机区组、副处理为拉丁方的自由度

变异来源		自由度
主区	重复	$r-1$
	主处理 A	$a-1$
	$E(a)$	$(r-1)(a-1)$
副区	重复	$r-1$
	副处理 B	$b-1$
	A×B	$(a-1)(b-1)$
	E(b)	$a(b-1)(r-2)$
总计		$abr-1$

【例 7.1】 为研究施肥方式和灌溉次数对杨树速生丰产林生长的影响，安排裂区设计进行试验。因考察的重点是施肥方式，故将施肥方式安排为副处理。

灌溉次数（A）为 2 个水平：

a_1：1 次/年；

a_2：3 次/年。

施肥方式（B）为 3 个水平：

b_1：地面撒施；

b_2：沟施；

b_3：颗粒肥沟施。

（肥料种类和用量相同）

试验设 4 次重复，田间设计及试验结果如图 7-5。试作分析。

Ⅰ		Ⅱ		Ⅲ		Ⅳ	
a_2	a_1	a_1	a_2	a_1	a_2	a_2	a_1
b_3 9	b_1 5	b_2 4	b_1 6	b_3 8	b_3 8	b_1 6	b_3 7
b_2 8	b_3 8	b_3 8	b_2 7	b_2 4	b_1 5	b_2 7	b_2 6
b_1 6	b_2 6	b_1 3	b_3 9	b_1 4	b_2 7	b_3 9	b_1 5

图 7-5　杨树丰产林栽培措施裂区设计及其结果

【解】 第 1 步，将试验结果按区组与处理统计（表 7-6），按施肥方式与灌水次数统计（表 7-7）。

表 7-6　杨树丰产试验按区组与处理统计结果

区组（i）	Ⅰ		Ⅱ		Ⅲ		Ⅳ	
灌溉（A）	a_1	a_2	a_1	a_2	a_1	a_2	a_1	a_2
施　b_1	5	6	3	6	4	5	5	6
肥　b_2	6	8	4	7	4	7	6	7
（B）b_3	8	9	8	9	8	8	7	9
$X_{ij}.$	19	23	15	22	16	20	18	22
$X_{i}..$	42		37		36		40	

表 7-7　施肥方式与灌溉次数二向表

灌溉次数（j）	a_1	a_2	$x_{..k}$	$\bar{x}_{..k}$
施肥　b_1	17	23	40	5.00
方式　b_2	20	29	49	6.13
（K）　b_3	31	35	66	8.25
$x_{.j.}$	68	87	$x_{...}$ 155	
$\bar{x}_{.j.}$	5.67	7.25		

第 2 步，计算离差平方和。

（1）$C=\dfrac{155^2}{4\times 2\times 3}=1001.047$

主区　$SS_M=\dfrac{19^2+23^2+\cdots+22^2}{3}-C=19.9583$

区组　$SS_R=\dfrac{42^2+37^2+36^2+40^2}{6}-C=3.7916$

主处理　$SS_A=\dfrac{68^2+87^2}{4\times 3}-C=15.0416$

主区机误　$SS_{E(a)}=19.9583-3.7916-15.0416=1.1251$

（2）总变异　$SS_T=5^2+6^2+\cdots+9^2-C=69.9583$

副区　$SS_S=SS_T-SS_M=69.9583-19.9583=50.0000$

副处理　$SS_B=\dfrac{40^2+49^2+66^2}{4\times 2}-C=43.5833$

$A\times B$　$SS_{AB}=\dfrac{17^2+23^2+\cdots+35^2}{4}-C-SS_A-SS_B=1.5834$

副区机误　$SS_{E(b)}=50.0000-43.5833-1.5834=4.8333$

第 3 步，列方差分析表进行 F 检验，如表 7-8。

表 7-8　杨树丰产林试验方差分析表（固定模型）

变异来源	自由度	SS	MS	F	F_α
区　组	3	3.79	1.26		
灌溉（A）	1	15.04	15.04	40.11**	$F_{0.01(1,3)}=34.12$
机误 E（a）	3	1.13	0.38		
主区部分	7	19.96			
施肥（B）	2	43.58	21.79	54.10**	$F_{0.01(2,12)}=6.93$
A×B	2	1.58	0.79	1.97	$F_{0.05(2,12)}=3.88$
机误 E（b）	12	4.83	0.40		
副区部分	16	50.00			
总变异	23	69.96			

结果表明，灌溉次数（A）和施肥方式（B）对生长都有极显著影响，但二者交互作用不显著。

第 4 步，进行多重比较。

灌溉次数（A）只有 2 个水平，无须再进行多重比较。对施肥方式（B）进行多重比较时，如采用 SNK 检验，则：

$$标准误S_{\bar{x}(b)}=\sqrt{\frac{MS_{E(b)}}{ar}}=\sqrt{\frac{0.40}{2\times4}}=0.22$$

根据灌溉次数（3）和误差项自由度（12）查 q 表，计算 LSR 值。

表 7-9　多重比较的 q_α 和 LSD_α

k	$q_{0.05}$	$LSR_{0.05}$	$q_{0.01}$	$LSR_{0.01}$
2	3.08	0.678	4.32	0.950
3	3.77	0.829	5.04	1.109

表 7-10　不同施肥方式产量平均值比较

施肥方式	$\bar{X}_{..k}$	$\bar{X}_{..k}-5.00$	$\bar{X}_{..k}-6.13$
b_3	8.25	3.25**	2.12**
b_2	6.13	1.13**	
b_1	5.00		

检验结果，3 种施肥方式之间均存在着极显著差异，颗粒肥沟施效果最好，地面撒施效果最差。

7.4　裂区设计的评价和应用

7.4.1　优缺点

裂区设计的主要优点：

（1）田间实施比较方便。

（2）能利用原有的试验地及试验材料，进行深一步的研究。

（3）某个因子可获得较高的精确度。

主要缺点：

（1）资料的统计分析比较复杂。

（2）次要因子的精确度较低。

7.4.2 裂区设计的应用

（1）安排多因子试验时，其中有的因子要求较大的面积，例如耕作、灌溉、施肥等试验，小区太小时不便操作；而另一些因子则适合于安排小面积小区，例如品种、播种量、接种试验等。此时就可以考虑把前一类因子安排到主区、后一类因子安排到裂区，同时进行考察试验。

（2）试验目的的要求对某一因子有较高的准确度，而对另一因子的准确度可以较低时，或者对两因子交互作用的考察比其中一个因子更重要时，可以采用裂区设计。

（3）有时，某一单因子随机区组设计或拉丁方设计的试验已经在进行，临时需要加入另一个试验因子时，可将原来的小区再划分为若干个较小的小区，把新的试验因子安排上去。

裂区设计也不一定局限在田间小区的概念上，对于时间上的不同处理，例如播种期、嫁接时间等，以及不同操作人员技术熟练程度的考察等，都可以考虑作为主处理或副处理安排到裂区设计中。

习　题

1. 何为主处理、副处理？在裂区设计中它们有哪些排列方式？其试验精度有何不同？

2. 裂区设计与完全随机区组设计的联系与区别是什么？

3. 下表是采用裂区设计安排的双因子试验的统计结果。试分别按固定模型和随机模型检验因子A、B及A×B的差异显著性。

变异来源	d_f	SS
区　组	3	63.18
主处理A	2	128.42
机误E（a）	6	62.16
主区部分	11	253.76
副处理B	4	143.51
A×B	8	146.72
机误E（b）	16	83.84
副区部分	28	374.07
总变异	39	627.83

第8章 正交设计

在试验研究中，单因素或双因素试验，因其因素少，试验的设计、实施与分析都比较简单。但在实际工作中，常常需要同时考察3个或3个以上的试验因素，若进行全面试验，则试验的规模将很大，往往因试验条件的限制而难于实施。例如，3因素3水平的全面试验水平组合数为$3^3=27$（如表8-1），而4因素3水平的全面试验水平组合数为$3^4=81$，5因素3水平的全面试验水平组合数为$3^5=243$，这种超大规模的试验在实际工作中是难以实施的。那么，是否可以从全部所有的水平组合中挑选出一部分有代表性的水平组合组成不完全区组试验，并且根据这部分实施的试验结果同样能够达到试验的主要目的呢？这就是本章所要学习的正交设计（orthogonal design）。

表8-1　3因素3水平全面试验方案

因　素		C_1	C_2	C_3
	B_1	$A_1B_1C_1$	$A_1B_1C_2$	$A_1B_1C_3$
A_1	B_2	$A_1B_2C_1$	$A_1B_2C_2$	$A_1B_2C_3$
	B_3	$A_1B_3C_1$	$A_1B_3C_2$	$A_1B_3C_3$
	B_1	$A_2B_1C_1$	$A_2B_1C_2$	$A_2B_1C_3$
A_2	B_2	$A_2B_2C_1$	$A_2B_2C_2$	$A_2B_2C_3$
	B_3	$A_2B_3C_1$	$A_2B_3C_2$	$A_2B_3C_3$
	B_1	$A_3B_1C_1$	$A_3B_1C_2$	$A_3B_1C_3$
A_3	B_2	$A_3B_2C_1$	$A_3B_2C_2$	$A_3B_2C_3$
	B_3	$A_3B_3C_1$	$A_3B_3C_2$	$A_3B_3C_3$

8.1　正交设计的原理与特点

8.1.1　正交的概念

在数学上，如果两个向量$a_1a_2a_3\cdots a_n$和$b_1b_2b_3\cdots b_n$的内积和为零，即$a_1b_1+a_2b_2+a_3b_3+\cdots+a_nb_n=0$，则称这两个向量间正交，即它们在空间中交角90°。正交设计的“正交”这个词就是从空间解析几何上两个向量正交的定义引申来的。

正交设计是利用正交表来安排与分析多因素试验的一种设计方法。它是从试验的全部水平组合中，挑选出部分有代表性的水平组合进行试验，通过对这部分试验结果的分析了解全局，找出最优的水平组合。

对于 3 因素 2 水平的全面试验，需要安排 $2^3=8$ 次试验，相当于一个正方体的 8 个顶点，如图 8-1。而采用正交设计，只需要安排 4 次试验（图中⊗），工作量减少了一半。

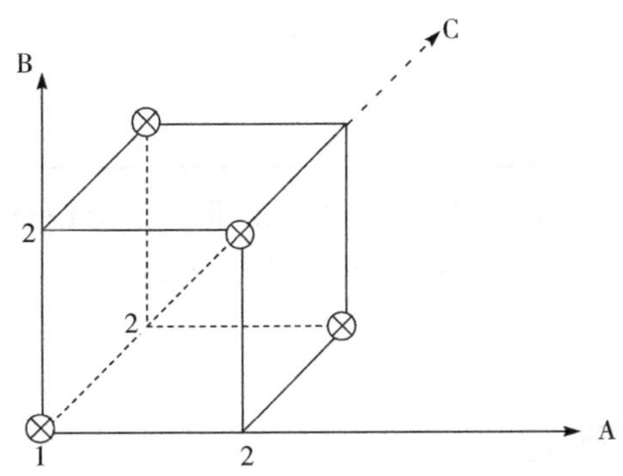

图 8-1　正交试验示意图

对于 3 因素 3 水平的全面试验，见图 8-2。

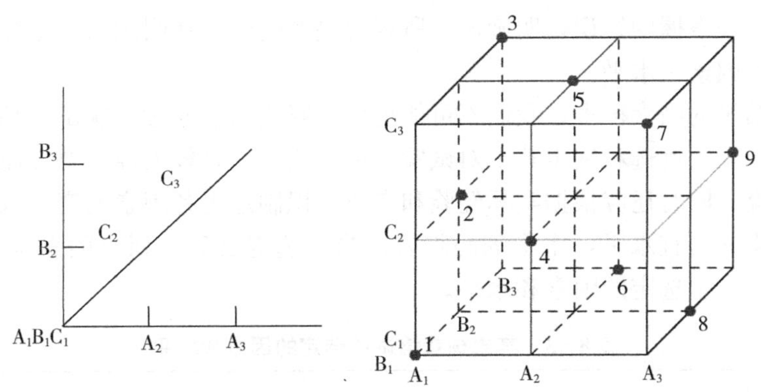

图 8-2　3 因素 3 水平试验的均衡分散立体图

对于 3 因素 3 水平的全面试验，需要安排 $3^3=27$ 次试验，是图 8-2 中立方体的 27 个节点。而正交试验只要做 9 次就可以了，如图 8-2 中 1-9 这 9 个阿拉伯数字所标出的 9 个点。这 9 次试验点在整个试验空间中分布均衡，而且因素变化很有规律性，这样就使得各因素之间的比较和试验结果的统计处理变得十分简便。正交试验法实际上是一种在多维空间中寻优的试验法，其办法就是让试验点分布均衡，通过比较试验结果最终找出最优试验点的范围。

8.1.2　正交表

正交试验借助正交表来进行试验设计，最简单的正交表是 $L_4(2^3)$，见表 8-2。其中“L”代表正交表；L 右下角的数字“4”表示该表有 4 行，即试验次数为 4；括号内的底数“2”表示因素的水平数，括号内 2 的指数“3”表示该表有 3 列，即用这个正交表最多可以安排3个因素，每个因素2个水平。

表 8-2 $L_4(2^3)$

试验 \ 列号	1	2	3
1	1	1	1
2	1	2	2
3	2	1	2
4	2	2	1

常用的正交表已由数学工作者制定出来，供进行正交设计时选用。2水平正交表除 $L_4(2^3)$外，还有 $L_8(2^7)$、$L_{16}(2^{15})$ 等；3水平正交表有 $L_9(3^4)$、$L_{27}(3^{13})$ 等，见本书后附表7。

8.2 正交设计的试验布置

第1步，明确试验目的，确定试验指标。

尽管正交试验可以对多因素多水平进行考察，但一次试验不可能解决所有问题，因此要根据需要和已经掌握的知识，明确试验所要解决的问题，并明确试验指标。

第2步，找因素定水平。

影响试验结果的因素很多，我们不可能把所有影响因素通过一次试验都予以研究，只能根据以往的经验，挑选和确定若干对试验指标影响大、有较大经济意义而又了解不够清楚的因素来研究。同时还应根据实际经验和专业知识制定出各因素的变动范围，在此范围内选出每个因素的适宜水平，水平的间隔要适当。选定之后，列出因素水平表。表8-3是某果树栽培试验中选定的因素和水平。

表 8-3 某果树栽培试验选定的因素和水平

水平 \ 因素	品种	密度（株/亩*）	施肥量（kg/株）
1	1号	200	2.5
2	2号	150	5.0
3	3号	100	7.5

第3步，选用正交表，设计表头。

确定了因素及其水平后，根据因素、水平及需要考察的交互作用的多少来选择合适的正交表。选用正交表的原则是：既要能安排下试验的全部因素，又要使水平组合数（处理数）尽可能地少。一般情况下，试验因素的水平数应等于正交表记号中括号内的底数；因素的个数（包括交互作用）应不大于正交表记号中括号内的指数。当有3个因素，每因素2水平

* 亩为非法定计量单位，1亩≈667m²。

时，可以选用 $L_4(2^3)$ 正交表；当有 4～7 个因素时，可以选用 $L_8(2^7)$ 正交表；每个因素有 3 个水平时可以考虑 $L_9(3^4)$ 或 $L_{27}(3^{13})$ 等。所谓表头设计，就是把挑选出的因素和要考察的交互作用分别排入正交表表头的适当列上。在不考察交互作用时，各因素可随机安排在各列上；若考察交互作用，就应按该正交表的交互作用列表安排各因素与交互作用。

例如，进行三因素每因素各 3 个水平的试验时，若选用 $L_9(3^4)$ 正交表安排试验，其表头设计如表 8-4。

表 8-4　表头设计

试验号 \ 因素	1（品种）	2（密度）	3（施肥量）	4
1	1（1号）	1（200）	1（2.5）	1
2	1（1号）	2（150）	2（5.0）	2
3	1（1号）	3（100）	3（7.5）	3
4	2（2号）	1（200）	2（5.0）	3
5	2（2号）	2（150）	3（7.5）	1
6	2（2号）	3（100）	1（2.5）	2
7	3（3号）	1（200）	3（7.5）	2
8	3（3号）	2（150）	1（2.5）	3
9	3（3号）	3（100）	2（5.0）	1

设计表头时，要注意交互作用的问题。有些试验，不需要考虑互作，但在很多情况下，试验的各个因素间存在交互作用，甚至有时交互作用比主效应还重要。在对这些因素进行正交设计时，必须考虑到交互作用及其分析方法。

不同因素间的交互作用可以体现在正交表的空列上，但这种交互作用列不是任意安排的，是由正交表后的交互作用表所决定的。比如，$L_4(2^3)$ 正交表共 3 列，任意两列的交互作用是另外一列。假如在第 1 列上安排了 A 因素，第 2 列上安排了 B 因素，则第 3 列即为 A×B 交互作用列。又如，$L_8(2^7)$ 正交表共 7 列，在正交表后附有交互作用表，如表 8-5。

表 8-5　$L_8(2^7)$ 正交表的交互作用表

列号	1	2	3	4	5	6	7
1		3	2	5	4	7	6
2	3		1	6	7	4	5
3	2	1		7	6	5	4
4	5	6	7		1	2	3
5	4	7	6	1		3	2
6	7	4	5	2	3		1
7	6	5	4	3	2	1	

由表 8-5 可见，第 1 列与第 2 列的交互作用为第 3 列，第 1 列与第 4 列的交互作用为第 5 列等。例如，进行三因素（A、B、C）各两个水平（1、2）的试验并考虑所有交互作

用（A×B、B×C、A×C、A×B×C），可以根据上表中交互作用列设计表头，如表8-6。

表 8-6 考虑互作的 $L_8(2^7)$ 表头设计

列 号	1	2	3	4	5	6	7
因 素	A	B	A×B	C	A×C	B×C	A×B×C

第 4 步，按正交表方案进行试验。

对于选定的正交表所要求进行的试验必须全部完成。如果在实验室进行，可以按顺序进行也可以相互颠倒，但如果是田间试验应该经过随机后再安排到大田中。

8.3 正交设计的统计分析

正交设计试验结果的统计分析有极差分析和方差分析两种，具体如下。

8.3.1 极差分析

极差分析的基本方法是，先将按正交表要求所进行试验的结果填在正交表最后一列，然后分别在每一列上计算各个水平的结果之和，及各个水平的平均值。并计算出各水平平均值间的极差（最大值减最小值）。比较这些极差，极差大的因素意味着它的不同水平可以对试验结果带来较大影响，从而可以找到该试验的主导因素；同时，通过各水平平均值的比较，也可以找到每一试验因素的最好水平，从而发现各种因素的最佳组合。

【例 8.1】按表 8-4 设计安排 3 因素 3 水平试验，结果如表 8-7。试作分析。

表 8-7 正交试验的极差分析

试验号 \ 因素	1（品种）	2（密度）（株/亩）	3（施肥量）（kg/株）	结果（产量）（kg/亩）
1	1（1号）	1（200）	1（2.5）	710
2	1	2（150）	2（5.0）	807
3	1	3（100）	3（7.5）	830
4	2（2号）	1	2	780
5	2	2	3	876
6	2	3	1	686
7	3（3号）	1	3	950
8	3	2	1	783
9	3	3	2	900
K_1	2 347	2 440	2 179	
K_2	2 342	2 466	2 487	总 7 322
K_3	2 633	2 416	2 656	
$\bar{x}_1$	782.3	813.3	726.3	
$\bar{x}_2$	780.7	822.0	829.0	
$\bar{x}_3$	877.7	805.3	885.3	
R（极差）	97.0	16.7	159.0	

【解】 根据试验结果计算各因素极差，列入表 8 - 7。从表 8 - 7 中可以看出，第 3 因素（施肥量）的极差最大（159.0），其次是第 1 因素（品种，97.0），说明施肥量对结果影响最大，其次是品种。从平均值看，第 1 因素的第 3 水平最好，第 2 因素的第 2 水平最好，第 3 因素的第 3 水平最好。也就是说，各种因素的最好搭配是 $A_3B_2C_3$，即品种用 3 号，密度取 150 株/亩，施肥量为 7.5kg/株。尽管在 9 次试验中并没有这一搭配，但我们通过正交试验找到了它，这正是正交设计的优越性所在。上述结果也可以绘出各因素各水平与产量的关系图，进行更为直观的分析，如图 8 - 3。

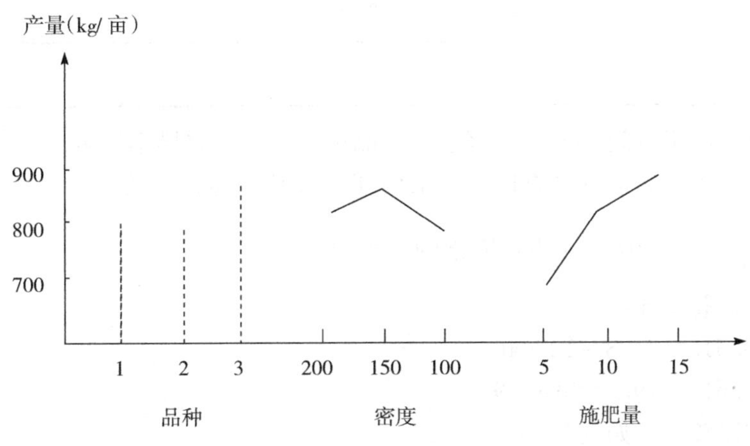

图 8 - 3　产量与各因素水平关系

8.3.2　方差分析

例 8.1 也可以进行方差分析，步骤如下：

第一步，将试验结果填入表内，并计算各水平总和如表 8 - 7。

第二步，计算矫正数及各项离差平方和。

矫正数　$C = \frac{(\sum x)^2}{n} = \frac{7322^2}{9} = 5956853.78$

总计　$SS_T = \sum x_i^2 - C = 710^2 + 807^2 + \cdots + 900^2 - C = 59356.22$

品种　$SS_{品} = \frac{2347^2 + 2342^2 + 2633^2}{3} - C = 18500.22$

密度　$SS_{密} = \frac{2440^2 + 2466^2 + 2416^2}{3} - C = 416.89$

施肥量　$SS_{肥} = \frac{2179^2 + 2487^2 + 2656^2}{3} - C = 38994.89$

误差　$SS_e = SS_T - SS_{品} - SS_{密} - SS_{肥} = 1444.22$

第三步，列出方差分析表检验各因素显著性，见表 8 - 8。

表 8-8　方差分析表

变异来源	自由度	SS	MS	F	F_α
品种	2	18 500.22	9 250.11	12.81	
密度	2	416.89	208.44	<1	$F_{0.05}=19.00$　$F_{0.01}=99.00$
施肥量	2	38 994.89	19 497.44	27.00*	
误差	2	1 444.22	722.11		
总计	8	59 356.22			

检验结果：施肥量间差异达显著水平，品种和密度的差异不显著。

对不同的施肥量间进行多重比较，采用 Tukey 氏固定极差法。

$S_{\bar{e}}=\sqrt{\dfrac{MS_e}{m}}=15.515$（$m$ 为每因素的水平数）

计算最小显著差异：

$D_{0.05}=15.515\times8.28=128.46$

$D_{0.01}=15.515\times19.0=294.79$

列出多重比较表，如表 8-9。

表 8-9　施肥量的多重比较

施肥量平均	X_i-X_1	X_i-X_2
$X_3=885.3$	159.0*	56.3
$X_2=829.0$	102.7	
$X_1=726.3$		

多重比较结果表明：施肥量的第 3 水平（即施肥 7.5kg/亩）与第 1 水平之间差异显著，其他水平两两之间的差异均不显著。

上述无重复正交试验结果的方差分析，其误差是由“空列”来估计的。然而“空列”并不空，实际上是被未考察的交互作用所占据。这种误差既包含试验误差，也包含交互作用，称为模型误差。若交互作用不存在，用模型误差估计试验误差是可行的；若因素间存在交互作用，则模型误差会夸大试验误差，有可能掩盖考察因素的显著性。这时，试验误差应通过重复试验值来估计。所以，进行正交试验最好能有两次以上的重复。

【例 8.2】考察施用氮肥和磷肥对杨树苗木的影响，并考察氮肥与磷肥的交互作用，用 L_{16}（4^5）正交表安排试验，重复 3 次，各因素水平表如 8-10，试验结果如表 8-11。试作分析。

表 8-10　杨树苗木施肥试验的因素与水平

水平 \ 因素	A 氮肥用量（kg/亩）	B 磷肥用量（kg/亩）
1	0	0
2	5	20
3	10	30
4	15	40

表 8-11　杨树施肥试验设计及其结果

试验号	A	B	A×B			生物量			
	1	2	3	4	5	Ⅰ	Ⅱ	Ⅲ	$x_{i.}$
1	1	1	1	1	1	3	3	5	11
2	1	2	2	2	2	4	6	6	16
3	1	3	3	3	3	6	8	7	21
4	1	4	4	4	4	5	6	5	16
5	2	1	2	3	4	4	5	6	15
6	2	2	1	4	3	7	7	7	21
7	2	3	4	1	2	8	9	8	25
8	2	4	3	2	1	6	8	7	21
9	3	1	3	4	2	4	7	5	16
10	3	2	4	3	1	8	8	8	24
11	3	3	1	2	4	9	9	9	27
12	3	4	2	1	3	8	8	7	23
13	4	1	4	2	3	3	4	4	11
14	4	2	3	1	4	6	7	6	19
15	4	3	2	4	1	8	9	9	26
16	4	4	1	3	2	5	6	7	18
K_1	64	53	77	78	82	94	110	106	$x_{..}=310$
K_2	82	80	80	75	75				
K_3	90	99	77	78	76				
K_4	74	78	76	79	77				
$\bar{x}_1$	5.33	4.42							
$\bar{x}_2$	6.83	6.67							
$\bar{x}_3$	7.50	8.25							
$\bar{x}_4$	6.17	6.50							
R	2.17	3.83							

这类题目同样可以采用极差分析，找到A、B因素的最好水平及其最佳组合。但是极差分析无法检验差异的显著性，而且由于交互效应不止一列（本例中有三列），也不便于使用极差分析进行考察。所以这类试验应采用方差分析进行比较准确的分析。

该例题的线性模型为：

$$x_{ijr}=\mu+\alpha_i+\beta_j+\alpha\beta_{ij}+\gamma_r+e_{ijr}=\mu+\lambda_t+\gamma_r+e_{tr}$$

式中：α_i——A因素效应；

β_j——B因素效应；

$\alpha\beta_{ij}$——A×B交互效应；

γ_r——重复（区组）效应；

λ_t——处理效应，$\lambda_t=\alpha_i+\beta_j+\alpha\beta_{ij}$。

【解】第1步，求处理总和、重复和、试验总和。并计算K_1、K_2、K_3、K_4和相应的平均值。填入表8-11。

第2步，计算离差平方和。

（n——试验号数；r——区组数；a——每一列上每一水平重复数）

$$C=\frac{x_{..}^2}{nr}=\frac{310^2}{16\times3}=2002.0833$$

总计 $SS_T=\sum x_{tr}^2-C=3^2+3^2+\cdots+7^2-C=145.9167$

区组 $SS_r=\frac{\sum x_{.r}^2}{n}-C=\frac{94^2+110^2+106^2}{16}-C=8.6667$

处理 $SS_t=\frac{\sum x_{t.}^2}{r}-C=\frac{11^2+16^2+\cdots+18^2}{3}-C=123.9167$

机误 $SS_e=SS_T-SS_r-SS_t=145.9167-8.6667-123.9167=13.3333$

A因素 $SS_A=\frac{(K_1^2+K_2^2+K_3^2+K_4^2)_1}{ar}-C=\frac{64^2+82^2+90^2+74^2}{4\times3}-C=30.9167$

B因素 $SS_B=\frac{(K_1^2+K_2^2+K_3^2+K_4^2)_2}{ar}-C=\frac{53^2+80^2+99^2+78^2}{4\times3}-C=89.0834$

$$A\times B\quad SS_{A\times B}=\frac{(K_1^2+K_2^2+K_3^2+K_4^2)_3}{ar}-C+\frac{(K_1^2+K_2^2+K_3^2+K_4^2)_4}{ar}-C+\frac{(K_1^2+K_2^2+K_3^2+K_4^2)_5}{ar}-C$$

$$=\frac{77^2+80^2+\cdots+76^2+77^2}{4\times3}-3C=3.9168$$

第3步，列方差分析表，如表8-12。

表 8-12　杨树施肥试验方差分析表

变异来源	自由度	SS	MS	F	F_{α}（3，30）
区组	2	8.67	4.33		
处理	15	123.92			
A	3	30.92	10.31	23.19**	$F_{0.01}=4.51$
B	3	89.08	29.69	66.82**	
A×B	9	3.92	0.44	<1	
误差	30	13.33	0.44		
总计	47	145.92			

结果表明：A 因素及 B 因素间差异均极显著，而交互效应差异不显著。

第 4 步，对 A 因素和 B 因素进行多重比较，本例采用 LSD 法。计算最小显著差异如下：

$$S_{\bar{e}}=\sqrt{\frac{2MS_e}{ar}}=\sqrt{\frac{2\times 0.4444}{4\times 3}}=0.272$$

$LSD_{0.05}=t_{0.05}$（30）$\times 0.272=2.042\times 0.272=0.555$

$LSD_{0.01}=t_{0.01}$（30）$\times 0.272=2.750\times 0.272=0.748$

将表 8-11 中 A、B 两因素各水平的平均值按从大到小的顺序依次排列，两两相减，与最小显著差异进行比较，列出多重比较表，如表 8-13 和表 8-14。

表 8-13　A 因素（N 肥）多重比较

水平	$X_i-5.33$	$X_i-6.17$	$X_i-6.83$
$X_3=7.50$	2.17**	1.33**	0.67*
$X_2=6.83$	1.50**	0.66*	
$X_4=6.71$	0.84**		
$X_1=5.56$			

表 8-14　B 因素（P 肥）多重比较

水平	$X_i-4.42$	$X_i-6.50$	$X_i-6.67$
$X_3=8.50$	3.83**	1.75**	1.58**
$X_2=6.67$	2.25**	0.17	
$X_4=6.50$	2.08**		
$X_1=4.42$			

检验结果表明：A 因素第 3 水平其生物量显著或极显著的大于其余各个水平，效果最好。B 因素第 3 水平极显著大于其他各个水平，效果最好。

两因素的第 4 水平，即施肥量最大时生物量反而减少，也就是说施肥量过多，反而不利于生长。

8.4 正交设计的评价

正交设计的主要优点是：在多因素试验中，正交试验可以通过较少次数的试验找到各个因素的最优水平，从而拟订最佳处理组合。因此，正交试验可以比全面试验节省大量的人力、物力和土地。

主要缺点有：正交设计是从全部处理组合中抽出少数组合进行试验，为了验证试验找到的最佳处理组合是否确实最好，往往需要再做一次试验。然而在农林业试验中，再做一次试验，就意味着再重复一个生长周期；另外，农林业试验往往十分重视交互作用，而要估计交互作用，就需要采用大的正交表。在这种情况下，正交设计的优越性就难以发挥了。如前述例题 8.2 中，考察施用氮肥和磷肥对杨树苗木的影响，并考察氮肥与磷肥的交互作用，用 $L_{16}(4^5)$ 正交表安排试验，重复 3 次，试验共进行了 48 次，如果此试验采用完全随机区组试验设计，重复 3 次，也需要 48 次。因此正交设计的优越性就无法体现了。

鉴于以上所介绍的优缺点，正交试验主要用于试验条件较容易控制以及周期较短的多因素试验，例如实验室、温室等人工控制条件试验，如组培试验、种子或花粉萌发试验等；或者品种与管理的对比试验、不同嫁接或扦插方式的试验、不同药剂配比效果的试验、病虫害防治试验等。

8.5 正交表的构造

虽然通过统计或者试验设计的教材、课本的附表能够查到正交表，但了解正交表的构造原理和方法能够使我们在应用正交表时更加准确、灵活，使我们更加熟练地应用正交设计方法。现予以简介。

8.5.1 正交表的定义和性质

以表 $L_8(2^7)$ 为例，该表有 8 行 7 列，每列由两个数字，即 1、2 构成，且每个数字都出现 4 次，任意两列中，水平数构成了 4 种有序对，或称水平对：(1，1)、(1，2)、(2，1)、(2，2) 且这 4 种有序对出现的次数相等，均为 2 次。这一性质，叫作两列之间的正交性。

反过来讲，若某表任意二列的水平数能构成一组完全水平对，并且重复数相等，那么这个表即为正交表。这就是正交表的定义。

对于任一正交表可以表示为 $L_n(t_1, t_2, \cdots, t_m)$，其中 n 为试验次数，m 为正交表的总列数。t_1，t_2，…，t_m 分别为第 1，2，…，m 列安排的水平数。若 $t_1=t_2=\cdots=t_m=t$，则有 $L_n(t^m)$。当 $n=t^u$ 时，这是一类我们经常遇到的正交表：即 $L_{t^u}(t^m)$，其中 t、u（基本列数）为两个基本参数，且 t 必须是素数或素数幂。当 t、u 给定后，则试验次数 $n=t^u$ 次，总列数 $m=\dfrac{t^u-1}{t-1}$。

我们一般常用的正交表，如 $L_4(2^3)$、$L_8(2^7)$、$L_{25}(5^6)$ 等均属此类型。下面就介绍构造这类正交表的基本法则及一般方法。

8.5.2　二水平正交表的构造

(1) 水平运算法则　构造正交表，要用到"有限域理论"，即对有限个元素组成的集合定义加法与乘法的规则。

对于二水平，有限域只有两个元素，可以用 0 和 1 表示，其加法和乘法定义为：

加　法

0+0=0　　0+1=1　　1+1=0

+	0	1
0	0	1
1	1	0

乘　法

0×0=0　　0×1=0　　1×1=1

×	0	1
0	0	0
1	0	1

(2) 基本列和交互列的构造

①$L_4(2^3)$ 的构造（$t=2$、$u=2$）　根据 $n=4=2^2$，所以基本列数为 $u=2$，总列数 $m=\dfrac{2^2-1}{2-1}=3$。即共 4 行 3 列，其中基本列 2 列，交互列为 1 列。

构造方法是：第 1 列先把 4 次试验分成两半，称为 2 分列，记列名为 a；第 2 列再把第 1 列的两半再各分为两半，称为四分列，记列名为 b。现在，四分列已经把 4 个试验分割完毕。

第 3 列的水平号，是由第 1 列和第 2 列相应水平号相加得到，而列名是由前 2 列列名相乘得到的，记为 ab，见表 8-15。

表 8-15　$L_4(2^3)$ 正交表的构造

试验号 \ 列号	1	2	3
1	0	0	0+0=0
2	0	1	0+1=1
3	1	0	1+0=1
4	1	1	1+1=0
列　名	a	b	ab

注：为了研究方便，今后将正交表中的 t 水平表示成 0，1，2，…，($t-1$)，造好表后，再将表中 0，1，…，($t-1$)依次加上 1。

第 1 列加第 2 列得到第 3 列。同样，第 2 列加第 3 列得到第 1 列；第 1 列加第 3 列得到第 2 列。

所以，任意 2 列相加得到另外一列，我们称这 3 列为该正交表的完备列。而一组完备列的任意 2 列的交互列可以由列名运算得到：

如第 1、2 列的交互列为 $a \cdot b=ab$；

第 1、3 列的交互列为 $a \cdot ab=a^{1+1}b=a^0b=b$（第 2 列）；

第 2、3 列的交互列为 $b \cdot ab=ab^{1+1}=ab^0=a$（第 1 列）。

②$L_8(2^7)$ 表的构造（$t=2$、$u=3$）　它有 3 个基本列，构成方式与 $L_4(2^3)$ 相似，分别通过二分列、四分列和八分列得到。现将这 3 个基本列列于表 8-16 中的第 1、2、4 列中。表中其余各列通过列间运算才能得到。

表 8-16　$L_8(2^7)$ 正交表的构造

试验号 \ 列号	1	2	3	4	5	6	7
1	0	0	0+0=0	0	0+0=0	0+0=0	0+0=0
2	0	0	0+0=0	1	0+1=1	0+1=1	0+1=1
3	0	1	0+1=1	0	0+0=0	1+0=1	1+0=1
4	0	1	0+1=1	1	0+1=1	1+1=0	1+1=0
5	1	0	1+0=1	0	1+0=1	0+0=0	1+0=1
6	1	0	1+0=1	1	1+1=0	0+1=1	1+1=0
7	1	1	1+1=0	0	1+0=1	1+0=1	0+0=0
8	1	1	1+1=0	1	1+1=0	1+1=0	0+1=1
列　号	*a*	*b*	*ab*	*c*	*ac*	*bc*	*abc*

可以验证 $L_8(2^7)$ 中任意 2 列的交互列是 7 列（完备列）中的某 1 列，这 1 列可用列名运算得到，如第 1、7 列的交互列为 $a \cdot abc=a^0bc=bc$ 第 6 列，第 3、7 列交互列为 $ab \cdot abc=c$ 第 4 列……

通过以上 2 例，可以推广到构造 $L_{2^u}(2^m)$ 的 2 水平正交表。如 $L_{16}(2^{15})$，$u=4$，即有 4 个基本列，分别置于第 1、2、4、8 列，列名分别为 *a*、*b*、*c*、*d*，其他列均为相应的交互列，列名表 8-17：

表 8-17　$L_{16}(2^{15})$ 正交表各列转换表

列　号	1	2	3	4	5	6	7	8	9	10	11	12	13	14	15
列名	*a*	*b*	*ab*	*c*	*ac*	*bc*	*abc*	*d*	*ad*	*bd*	*abd*	*cd*	*acd*	*bcd*	*abcd*

（3）由 2 水平构造的混合水平表　2 水平的完全对一共有 4 个，即（0，0）、（0，1）、（1，0）、（1，1）。如果把第 1、2 列的这 4 个完全对转换为 4 个水平，并且把它们的交互列划去，就会构造出一个一列为 4 水平，其他列为 2 水平的混合正交表：

记（0，0）⇒0

（0，1）⇒1

（1，0）⇒2

（1，1）⇒3

将 $L_8(2^7)$ 表转换成 $L_8(4\times2^4)$，如表 8 - 18：

表 8 - 18　$L_8(4\times2^4)$ 正交表列的构造转换

原列号 \ 新列号 / 试验号	1			2	3	4	5
	1	2	3	4	5	6	7
1	(0　0)	⇒0	0	0	0	0	0
2	(0　0)	⇒0	0	1	1	1	1
3	(0　1)	⇒1	1	0	0	1	1
4	(0　1)	⇒1	1	1	1	0	0
5	(1　0)	⇒2	1	0	1	0	1
6	(1　0)	⇒2	1	1	0	1	0
7	(1　1)	⇒3	0	0	1	0	0
8	(1　1)	⇒3	0	1	0	0	1
列　名	*a*	*b*	*ab*	*c*	*ac*	*bc*	*abc*

那么，能否用余下的 4 个 2 水平列，再构成 1 个 4 水平列，从而成为 $L_8(4^2\times2)$ 表呢？不能。因为余下的 4 列中，任何 2 列的交互列都在原表 $L_8(2^7)$ 的前 3 列中。

这一原则可以进一步推广成为互为交互列的 3 个 2 水平列，可以换取 1 个 4 水平列。如 $L_{16}(2^{15})$ 有 15 个 2 水平列，可以分为 5 组（*a*，*b*，*ab*）、（*c*，*d*，*cd*）、（*ac*，*bd*，*abcd*）、（*bc*，*abd*，*acd*）、（*abc*，*ad*，*bcd*）。可以将第 1 组换成 1 个 4 水平表得 $L_{16}(4\times2^{12})$，也可以将 1、2 组换成 2 个 4 水平表得 $L_{16}(4^2\times2^9)$，也可以将 1、2、3 组换成 3 个 4 水平表得 $L_{16}(4^3\times2^6)$，也可以将 1、2、3、4 组换成 4 个 4 水平表得 $L_{16}(4^4\times2^3)$，也可以将 5 个组都换成 5 个 4 水平表得 $L_{16}(4^5)$。

根据同样道理，还可以用 7 个 2 水平列换取 1 个 8 水平。方法是，从原表中选互相不为交互列的 3 列，取 3 列的水平组合依次为 0～7：

(0，0，0) ⇒0
(0，0，1) ⇒1
(0，1，0) ⇒2
(0，1，1) ⇒3
(1，0，0) ⇒4
(1，0，1) ⇒5
(1，1，0) ⇒6
(1，1，1) ⇒7

即得到 1 个 8 水平列，将此 3 列及它们所产生的 4 个交互列共 7 列划去，对剩下的列号重新编号，即为 $L_{16}(8\times2^8)$ 表。

此法举一反三，可以得到更多的混合型正交表。

8.5.3 三水平正交表的构造

(1) 水平运算规则

+	0	1	2
0	0	1	2
1	1	2	0
2	2	0	1

×	0	1	2
0	0	0	0
1	0	1	2
2	0	2	1

(2) 基本列和交互列的构造 最小的 3 水平正交表是 L_9 (3^4)，它的 2 个基本参数是：

$$t=3,\ u=2,\ 而\quad m=\frac{t^u-1}{t-1}=\frac{3^2-1}{3-1}=4$$

该表第 1 列叫三分列，它把 9 次试验分为 3 部分，分别为 0 水平、1 水平和 2 水平，记作 a；第 2 列叫九分列，它把第 1 列（a 列）的每一相连部分再分为 0、1、2 这 3 个水平，记作 b，这样 9 次试验已被分割完毕。

第 3 列是由第 1、第 2 列按加法规则相加得到的，列名为 ab；第 4 列是把第 1 列的每个水平乘以"2"，然后再与第 2 列相加得到的，其列名为 a^2b，见表 8 - 19。也就是说，2 水平表中的任意 2 列只有 1 个交互列，而 3 水平表中任意 2 列有 2 个交互列。

表 8 - 19 $L_9(3^4)$

试验号 \ 列号	1	2	3	4	4′
1	0	0	0+0=0	2×0+0=0	0+2×0=0
2	0	1	0+1=1	2×0+1=1	0+2×1=2
3	0	2	0+2=2	2×0+2=2	0+2×2=1
4	1	0	1+0=1	2×1+0=2	1+2×0=1
5	1	1	1+1=2	2×1+1=0	1+2×1=0
6	1	2	1+2=0	2×1+2=1	1+2×2=2
7	2	0	2+0=2	2×2+0=1	2+2×0=2
8	2	1	2+1=0	2×2+1=2	2+2×1=1
9	2	2	2+2=1	2×2+2=0	2+2×2=0
列　名	a	b	ab	a^2b	ab^2

在表 8 - 19 中 4 和 4′列尽管在形式上不一样，但在本质上是相同的。这是因为正交表中的同一列中，水平可以置换，置换后的列与置换前的列本质上是一样的，如将表中 4′列中相应水平作 0→0、1→2、2→1 置换后就变成 4 列。这种可以通过置换而相互转化的列称为等价列。可以发现，等价列的列名存在如下关系，即一个列名等于另一个列名的平

方，如 $ab^2=(ab^2)^2=a^2b^{2\times 2}=a^2b$。

一个列名，如果它最后一个字母的指数是 1，则称它为标准化列名。而通常正交表中的列名都用标准化列名来表示。

通过列名运算，我们也可以找到 3 水平正交表中任 2 列的交互列，如表 8-18 中，第 3 列与第 4 列的交互列为：

$ab\cdot a^2b=a^{1+2}\cdot b^{1+1}=b^2=(b^2)^2=b$（第 2 列）

$(ab)^2\cdot a^2b=a^{2+2}\cdot b^{2+1}=ab^0=a$（第 1 列）

所以第 3、4 列的交互列是第 1、2 列。

与 $L_9(3^4)$ 表类似，$L_{27}(3^{13})$ 表构造如表 8-20：

表 8-20　$L_{27}(3^{13})$

列号	1	2	3	4	5	6	7	8	9	10	11	12	13
列名	a	b	ab	a^2b	c	ac	a^2c	bc	b^2c	abc	a^2b^2c	a^2bc	ab^2c

（3）由 3 水平表构造混合水平正交表　由于 3 水平表任意 2 列的交互列为 2 列，所以可用这 4 列换取 1 个 9 水平列。方法是：从表 8-19 中取出 2 列，组成 9 种不同的水平对，分别记以不同的符号：

$$(0,0)\Rightarrow 0$$
$$(0,1)\Rightarrow 1$$
$$(0,2)\Rightarrow 2$$
$$(1,0)\Rightarrow 3$$
$$(1,1)\Rightarrow 4$$
$$(1,2)\Rightarrow 5$$
$$(2,0)\Rightarrow 6$$
$$(2,1)\Rightarrow 7$$
$$(2,2)\Rightarrow 8$$

将此 2 列及它们的 2 个交互列划去，重新编号，即可得到混合水平表。

如　$L_{27}(3^{13})\Rightarrow L_{27}(9\times 3^9)$；

$L_{81}(3^{40})\Rightarrow L_{81}(9^2\times 3^{32})$ 或 $L_{81}(27\times 3^{27})$ 等。

同理，4 水平、5 水平以至更多水平的正交表及其混合表的构造都一样，只是每种水平都要规定各自的运算规则（见附表 8），任意 2 列的交互列有 $t-1$ 列。

至于构造混合表，原理也一样，只要从原来的正交表中取出 2 列，组成 t^2 种不同的水平对，分别对这些水平对给以不同的水平号，将原来 2 列及其交互列划去，重新编号即可。

习　题

1. 何为正交？何为表头设计？在进行表头设计时需注意什么问题？
2. 正交设计的主要目的和具体步骤是什么？

3. 采用附表 7 中 $L_8(2^7)$ 表安排某正交试验，因子 A、B、C 分别排在第 1、2、4 列上，试验结果如下表，不考虑交互作用。试用极差分析法和方差分析法分析试验结果。

试验号		1	2	3	4	5	6	7	8
结 果	Ⅰ	36	45	33	53	41	27	42	24
	Ⅱ	40	47	35	53	43	29	40	22

4. 欲从 4 个因子：A. 品种（4 种）、B. N 肥（2 种）、C. P 肥（2 种）、D. K 肥（2 种）中选择最佳处理组合，不考虑交互作用，试将正交表 L_{16}（2^{15}）转换为混合水平正交表 $L_{16}(4\times2^{12})$，并进行表头设计。

第 9 章

析 因 设 计

析因设计（factorial design）也称因子设计，是欧美各国主要使用的试验设计方法，在我国农林业领域中的应用也很广泛。

析因设计用于多因子试验，其目的是通过多因子多水平的试验比较，研究这些因子的联合效应，找出最优的处理组合。与正交设计不同的是，析因设计主要用于全面实施的试验，即所有因子的所有水平都要相互搭配进行试验。它的主要优点是试验精度高，而且可以分析出各个因子间的交互效应；它的主要缺点是当处理数较多时，处理组合太多，试验规模太大，难以实施。在科学研究的初期，往往有许多因子需要进行研究，为了在有限的试验单元内包含更多的因素，可以将每个因素的水平数尽量减少，例如每个因素仅设 2 水平或 3 水平，这样 K 个因素的试验共有 2^k 个或 3^k 个处理组合，这就是析因设计中最常用的 2^k 与 3^k 设计。析因设计的处理组合有专用的表示方法，析因设计的统计分析也有专门的方法。本章主要讨论 2^k 与 3^k 析因设计的具体方法。

9.1 2^k 析因设计

2^k 析因设计是多因子试验中处理组合最少的设计，试验共安排 K 个因素，每个因素均为 2 水平，共有 2^k 个处理组合。具体布置试验时，析因设计的基本要求是把所有处理组合完全随机地进行布置，可以采用完全随机区组设计，或拉丁方设计，或者其他设计方法进行。

9.1.1 2^2 设计

2^k 析因设计中最简单的是 2^2 设计，它表示参加试验的有 2 个因子（A 与 B），每个因子有 2 个水平（1 与 2），共有 4 个处理组合。这 4 个处理组合，国际通用记法是：

(1) ——表示 A_1B_1（即 A、B 因子都取低水平）

a ——表示 A_2B_1（即 A 取高水平、B 取低水平）

b ——表示 A_1B_2（即 A 取低水平、B 取高水平）

ab ——表示 A_2B_2（即 A、B 因子都取高水平）

如表 9 - 1 所示。

表 9-1　2^2 析因子设计的处理组合

因子水平	B_1（低）	B_2（高）
A_1（低）	(1)	b
A_2（高）	a	ab

若用图表示，这 4 个处理组合为一正方形的 4 个顶点，如图 9-1。

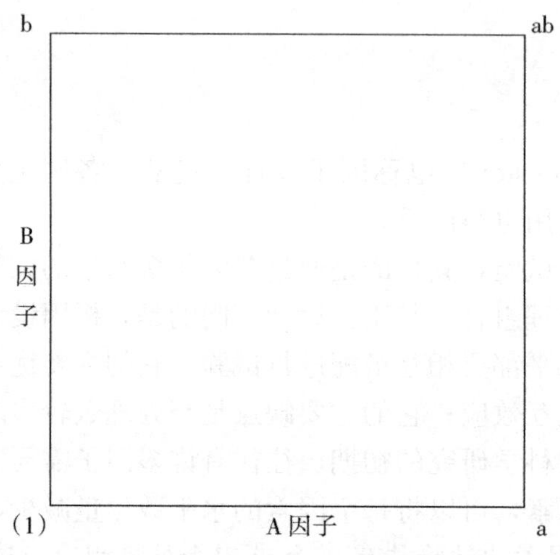

图 9-1　2^2设计处理组合图示

析因设计可以按照通用的多因子方差分析方法进行分析。但是，析因设计也可以采用另外两种更为简捷的特殊方法进行分析，既便于编制计算机程序，又便于手算。下面结合具体情况介绍这两种方法，分别是正负号法和 Yates 法。

在 2^2设计中，我们先来考虑 A、B 两个因子的效应值：

在 B 因子低水平下，A 因子的效应为$\frac{a-(1)}{n}$（n 为重复数）；

在 B 因子高水平下，A 因子的效应为$\frac{ab-b}{n}$，

所以，A 因子的平均效应 $A=\frac{ab+a-b-(1)}{2n}$

同理，B 因子的平均效应 $B=\frac{ab+b-a-(1)}{2n}$

对于 A 与 B 因子间的交互效应，可以理解为 B 高水平下 A 的效应与 B 低水平下 A 的效应的差值平均数，即 $AB=\frac{[ab-b]-[a-(1)]}{2n}$

以上各式的分子可以归纳为一个表，即“+”“-”号表，如表 9-2。表 9-2 中行代表处理组合，列代表 A 与 B 因子的主效应及其交互效应（AB），其中Ⅰ列是相对于全试验的总数或总平均数。

表 9-2　2^2设计符号表

处理组合 \ 因子效应	I	A	B	AB
(1)	+	−	−	+
a	+	+	−	−
b	+	−	+	−
ab	+	+	+	+

该表符号的写法是：Ⅰ列全为“+”，A、B 主效应列，高水平时取“+”，低水平时取“−”，交互效应一列为相应二列主效应符号的乘积。

当列出各个处理组合试验结果后，可以用表 9-2 直接计算出各种因子及其交互效应的平均数，以及相应的离差平方和。计算式为：

平均效应：$A=\dfrac{ab+a-b-(1)}{2n}$

$$B=\frac{ab+b-a-(1)}{2n}$$

$$AB=\frac{[ab-b]-[a-(1)]}{2n}$$

离差平方和：$SS_A=\dfrac{[ab+a-b-(1)]^2}{4n}$

$$SS_B=\frac{[ab+b-a-(1)]^2}{4n}$$

$$SS_{AB}=\frac{[ab+(1)-a-b]^2}{4n}$$

总离差平方和 SS_T和机误离差平方和 SS_e可按一般方法算出。现以实例说明。

【例 9.1】 某 2^2析因设计试验重复 3 次，结果如表 9-3，试采用正负号法分析之。

表 9-3　2^2试验结果

处理组合 \ 重复	Ⅰ	Ⅱ	Ⅲ	总计
(1)	28	25	27	80
a	36	32	32	100
b	18	19	23	60
ab	31	30	29	90
				$\sum 330$

【解】 根据表 9-2 正负号及相应计算式，可以直接用试验结果（总计一列）计算出平均效应和离差平方和：

平均效应：$A=\dfrac{90+100-60-80}{2\times3}=\dfrac{50}{6}=8.33$

$$B=\frac{90+60-100-80}{2\times3}=\frac{-30}{6}=-5.00$$

$$AB=\frac{90+80-100-60}{2\times3}=\frac{10}{6}=1.67$$

离差平方和：

$$SS_A=\frac{50^2}{4\times3}=208.33$$

$$SS_B=\frac{(-30)^2}{4\times3}=75.00$$

$$SS_{AB}=\frac{10^2}{4\times3}=8.33$$

$$SS_T=\sum_i\sum_j\sum_k x_{ijk}{}^2-C=9\ 398-\frac{330^2}{4\times3}=323.00$$

$$SS_e=SS_T-SS_A-SS_B-SS_{AB}=323.00-208.33-75.00-8.33=31.34$$

根据上述结果列出方差分析表如表 9-4。

表 9-4　2^2试验方差分析

变异来源	自由度	SS	MS	F（固定模型）
A	1	208.33	208.33	53.14**
B	1	75.00	75.00	19.13**
AB	1	8.33	8.33	2.12
机误	8	31.34	3.92	
总计	11	323.00		

检验结果，A 因子和 B 因子的主效应差异显著，而 A×B 互作差异不显著。由于 A、B 各有 2 个水平，不需进行多重比较，可以直接根据平均效应的符号作出判断：A 因子的高水平效果较好，B 因子的低水平效果较好。

以上是正负号法。该类设计也可以用 Yates 法进行统计分析。其方法是：将处理组合和试验结果列表，然后计算（1）列，其上半部分为试验结果两两相加而得，如 $Y'_1=Y_2+Y_1$，$Y'_2=Y_4+Y_3$，其下半部分为试验结果两两相减而得，如 $Y'_3=Y_2-Y_1$，$Y'_4=Y_4-Y_3$……（2）列也用相同方法由（1）列数据两两相加或相减得到。对于 2^K 设计，共需构造（K）列，例如 2^2 设计，构造到（2）列即可，2^3 设计，构造到（3）列即可，依此类推。最后，计算平均效应和平方和，将第（K）列［本例为（2）列］数据除以（$n2^{k-1}$）即为平均效应，将第（K）列数据之平方除以（$n2^k$）即为该行处理组合的离差平方和，分别填于表内，如表 9-5 所示。

表 9-5　2^2设计的 Yates 算法

处理组合	结果	(1)	(2)	平均效应 (2)/($n2^{k-1}$)	平方和 $(2)^2$/($n2^k$)
(1)	Y_1	$Y'_1=Y_2+Y_1$	$Y''_1=Y'_2+Y'_1$	Y''_1/($n2^{k-1}$)	Y''^2_1/($n2^k$)
a	Y_2	$Y'_2=Y_4+Y_3$	$Y''_2=Y'_4+Y'_3$	Y''_2/($n2^{k-1}$)	Y''^2_2/($n2^k$)
b	Y_3	$Y'_3=Y_2-Y_1$	$Y''_3=Y'_2-Y'_1$	Y''_3/($n2^{k-1}$)	Y''^2_3/($n2^k$)
ab	Y_4	$Y'_4=Y_4-Y_3$	$Y''_4=Y'_4-Y'_3$	Y''_4/($n2^{k-1}$)	Y''^2_4/($n2^k$)

【例 9.2】试用 Yates 法分析例 9.1 的试验结果。

【解】将表 9 - 3 之试验结果（Y）列表，按表 9 - 5 的计算方法计算各列数据，得表9 - 6。

表 9 - 6　例 9.1 试验结果的 Yates 算法

处理组合	结果	(1)	(2)	平均效应 (2) / $(n2^{k-1})$	平方和 $(2)^2/(n2^k)$
(1)	$Y_1=80$	$Y'_1=100+80=180$	$Y''_1=150+180=330$	$\frac{330}{3\times2}=55$	$\frac{330^2}{3\times2^2}=9\ 075$
a	$Y_2=100$	$Y'_2=90+60=150$	$Y''_2=30+20=50$	$\frac{50}{3\times2}=8.33$	$\frac{50^2}{3\times2^2}=208.33$
b	$Y_3=60$	$Y'_3=100-80=20$	$Y''_3=150-180=-30$	$\frac{-30}{3\times2}=-5.00$	$\frac{(-30)^2}{3\times2^2}=75.00$
ab	$Y_4=90$	$Y'_4=90-60=30$	$Y''_4=30-20=10$	$\frac{10}{3\times2}=1.67$	$\frac{10^2}{3\times2^2}=8.33$

可以看到，最后算出的离差平方和结果与正负号法算出的结果（见例 9.1）完全相同，其中（1）所对的平方和（9075）即方差分析时的校正系数 C。以下分析从略。

9.1.2　2^3设计

2^3析因设计要考察的因子有 3 个（A、B、C），每因子取 2 水平，共有 8 个处理组合，其标准顺序为：

(1)，*a*，*b*，*ab*，*c*，*ac*，*bc*，*abc*

用图表示时，为一立方体的 8 个顶点，如图 9 - 2。

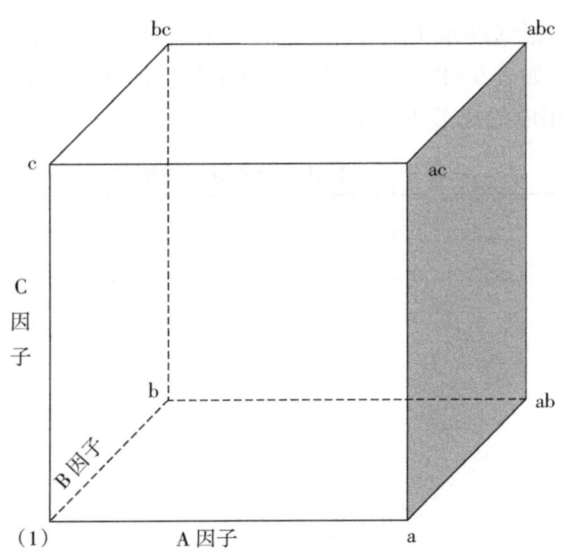

图 9 - 2　2^3析因设计处理组合图示

该类设计同样可以采用正负号法或 Yates 法进行统计分析，现以实例说明。

【例 9.3】进行荚果蕨引种试验，采用不同的栽培措施，试验因子与水平见表 9 - 7，试验重复 3 次，结果见表 9 - 8。试分析之。

表 9-7　荚果蕨引种试验不同处理

水平＼因子	A 光照	B 空气湿度	C 土壤
低水平	全光	不喷雾	栽培地土
高水平	半光	喷雾	原产地土

表 9-8　荚果蕨引种试验结果

处理组合	生长量（cm）			总　计
	Ⅰ	Ⅱ	Ⅲ	
(1)	30	28	36	94
a	32	32	40	104
b	36	32	38	106
ab	40	36	42	118
c	31	30	37	98
ac	38	36	44	118
bc	39	35	42	116
abc	45	38	48	131
				$\sum$ 885

【解】

(1) 正负号法　先根据高水平取“+”、低水平取“－”及交互作用取积的原则列出正负号表及试验结果，如表 9-9，然后根据相应正负号加减试验结果，再平方，除以观测次数，即 8×3，即得相应的离差平方和。

表 9-9　2^3设计符号及试验结果

处理＼因子效应	I	A	B	AB	C	AC	BC	ABC	结果
(1)	+	－	－	+	－	+	+	－	94
a	+	+	－	－	－	－	+	+	104
b	+	－	+	－	－	+	－	+	106
ab	+	+	+	+	－	－	－	－	118
c	+	－	－	+	+	－	－	+	98
ac	+	+	－	－	+	+	－	－	118
bc	+	－	+	－	+	－	+	－	116
abc	+	+	+	+	+	+	+	+	131
$\sum$	885	57	57	－3	41	13	5	－7	

$$SS_A=\frac{1}{8n}[a+ab+ac+abc-(1)-b-c-bc]^2=\frac{1}{8\times3}\times57^2=135.38$$

$$SS_B=\frac{1}{8n}[b+ab+bc+abc-(1)-a-c-ac]^2=\frac{1}{8\times3}\times57^2=135.38$$

$$SS_{AB}=\frac{1}{8n}[(1)+ab+c+abc-a-b-ac-bc]^2=\frac{(-3)^2}{8\times3}=0.38$$

$$SS_C=\frac{1}{8n}[c+ac+bc+abc-(1)-a-b-ab]^2=\frac{41^2}{8\times3}=70.04$$

$$SS_{AC}=\frac{1}{8n}[(1)+b+ac+abc-a-ab-c-bc]^2=\frac{13^2}{8\times3}=7.04$$

$$SS_{BC}=\frac{1}{8n}[(1)+a+bc+abc-b-ab-c-ac]^2=\frac{5^2}{8\times3}=1.04$$

$$SS_{ABC}=\frac{1}{8n}[a+b+c+abc-(1)-ab-ac-bc]^2=\frac{(-7)^2}{8\times3}=2.04$$

由表9-8可得：

$$SS_T=30^2+28^2+\cdots+48^2-\frac{885^2}{8\times3}=606.63$$

$$SS_e=SS_T-SS_A-SS_B-SS_{AB}-SS_C-SS_{AC}-SS_{BC}-SS_{ABC}=255.33$$

于是可列方差分析表如表9-10。

表9-10　荚果蕨试验方差分析

变异来源	自由度	SS	MS	F	F_α（1，16）
A	1	135.38	135.38	8.48*	$F_{0.05}=4.49$
B	1	135.38	135.38	8.48*	$F_{0.01}=8.53$
A×B	1	0.38	0.38	<1	
C	1	70.04	70.04	4.39	
A×C	1	7.04	7.04	<1	
B×C	1	1.04	1.04	<1	
A×B×C	1	2.04	2.04	<1	
机误	16	255.33	15.96		
总计	23	606.63			

（2）Yates 法　本例同样可以采用Yates法进行统计分析，如表9-11所示。

表9-11　荚果蕨试验结果的Yates算法

处理组合	试验结果	（1）	（2）	（3）	平均效应 $Y'''/n2^{k-1}$	平方和 $Y'''^2/n2^k$
（1）	$Y_1=94$	$Y'_1=104+94=198$	$Y''_1=422$	$Y'''_1=885$	73.75	32 634.38（C）
a	$Y_2=104$	$Y'_2=118+106=224$	$Y''_2=463$	$Y'''_2=57$	4.75	135.38
b	$Y_3=106$	$Y'_3=118+98=216$	$Y''_3=22$	$Y'''_3=57$	4.75	135.38
ab	$Y_4=118$	$Y'_4=131+116=247$	$Y''_4=35$	$Y'''_4=-3$	−0.25	0.38

（续）

处理组合	试验结果	(1)	(2)	(3)	平均效应 $Y''''/n2^{k-1}$	平方和 $Y''''^2/n2^k$
c	$Y_5=98$	$Y'_5=104-94=10$	$Y''_5=26$	$Y'''_5=41$	3.42	70.04
ac	$Y_6=118$	$Y'_6=118-106=12$	$Y''_6=31$	$Y'''_6=13$	1.08	7.04
bc	$Y_7=116$	$Y'_7=118-98=20$	$Y''_7=2$	$Y'''_7=5$	0.42	1.04
abc	$Y_8=131$	$Y'_8=131-116=15$	$Y''_8=-5$	$Y'''_7=7$	−0.58	2.04

可以看到，两种方法的计算结果完全一致，所以在实际运用时任选其中一种方法即可。

根据方差分析结果，因子 A 和因子 B 差异显著。由平均效应的符号（均为正）可以判定，A 因子取高水平即半光、B 因子也取高水平即喷雾，生长量会显著提高。

9.1.3 一般的 2^k 设计

上述 2^2、2^3 设计可以推广到 2^k 设计。2^k 设计有 K 个因子、每个因子 2 个水平，共有 2^k 个处理组合，若试验设置 n 次重复，则共有 $n2^k$ 个试验小区。2^k 设计共有 2^k-1 个效应，其中有 K 个主效应，C_k^2 个 2 因子交互效应，C_k^3 个 3 因子交互效应……，1 个 K 因子交互效应。

2^k 析因设计的试验数据可采用一般析因试验的方差分析方法进行。由于每个因子有 2 水平，所以每个效应的自由度为 1，总自由度为 $n2^k-1$，误差项自由度为 2^k（$n-1$）。各种平方和可以采用“＋”“－”号表法或者 Yates 计算。

2^k 析因设计的处理组合随着 K 的增加而迅速增大，例如 2^5 有 32 个处理组合，2^6 有 64 个处理组合。有时受试验条件所限，只能安排无重复的 2^k 设计。

无重复的 2^k 设计不可能直接估计试验误差，从而使主效应和交互效应的 F 值计算无法进行。其替代的方法是合并平方和较小的高阶互作项（自由度与平方和对应合并），用这些合并后的高阶交互作用的均方作为误差均方的估计值进行 F 检验。

9.2 3^k 析因设计

3^k 析因设计有 K 个因子，每个因子有 3 个水平，共有 3^k 个处理组合。3 个水平分别由数字 0（低水平）、1（中水平）、2（高水平）表示。

9.2.1 3^2 设计

当试验包含 2 个因子，每因子具有 3 水平时，共有 9 个处理组合。主效应 A、B，各有 2 个自由度，交互作用 AB 有 4 个自由度；若重复 n 次，则总自由度为 3^2n-1，误差项自由度为 3^2（$n-1$）。

该类设计可以用一般多因素方差分析法进行统计分析，也可以用 Yates 方法计算离差平方和。当因子的水平是按数量划分并且等间隔时，可以将主效应（A、B）分解为线性效应（L）和二次方效应（Q）两部分，各占 1 个自由度；2 因子的交互作用也可以相应分解为直线×直线、二次×直线、直线×二次、二次×二次 4 个部分，各占 1 个自由度，如表 9-12 所示。

表 9-12　3^2设计的方差分析*

变异来源		自由度		SS	
A		2		SS_A	
	A_L		1		SS_{AL}
	A_Q		1		SS_{AQ}
B		2		SS_B	
	B_L		1		SS_{BL}
	B_Q		1		SS_{BQ}
A×B		4		SS_{AB}	
	$A_L \times B_L$		1		$SS_{A_LB_L}$
	$A_Q \times B_L$		1		$SS_{A_QB_L}$
	$A_L \times B_Q$		1		$SS_{A_LB_Q}$
	$A_Q \times B_Q$		1		$SS_{A_QB_Q}$
机　误		9（$n-1$）		SS_e	
总　计		$9n-1$		SS_T	

*　如果试验设置区组，则应在表内第 1 行写区组。

用 Yates 方法计算时，将 9 个处理组合及其结果（Y）按标准顺序排好，计算（1）列时，前 3 行依次用 3 个处理组合的 Y 值相加得到；中间 3 行分别用 Y_3-Y_1，Y_6-Y_4，Y_9-Y_7得到；后边 3 行分别用 $Y_1+Y_3-2Y_2$，$Y_4+Y_6-2Y_5$，$Y_7+Y_9-2Y_8$得到；用 Y'计算 Y''时公式相同。3^k设计需作 k 次加减，因此 3^2设计只要作 2 次加减，算出（2）列即可。（2）列中的 Y''_2即为 A 因子的直线效应 A_L；Y''_3即为 A 因子的二次方效应 A_Q……如表 9-13 中的平均效应一列。将各种平均效应值平方，除以相应的重复数，即为各种效应相应的离差平方和。各重复的计算公式是：2^r3^tn。

式中：r ——该处理组合考察的因子数；

t ——试验因子数－该组合中线性项目数目；

n ——试验重复数。

具体计算式如表 9-13。

表 9-13　3^2设计的 Yates 算法

处理组合	结果	（1）	（2）	平均效应	平方和
00	Y_1	$Y'_1=Y_1+Y_2+Y_3$	$Y''_1=Y'_1+Y'_2+Y'_3$	—	
10	Y_2	$Y'_2=Y_4+Y_5+Y_6$	$Y''_2=Y'_4+Y'_5+Y'_6$	$A_L=Y''_2$	$A_L{}^2/(2^1\times3^1n)$
20	Y_3	$Y'_3=Y_7+Y_8+Y_9$	$Y''_3=Y'_7+Y'_8+Y'_9$	$A_Q=Y''_3$	$A_Q{}^2/(2^1\times3^2n)$

（续）

处理组合	结果	(1)	(2)	平均效应	平方和
01	Y_4	$Y'_4=Y_3-Y_1$	$Y''_4=Y'_3-Y'_1$	$B_L=Y''_4$	$B_L{}^2/(2^1\times3^1n)$
11	Y_5	$Y'_5=Y_6-Y_4$	$Y''_5=Y'_6-Y'_4$	$A_LB_L=Y''_5$	$(A_LB_L)^2/(2^2\times3^0n)$
21	Y_6	$Y'_6=Y_9-Y_7$	$Y''_6=Y'_9-Y'_7$	$A_QB_L=Y''_6$	$(A_QB_L)^2/(2^2\times3^1n)$
02	Y_7	$Y'_7=Y_1+Y_3-2Y_2$	$Y''_7=Y'_1+Y'_3-2Y'_2$	$B_Q=Y''_7$	$B_Q{}^2/(2^1\times3^2n)$
12	Y_8	$Y'_8=Y_4+Y_6-2Y_5$	$Y''_8=Y'_4+Y'_6-2Y'_5$	$A_LB_Q=Y''_8$	$(A_LB_Q)^2/(2^2\times3^1n)$
22	Y_9	$Y'_9=Y_7+Y_9-2Y_8$	$Y''_9=Y'_7+Y'_9-2Y'_8$	$A_QB_Q=Y''_9$	$(A_QB_Q)^2/(2^2\times3^2n)$

把交互作用分解为直线效应和二次方效应的乘积，这在实际应用中意义不大，但它们在构造更复杂的设计时是有用的。下面用实例说明具体计算方法。

【例 9.4】为了考察地被菊对光照和土壤含盐量的生态适应性，采用 3^2 析因设计进行了栽培试验。因子与水平见表 9-14。试验重复 3 次，苗木成活率见表 9-15。试进行分析。

表 9-14 地被菊生态条件试验的因子和水平

水平＼因子	A（光照）	B（土壤）
0	全光	普通土（含盐量 0%）
1	1/2 光	轻盐渍土（含盐量 1%）
2	1/4 光	重盐渍土（含盐量 2%）

表 9-15 地被菊生态条件试验结果（成活率%）

处理组合	区组 Ⅰ	区组 Ⅱ	区组 Ⅲ
00	75	83	71
10	36	42	38
20	41	35	40
01	38	31	35
11	49	53	55
21	51	47	45
02	63	58	55
12	21	29	31
22	29	35	30

【解】首先，将试验结果中的百分率数字进行反正弦转换（$x\Rightarrow\sin^{-1}\sqrt{x}$），并求出重复和及处理组合和，如表 9-16。

表 9 - 16　试验结果的反正弦转换

处理组合	区组			处理组合和	处理组合平均
	Ⅰ	Ⅱ	Ⅲ		
00	60.0	65.6	57.4	183.0	61.0
10	36.9	40.4	38.1	115.4	38.5
20	39.8	36.3	39.2	115.3	38.4
01	38.1	33.8	36.3	108.2	36.1
11	44.4	46.7	47.9	139.0	46.3
21	45.6	43.3	42.1	131.0	43.7
02	52.5	49.6	47.9	150.0	50.0
12	27.3	32.6	33.8	93.7	31.2
22	32.6	36.3	33.2	102.1	34.0
重复和	377.2	384.6	375.9	总和 1 137.7	

由表 9 - 16，可得：

$$C=\frac{1137.7^2}{3^2\times 3}=47939.31$$

总变异　$SS_T=60.0^2+65.6^2+\cdots+33.2^2-C=2171.62$

重　复　$SS_R=\frac{377.2^2+384.6^2+375.9^2}{3^2}-C=4.89$

然后，按表 9 - 13 计算公式算出各组合的平均效应和离差平方和，结果如表 9 - 17。

表 9 - 17　例 9.4 的 Yates 计算表

处理组合	结果	(1)	(2)	平均效应	平方和
00	183.0	413.7	1 137.7		
10	115.4	378.2	−92.8	$A_L=-92.8$	$SS_{A_L}=478.44$
20	115.3	345.8	93.4	$A_Q=93.4$	$SS_{A_Q}=161.55$
01	108.2	−67.7	−67.9	$B_L=-67.9$	$SS_{B_L}=256.13$
11	139.0	22.8	19.8	$A_LB_L=19.8$	$SS_{A_LB_L}=32.67$
21	131.0	−47.9	−2.8	$A_QB_L=-2.8$	$SS_{A_QB_L}=0.22$
02	150.0	67.5	3.1	$B_Q=3.1$	$SS_{B_Q}=0.18$
12	93.7	−38.8	−161.2	$A_LB_Q=-161.2$	$SS_{A_LB_Q}=721.82$
22	102.1	64.7	209.8	$A_QB_Q=209.8$	$SS_{A_QB_Q}=407.56$

将有关直线效应与二次方效应合并：

$$SS_A=SS_{A_L}+SS_{A_Q}=478.44+161.55=639.99$$

$$SS_B=SS_{B_L}+SS_{B_Q}=256.13+0.18=256.31$$

$$SS_{AB}=SS_{A_LB_L}+SS_{A_LB_Q}+SS_{A_QB_L}+SS_{A_QB_Q}=1162.27$$

机误离差平方和为：

$$SS_e = SS_T - SS_R - SS_A - SS_B - SS_{AB} = 108.16$$

将以上结果列表进行方差分析，如表 9 - 18。

表 9 - 18　例 9.4 方差分析表

变异来源	自由度	SS	MS	F（固定）	F_α
区　组	2	4.89	2.45	<1	
因子 A	2	639.99	320.00	47.33**	$F_{0.01}$（2,16）=6.23
A_L	1	478.44	478.44	70.77**	$F_{0.01}$（1,16）=8.53
A_Q	1	161.55	161.55	23.90**	
因子 B	2	256.31	128.16	18.96**	
B_L	1	256.13	256.13	37.89**	
B_Q	1	0.18	0.18	<1	
A×B	4	1 162.27	290.57	42.98**	$F_{0.01}$（4,16）=4.77
机　误	16	108.16	6.76		
总　计	26	2 171.62			

检验结果，因子 A、因子 B 以及它们的交互作用间，差异都达到了极显著水平。于是需要对它们逐一进行多重比较。

在因子 A 内，直线效应与二次方效应均达到极显著水平；在因子 B 内，直线效应极显著，而二次方效应不显著。这些结果可以进一步作正交多项回归，求出最佳试验条件。详见第 11 章。

为了对因子 A、B 进行多重比较，需先求出各水平的平均值，如表 9 - 19。

表 9 - 19　各处理水平的平均值统计表

B_j / A_j	B_0	B_1	B_2	$x_{i\cdot}$	$\bar{x}_{i\cdot}$
A_0	61.0	36.1	50.0	147.1	49.03
A_1	38.5	46.3	31.2	116.0	38.67
A_2	38.4	43.7	34.0	116.1	38.70
$x_{\cdot j}$	137.9	126.1	115.2	$x_{\cdot\cdot}$ 379.2	
$\bar{x}_{\cdot j}$	45.97	42.03	38.40		

A 因子与 B 因子的多重比较分别见表 9 - 20 和表 9 - 21。

表 9 - 20　A 因子（光照）多重比较

水　平	平均值 $\bar{x}_{i\cdot}$	$\bar{x}_{i\cdot}-\bar{x}_{1\cdot}$	$\bar{x}_{0\cdot}-\bar{x}_{2\cdot}$
A_0(全光)	49.03	10.36**	10.33**
A_2(1/4 光)	38.70	0.03	
A_1(1/2 光)	38.67		

$$q_{0.05}(3,16)=3.65,\qquad q_{0.01}(3,16)=4.79$$

$$D_{0.05}=q_{0.05}\sqrt{\frac{MS_e}{br}}=3.65\times\sqrt{\frac{6.76}{3\times 3}}=3.16$$

$$D_{0.01}=q_{0.01}\sqrt{\frac{MS_e}{br}}=4.79\times\sqrt{\frac{6.76}{3\times 3}}=4.15$$

表 9-21　B 因子（土壤）多重比较

水　平	平均值 $\bar{x}_{.j}$	$\bar{x}_{.j}-\bar{x}_{.2}$	$\bar{x}_{.0}-\bar{x}_{.1}$
B_0(含盐 0%)	45.97	7.57**	3.94*
B_1(含盐 1%)	42.03	3.63*	
B_2(含盐 2%)	38.40		

（检验尺度与表 9-20 相同）

从上述多重比较可以下结论：地被菊对光敏感，在全光条件下成活率最高，与 1/2 及 1/4 光照有极显著差异，而 1/2 及 1/4 光照下的成活率则差异不显著。地被菊对土壤盐分也很敏感：土壤含盐量为 0%时成活率最高，土壤含盐量 1%时成活率显著降低，含盐量 2%时成活率极显著地降低。

对于 A×B 交互作用的多重比较，可以将全部处理组合的平均值按由大到小的顺序排列，两两相减，比较出不同处理组合间的差异；也可以将其中一个因子固定在某水平上，考察另一个因子不同水平对结果的影响，我们采用后一种方法。结果见表 9-22。

表 9-22　固定光照条件下，土壤不同含盐量对成活率的影响

A_0（全光）				A_1（1/2 光）				A_2（1/4 光）			
含 B_0	61.0	24.9**	11.0**	B_1	46.3	15.1**	7.8**	B_1	43.7	9.7**	5.3
盐 B_2	50.0	13.9**		B_0	38.5	7.3**		B_0	38.4	4.4	
量 B_1	36.1			B_2	31.2			B_2	34.0		

$$q_{0.05}(3,16)=3.65,\qquad q_{0.01}(3,16)=4.79$$

$$D_{0.05}=q_{0.05}\sqrt{\frac{MS_e}{r}}=3.65\times\sqrt{\frac{6.76}{3}}=5.47,\quad D_{0.01}=q_{0.01}\sqrt{\frac{MS_e}{r}}=4.79\times\sqrt{\frac{6.76}{3}}=7.19$$

检验结果，在全光条件下，土壤含盐量为 0%时成活率最高；而在 1/2 和 1/4 光照条件下，土壤含盐量 1%时成活率最高。

9.2.2　3^3设计

3^3设计是指共安排 3 个因子且每个因子有 3 个水平的试验。该试验共有 27 个处理组合，总自由度为 26，每一主效应有 2 个自由度，每 2 个交互作用有 4 个自由度，3 因子交互作用有 8 个自由度。若试验安排 n 次重复，则总自由度为 3^3n-1，机误自由度为 $3^3(n-1)$。

3^3设计安排的 3 个因子 A、B、C 各具 3 个水平，亦称“低、中、高”，仍用数字 0、1、2 表示，其 27 个处理组合如表 9-23 所示。

表 9-23　3^3设计的 27 个处理组合

000	010	020	001	011	021	002	012	022
100	110	120	101	111	121	102	112	122
200	210	220	201	211	221	202	212	222

3^3设计可以用一般多因素方差分析方法进行统计分析，也可以用 Yates 法计算，其变异来源、自由度及离差平方和均可相应分解为直线效应和二次方效应，如表 9-24。

表 9-24　3^3设计的方差分析

变异来源		自由度		SS	
A		2		SS_A	
	A_L		1		SS_{AL}
	A_Q		1		SS_{AQ}
B		2		SS_B	
	B_L		1		SS_{BL}
	B_Q		1		SS_{BQ}
C		2		SS_C	
	C_L		1		SS_{CL}
	C_Q		1		SS_{CQ}
A×B		4		SS_{AB}	
	$A_L \times B_L$		1		$SS_{A_LB_L}$
	$A_Q \times B_L$		1		$SS_{A_QB_L}$
	$A_L \times B_Q$		1		$SS_{A_LB_Q}$
	$A_Q \times B_Q$		1		$SS_{A_QB_Q}$
A×C		4		SS_{AC}	
	$A_L \times C_L$		1		$SS_{A_LC_L}$
	$A_Q \times C_L$		1		$SS_{A_QC_L}$
	$A_L \times C_Q$		1		$SS_{A_LC_Q}$
	$A_Q \times C_Q$		1		$SS_{A_QC_Q}$
B×C		4		SS_{BC}	
	$B_L \times C_L$		1		$SS_{B_LC_L}$
	$B_Q \times C_L$		1		$SS_{B_QC_L}$
	$B_L \times C_Q$		1		$SS_{B_LC_Q}$
	$B_Q \times C_Q$		1		$SS_{B_QC_Q}$
A×B×C*		8		SS_{ABC}	
机　误		27（n−1）		SS_e	
总　计		27n−1		SS_T	

*　A×B×C 又可再分解为 $A_LB_LC_L$、$A_LB_LC_Q$、$A_LB_QC_L$、$A_LB_QC_Q$、$A_QB_LC_L$、$A_QB_LC_Q$、$A_QB_QC_L$、$A_QB_QC_Q$ 8 分量。

9.2.3 一般的3^k设计

3^k 设计是指有 k 个因子，每个因子有 3 个水平，共有 3^k 个处理组合，主效应有C_k^1 个，自由度均为 2，两因子交互效应有C_k^2 个，自由度均为 4，三因子交互效应有C_k^3 个，自由度均为 8…… k 因子交互效应有 C_k^k 个，自由度为 2^k。若试验重复 n 次，则总自由度为 $n3^k-1$，误差自由度为 $3^k(n-1)$。

一般来说，3 阶以及更高阶的交互作用可以归并到误差项去。有时，把 3^k设计作成单一重复，直接将更高阶交互作用作为误差估计。

k 增加将导致试验规模的迅速扩大。例如，3^3设计有 27 个处理组合，3^4设计有 81 个处理组合，3^5设计有 243 个处理组合，等等。太多的处理组合往往使试验难以实施。所以，$k\geqslant4$ 的设计在实际工作中是很少见的。

习 题

1. 何为析因设计？2^k设计和3^k设计如何布置试验？
2. 某 2^2设计试验重复 4 次，试验结果如下表，试用正负号法分析之。

处理组合 \ 重复	Ⅰ	Ⅱ	Ⅲ	Ⅳ
(1)	18	17	19	20
a	20	19	18	21
b	24	25	23	26
ab	31	30	29	30

3. 试用 Yates 法对下列 2^3析因设计的结果进行分析。

处理组合 \ 重复	Ⅰ	Ⅱ	Ⅲ
(1)	72	76	70
a	88	86	81
b	60	65	65
ab	80	78	76
c	82	84	84
ac	90	88	92
bc	81	76	78
abc	75	72	71

第 10 章

混 杂 设 计

混杂设计（confounding design）是在析因设计基础上发展起来的一种新的设计方法，它属于全面实施的不完全区组设计。从全面实施这一点看，混杂设计与析因设计的工作量是相同的。所谓混杂，是指在试验中某种交互效应与区组的效应混合在一起而难以区分，以此换来区组的缩小。或者说，混杂设计是一种以牺牲某些交互效应来换取区组缩小的试验设计方法，它主要用于区组容量少或者处理数较多的情况下。

10.1 完全混杂设计

在混杂设计中，如果每次重复中都使同一种交互效应与区组效应混杂，就称为完全混杂设计。例如，2^3设计共有 8 个处理组合，将这 8 个处理组合划分到 2 个区组中，使区组效应与 ABC 交互效应混杂；再例如，3^2设计共有 9 个处理组合，将其划分到 3 个区组中去，使区组效应与 AB^2 交互效应混杂，等等。下面分别对 2 水平和 3 水平混杂设计的试验布置方法和统计分析方法进行讨论。

10.1.1 2^k混杂设计

最简单的 2^k 混杂设计是 2^2 设计，它共有 4 个处理组合。按照一般的析因设计方法，这 4 个处理组合应该安排到 1 个区组中去。如果受区组限制，或者操作有困难，我们可以考虑把这 4 个处理组合安排到 2 个区组中去，并且使 2 个因子的主效应不受区组影响，仅使它们的交互作用与区组效应混杂，如图 10-1。

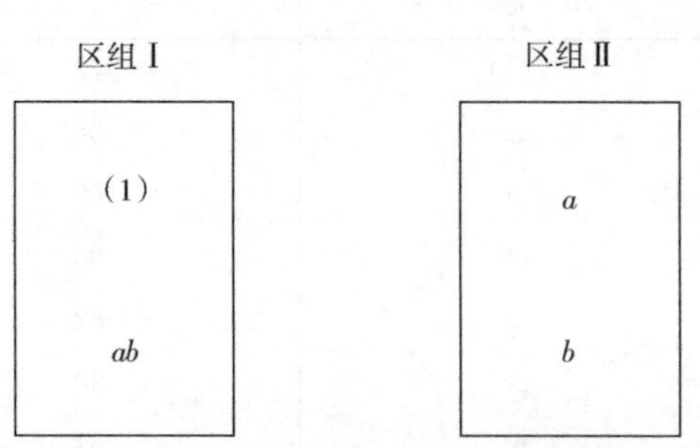

图 10-1 2 个区组的 2^2 混杂设计

区组Ⅰ包含处理组合（1）和 ab，区组Ⅱ包含处理组合 a 和 b。当然，区组的顺序以及区组内处理组合的顺序是随机确定的。此时，A 因子与 B 因子的主效应均不受区组的影响，因为它们（例如 A）是从每个区组取 1 个带“＋”号的处理组合（例如 ab 和 a），也取 1 个带“－”号的处理组合［例如 b 和（1）］。这样，区组之间的差异将被抵消。

$$A = \frac{1}{2}[ab + a - b - (1)]$$

$$B = \frac{1}{2}[ab + b - a - (1)]$$

而交互作用 $AB=\frac{1}{2}[ab+(1)-a-b]$，因为从区组Ⅰ中取 2 个带"＋"号处理组合［$ab$ 和（1）］，从区组Ⅱ取 2 个带"－"号的处理组合（a 和 b），所以使区组效应与交互作用 AB 混在了一起，即实现了 AB 与区组的混杂。

实现某种效应与区组效应混杂有两种方法：一种为正负号法，另一种为定义对比法。

正负号法需要用正负号表，即表 9－2。为了方便，重新列于表 10－1。

表 10－1　2^2 设计符号表

处理组合＼因子效应	I	A	B	AB
(1)	＋	－	－	＋
a	＋	＋	－	－
b	＋	－	＋	－
ab	＋	＋	＋	＋

为实现 AB 与区组效应混杂，只要将表中最后一列 AB 所对应的"＋"号处理组合［(1) 与 ab］放在一个区组，"－"号的处理组合（a 与 b）放在另一个区组即可，如图 10－1 所示。如果该试验需要 3 次或 4 次重复，就把这 2 个区组再重复 3 次或 4 次即可。当然，区组的顺序以及区组内处理的顺序要各自随机化，但每个区组内所安排的处理号不变。

又如，安排 2^3 设计而且欲使 3 因子交互作用 ABC 与区组混杂。则可查 2^3 设计的正负号表，如表 10－2（同表 9－9），将 ABC 一列中对应的"＋"号处理组合安排到一个区组，"－"号处理组合安排到另一个区组，如图 10－2 所示。如需重复 n 次，就把这 2 个区组分别重复 n 次即可。

表 10－2　2^3 设计符号表

处理组合	因子效应							
	I	A	B	AB	C	AC	BC	ABC
(1)	＋	－	－	＋	－	＋	＋	－
a	＋	＋	－	－	－	－	＋	＋
b	＋	－	＋	－	－	＋	－	＋
ab	＋	＋	＋	＋	－	－	－	－
c	＋	－	－	＋	＋	－	－	＋
ac	＋	＋	－	－	＋	＋	－	－
bc	＋	－	＋	－	＋	－	＋	－
abc	＋	＋	＋	＋	＋	＋	＋	＋

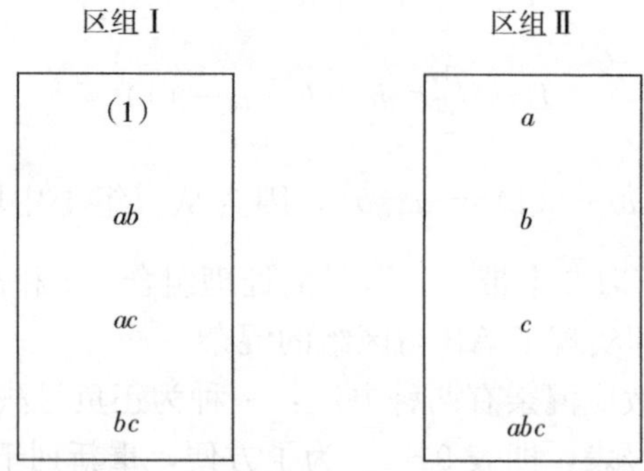

图 10-2　2 个区组的 2^3 混杂设计

构造混杂设计的另一种方法是定义对比法，其线性方程式为：

$$L = \sum_i \alpha_i x_i = \alpha_1 x_1 + \alpha_2 x_2 + \cdots + \alpha_k x_k$$

式中：x_i ——出现在某一特定组合的第 i 个因子的水平，以 0（低水平）、1（高水平）表示；

α_i ——混杂效应的第 i 个因子的指数。

对于 2^k 设计，模为 2，即 L 的可能取值只有 0 或 1，将各个处理组合的 L 值算出，L 值为 0 的放在一个区组；L 值为 1 的放在另一个区组，就构成了 2 个区组的混杂设计。

例如，2^2 设计混杂 A×B 的设计，此时 x_1 代表 A，x_2 代表 B，$\alpha_1 = \alpha_2 = 1$，相应的 A×B 定义对比是：

$$L = x_1 + x_2$$

各处理组合的 L 值为：

(1)　：　$L = 0+0=0$

a　：　$L = 1+0=1$

b　：　$L = 0+1=1$

ab　：　$L = 1+1=2=0$

说明应把处理组合（1）与 ab 放到一个区组，而把处理组合 a 与 b 放到另一个区组。显然，这与正负号法得到的结果是一致的。

再如，2^3 设计混杂 A×B×C 的设计，$\alpha_1 = \alpha_2 = \alpha_3 = 1$，相应的 A×B×C 定义对比是：

$$L = x_1 + x_2 + x_3$$

各处理组合的 L 值为

(1)　：　$L = 0+0+0=0$

a　：　$L = 1+0+0=1$

b　：　$L = 0+1+0=1$

ab　：　$L = 1+1+0=0$

c　：　$L = 0+0+1=1$

ac　：　$L = 1+0+1=0$

bc ：　　　　$L=0+1+1=0$

abc ：　　　　$L=1+1+1=1$

根据 L 值，处理组合（1）、ab 、ac 、bc 应安排到一个区组中，而处理组合 a 、b 、c 、abc 应安排到另一个区组中。这样安排，就可以达到混杂 A×B×C 交互效应的目的。同样，与正负号法所得结果也是一致的。

依此类推，可以构造出 2^4 、2^5 等更为复杂的试验设计。上述 2 个区组构成了一次完整的重复。如需第 2 次重复，则将这 2 个区组再重复一遍；如需第 3 次重复，就再重复一遍，依此类推。当然，每次重复的区组间以及区组内的处理间都要经过随机化处理。

该类设计可以用一般方差分析法分析，也可以用 Yates 法分析。下面以实例说明具体分析方法。

【例 10.1】 做某苗木施肥试验，分别考察 N、P、K 肥及其两种肥料的交互作用，混杂 N×P×K，试验重复 4 次，其田间设计和试验结果（苗高）如图 10 - 3 所示，试分析之。

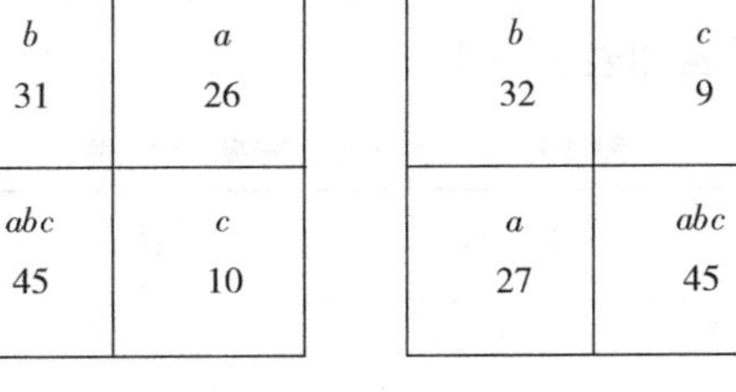

图 10 - 3　2^3 混杂试验田间设计及其结果

【解】 按 Yates 法进行统计分析如表 10 - 3。

表 10 - 3 已得到 SS_A、SS_B、SS_{AB}、SS_C、SS_{AC}、SS_{BC}（SS_{ABC} 已与区组效应混杂），再根据试验结果计算总离差平方和 SS_T、区组离差平方和 SS_K 及机误离差平方和 SS_e：

表 10-3 例 10.1 的 Yates 法统计

处理	重复				处理和	(1)	(2)	(3)	平方和
	Ⅰ	Ⅱ	Ⅲ	Ⅳ					$(3)^2/(n2^3)$
(1)	10	11	9	13	43	154	459	950	28 203.12(C)
a	26	27	28	30	111	305	491	228	1 624.50
b	31	32	32	32	127	161	119	320	3 200.00
ab	40	41	53	44	178	330	109	−62	120.12
c	10	9	13	10	42	68	151	32	32.00
ac	29	31	32	27	119	51	169	−10	3.12
bc	37	34	42	36	149	77	−17	18	10.12
abc	45	45	47	44	181	32	−45	−28	24.50
$\sum$	228	230	256	236	950				

$$SS_T = 10^2 + 11^2 + \cdots + 44^2 - C = 5200.88$$

$$SS_K = \frac{116^2 + 112^2 + \cdots + 120^2}{4} - C = 99.38$$

$$SS_e = SS_T - SS_K - SS_A - SS_B - SS_{AB} - SS_C - SS_{AC} - SS_{BC} = 111.64$$

由以上结果列方差分析表如表 10-4。

表 10-4 例 10.1 方差分析表

变异来源	df	SS	MS	F（固定）	$F_\alpha(1,18)$
区 组	7	99.38	14.20		
A（N）	1	1 624.50	1 624.50	262.02**	$F_{0.01}=8.28$
B（P）	1	3 200.00	3 200.00	516.13**	
C（K）	1	32.00	32.00	5.16*	$F_{0.05}=4.42$
AB（N×P）	1	120.12	120.12	19.37**	
AC（N×K）	1	3.12	3.12	<1	
BC（P×K）	1	10.12	10.12	1.63	
机 误	18	111.64	6.20		
总 计	31	5 200.88			

需要指出，因交互作用 ABC（N×P×K）已经混入区组，所以表 10-3 计算出的 SS_{ABC} 不能列入方差分析表。此外，该例共有 8 个区组，属于 4 次重复，区组平方和中也已包含了重复平方和，故重复平方和也不能列入。

方差分析表明，因子 A 与 B 以及 AB 差异极显著，因子 C 差异显著。说明 3 种肥料都有明显的增产效果。查表 10-3 的（3）列，对应于处理组合 a、b、c 的 3 个数字均为正数，说明 N、P、K 3 种肥料的高水平都比低水平效果好，而对应于 ab 的数字为负值，说明 N 肥与 P 肥合施的效果不如分别施用好。

当处理数 k 较多时，处理组合 2^k 很多，如果区组容量较小，也可以考虑将全部处理组合分到4个区组中去，每个区组安排 2^{k-2} 个处理组合。例如，2^5 析因设计共有32个处理组合，若分到4个区组中，每个区组安排 $2^{5-2}=8$ 个处理组合。

安排此类试验时，先根据经验选定2个交互效应与区组效应混杂，然后求算相应的2个定义对比。仍以 2^5 设计为例，共有ABCDE 5个试验因子，如果我们选定ADE和BCE与区组混杂，则相应的2个定义对比是

ADE　　$L_1=x_1+x_4+x_5$

BCE　　$L_2=x_2+x_3+x_5$

每一处理组合均可根据上述2式产生出1对 L 值（模为2）。

例如：

$$(1)\begin{cases}L_1=0+0+0=0\\L_2=0+0+0=0\end{cases}$$

$$a\begin{cases}L_1=1+0+0=1\\L_2=0+0+0=0\end{cases}$$

$$b\begin{cases}L_1=0+0+0=0\\L_2=1+0+0=1\end{cases}$$

$$\vdots$$

$$\vdots$$

L_1 与 L_2 共有4种组合，即

$$(L_1,L_2)=(0,0),(0,1),(1,0),(1,1)$$

将各个处理组合的 L_1、L_2 算出后，按以上4种组合进行合并，即可将全部处理组合分到4个区组去，如图10-4。

区组Ⅰ		区组Ⅱ		区组Ⅲ		区组Ⅳ	
$L_1=0$，$L_2=0$		$L_1=1$，$L_2=0$		$L_1=0$，$L_2=1$		$L_1=1$，$L_2=1$	
(1)	*abe*	*a*	*be*	*b*	*abce*	*e*	*abcde*
ad	*ace*	*d*	*abde*	*abd*	*ae*	*ade*	*bd*
bc	*cde*	*abc*	*ce*	*c*	*bcde*	*bce*	*ac*
abcd	*bde*	*bcd*	*acde*	*acd*	*de*	*ab*	*cd*

图10-4　2^5 设计划分4个区组（混杂ADE、BCE）

因为共有4个区组，自由度为3。而ADE和BCE各有1个自由度，所以必定还有一个自由度为1的效应与区组混杂。这个效应叫作ADE与BCE的生成交互作用，定义为ADE与BCE按模2的乘积，即（ADE）（BCE）$=\text{ABCDE}^2=$ ABCD，也就是说，交互作用ABCD也与区组混杂了。所以，在构造混杂设计时，不仅要选定2个待混杂的效应，而且要考虑它们的生成交互效应，注意不要将我们感兴趣的效应与区组混杂。例如，2^5 设计也可选择ABCDE及ABD与区组混杂，而它们的生成交互作用（ABCDE）（ABD）=

CE将自动也被混杂，然而CE可能是我们感兴趣的效应。因此这种混杂设计就可能不如前一种设计合理。

由以上 2^k 设计分为2个、4个区组的方法，可以推广到分为 2^p 个区组（$p<k$）的一般情形。这时每个区组将安排 2^{k-p} 个处理组合。我们可以选 p 个独立效应与区组混杂，这里“独立”是指任一所选效应不是其余所选效应的生成交互作用。划分区组时可以根据待混杂效应的定义对比 $L_1, L_2, \cdots, L_p$ 来安排，除了选定的 p 个效应之外，还有 2^p-p-1 个生成交互作用也将与区组混杂。

这些设计的统计分析都比较简单，所有效应的平方和均可按正常方法计算，只是各被混杂效应的平方和在方差分析时不再列出，它们已被划入区组平方和中了。

10.1.2　3^k混杂设计

3^k 设计共有k个主效应，每个主效应具有2个自由度；所有2因子间的交互作用具有4个自由度，这个交互作用可以分解为2个交互作用分量（如AB与AB^2），每一分量也具有2个自由度；所有3因子的交互作用具有8个自由度，此交互作用可以分解为4个交互作用分量（如ABC，ABC^2，AB^2C，AB^2B^2），每一分量也具有2个自由度，等等。构造该类混杂设计时，同样可用定义对比

$$L=\sum_i \alpha_i x_i=\alpha_1 x_1+\alpha_2 x_2+\cdots+\alpha_k x_k$$

α_i 仍代表被混杂效应之第 i 个因子的指数，$\alpha_i=0,1,2$，x_i 代表某一特定处理组合第 i 个因子的水平，$x_i=0$（低水平），1（中水平），2（高水平）。模为3时，用此定义对比计算出来的 L 值必然为0，1，2三个值。据此值即可把全部处理组合分到3个区组中去。

例如，要构造 3^2设计于3个区组，并要混杂AB交互作用的一个分量AB^2，则相应的定义对比是

$$L=x_1+2x_2$$

按此式计算每一处理组合的L值（模3）为：

00：$L=1(0)+2(0)=0$
01：$L=1(0)+2(1)=2$
02：$L=1(0)+2(2)=1$
10：$L=1(1)+2(0)=1$
11：$L=1(1)+2(1)=0$
12：$L=1(1)+2(2)=2$
20：$L=1(2)+2(0)=2$
21：$L=1(2)+2(1)=1$
22：$L=1(2)+2(2)=0$

则3个区组的安排如图10-5所示。

若仅设此一次重复，则$SS_{区组}$ 恰等于SS_{AB^2}，变异来源中除了主效应A、B外，仅剩交互作用的一个分量AB，不能作为误差的估计，因为自由度太小。如欲进行方差分析，需要将此3个区组重复n次，并加以随机化处理。

区组Ⅰ (L=0)	区组Ⅱ (L=1)	区组Ⅲ (L=2)
00	02	01
11	10	12
22	21	20

图 10-5　3^2设计分为 3 个区组（混杂 AB^2）

【例 10.2】 在苗圃做某树种苗木的复合肥用量（A）和密度（B）双因素试验，每个因素设 3 个水平，如表 10-5。试验设置 4 次重复，混杂 AB^2，每个重复划分为 3 个区组，每个区组 3 个小区，具体田间设计和试验结果（苗高）如图 10-6，试分析之。

表 10-5　施肥量与密度的 3 个水平

因　素	水　平		
	0	1	2
A 每亩复合肥用量（kg）	0	10	20
B 密度（株数/m^2）	10	15	20

重　复　Ⅰ (134)

区组Ⅱ (48)	区组Ⅲ (43)	区组Ⅰ (43)
02 (15)	01 (12)	11 (22)
21 (13)	12 (16)	22 (13)
10 (20)	20 (15)	00 (8)

重　复　Ⅱ (163)

区组Ⅰ (46)	区组Ⅲ (64)	区组Ⅱ (53)
00 (9)	12 (23)	10 (15)
22 (19)	20 (27)	02 (13)
11 (18)	01 (14)	21 (25)

重　复　Ⅲ (151)

区组Ⅲ (42)	区组Ⅱ (58)	区组Ⅰ (51)
20 (14)	21 (25)	22 (23)
01 (9)	10 (22)	11 (15)
12 (19)	02 (11)	00 (13)

重　复　Ⅳ (127)

区组Ⅱ (43)	区组Ⅰ (43)	区组Ⅲ (41)
02 (13)	11 (20)	20 (13)
10 (18)	00 (9)	12 (18)
21 (12)	22 (14)	01 (10)

图 10-6　3^2混杂试验田间设计及其结果（括号内为试验结果）

【解】 参照表 9-13，按 Yates 法进行统计分析如表 10-6。

表 10-6 例 10.2 的 Yates 法统计

处理	重复				处理和	(1)	(2)	平方和 $(2)^2/(2^r3^t\times4)$
	Ⅰ	Ⅱ	Ⅲ	Ⅳ				
00	8	9	13	9	39	183	575	
10	20	15	22	18	75	195	77	247.04 (A_L)
20	15	27	14	13	69	197	−103	147.34 (A_Q)
01	12	14	9	10	45	30	14	8.17 (B_L)
11	22	18	15	20	75	30	−13	10.56 (A_LB_L)
21	13	25	25	12	75	17	11	2.52 (A_QB_L)
02	15	13	11	13	52	−42	−10	1.39 (B_Q)
12	16	23	19	18	76	−30	−13	3.52 (A_LB_Q)
22	13	19	23	14	69	−31	−13	1.17 (A_QB_Q)
重复和	134	163	151	127	575			

由表 10-6 最后一列可得：

$SS_A = 247.04 + 147.34 = 394.38$

$SS_B = 8.17 + 1.39 = 9.56$

$SS_{AB} = SS_{A_LB_L} + SS_{A_QB_Q} = 10.56 + 1.17 = 11.73$

（$SS_{A_QB_L}$ 和$SS_{A_LB_Q}$ 已混入区组）

另由图 10-6 可得：

$$SS_T = 15^2 + 12^2 + \cdots + 10^2 - \frac{575^2}{9\times4} = 888.97$$

$$SS_{区} = 48^2 + 43^2 + \cdots + 41^2 - \frac{575^2}{9\times4} = 192.97$$

$$SS_e = SS_T - SS_A - SS_B - SS_{AB} - SS_{区} = 888.97 - 394.38 - 9.56 - 11.73 - 192.97 = 280.33$$

将以上结果列表进行方差分析，如表 10-7。

表 10-7 例 10.2 方差分析

变异来源	自由度	*SS*	*MS*	*F*	F_{α}
区组（AB^2）	11	192.97	17.54		
A	2	394.38	197.19	12.66**	$F_{0.01}$（2，18）=6.01
B	2	9.56	4.78	<1	
AB	2	11.73	5.87	<1	
机　误	18	280.33	15.57		
总　计	35	888.97			

表 10-7 中，SS_A包含两个分量：SS_{A_L} 与SS_{A_Q}；SS_B包含两个分量：SS_{B_L} 与SS_{B_Q}；SS_{AB}本来包括 4 个分量：$SS_{A_LB_L}$、$SS_{A_LB_Q}$、$SS_{A_QB_L}$、$SS_{A_QB_Q}$，各占 1 个自由度，但因 A×B^2交互作用与区组混杂，所以$SS_{A_LB_Q}$与$SS_{A_QB_L}$均已混入区组，而未混入区组的另外两个分量$SS_{A_LB_L}$与$SS_{A_QB_Q}$组成 A×B 交互作用，共 2 个自由度。

方差分析检验结果，A 因子差异极显著，于是对 A 因子的 3 个水平进行多重比较，采用 Tukey 氏固定极差法，结果如表 10-8。

表 10-8 A 处理 3 个水平的多重比较

A 处理水平		x_{ij}		$x_{i\cdot}$	$\bar{x}_{i\cdot}$	$\bar{x}_{i\cdot}-\bar{x}_{A_0}$	$\bar{x}_{A_1}-\bar{x}_{A_2}$
A_1	75	75	76	226	18.83	7.50**	1.08
A_2	69	75	69	213	17.75	6.42**	
A_0	39	45	52	136	11.33		

$$S_{\bar{x}}=\sqrt{\frac{MS_e}{n}}=\sqrt{\frac{15.57}{12}}=1.14$$

$$q_{0.05}(3,18)=3.61$$

$$q_{0.01}(3,18)=4.70$$

$$D_{0.05}=q_{0.05}\cdot S_{\bar{x}}=3.61\times1.14=4.12$$

$$D_{0.01}=q_{0.01}\cdot S_{\bar{x}}=4.70\times1.14=5.36$$

多重比较结果表明，该批苗木施用复合肥 10kg 与 20kg 时，苗木生长量均极显著高于零用量；但 20kg 用量与 10kg 用量相比并无显著的增产效果。

类似于 3^2设计，我们也可以将 3^3设计划分为 3 个区组。如需混杂 AB^2C^2，则定义对比是

$$L=x_1+2x_2+2x_3$$

3 个区组的划分如图 10-7。

区组Ⅰ	区组Ⅱ	区组Ⅲ
000	200	100
012	212	112
101	001	201
202	102	002
021	221	121
110	010	210
122	022	222
211	111	011
220	120	020

图 10-7 3^3设计分为 3 个区组（混杂 AB^2C^2）

对此设计进行分析时，区组效应即 AB^2C^2 效应；而 3 因子交互作用的其他分量（ABC，AB^2C，ABC^2）可组成误差估计。如表 10-9 所示。

表 10-9　3^2 设计混杂 AB^2C^2 的方差分析

变异来源	自由度
区组（AB^2C^2）	2
A	2
B	2
C	2
AB	4
AC	4
BC	4
机误（$ABC+AB^2C+ABC^2$）	6
总　　计	26

为了进行某些试验，有时需要将 3^k 设计安排到 9 个区组中。为此，先选 2 个交互作用分量（P 与 Q）与区组混杂，与此同时将有另外 2 个交互作用分量（PQ 与 PQ^2）自动与区组混杂，即总共有 4 个交互作用分量与区组混杂。按照原来选定的 2 个交互作用分量的定义对比（模为 3）$L_1=0$，1，2；$L_2=0$，1，2；即可将所有处理组合分到 9 个区组中去。

例如，安排 3^4 设计混杂于 9 个区组，假定我们选择 ABC，AB^2D^2 与区组混杂，则它们生成的交互作用

$$(ABC)(AB^2D^2)=A^2B^3CD^2=(A^2B^3CD^2)^2=AC^2D$$
$$(ABC)(AB^2D^2)^2=A^3B^5CD^4=B^2CD=(B^2CD^2)^2=BC^2D^2$$

也将与区组混杂。

ABC 与 AB^2D^2 的定义对比是

$$L_1=x_1+x_2+x_3$$
$$L_2=x_1+2x_2+2x_4$$

根据 $(L_1,L_2)=(0,0)，(0,1)，(0,2)，(1,0)，(1,1)，(1,2)，(2,0)，(2,1)，(2,2)$，即可将所有处理组合分到 9 个区组，如图 10-8。(实施时须加随机化处理)

在统计分析时，有 4 个交互作用分量与区组混杂。其余未与交互作用混杂的互作分量，可用整个交互作用平方和减去混杂分量的平方和而求得。

3^k 设计分为 3 个和 9 个区组的方法可以推广到该类设计分为 3^p 个区组的一般情况，每区组安排 3^{k-p} 个处理组合（$p<k$）。构造的方法是，先选取 p 个独立交互效应与区组混杂，另外将有（3^p-2p-1）/2 个效应也将自动与区组混杂。按照选定的 p 个效应的定义对比，即可将全部处理组合分到 3^p 个区组去。

例如，3^7 设计混杂于 27 个区组，$p=3$，故可选 3 个独立的交互作用分量与区组混杂，同时将有 [3^3-2（3）-1] /2=10 个其他交互作用自动与区组混杂。由选定的 3 个交互作用构成定义对比，用前述方法，即可将全部 $3^7=2187$ 个处理组合分到 $3^3=27$ 个区组中去，每个区组将有 $3^{7-3}=3^4=81$ 个处理组合。

区组 1 (0,0)	区组 2 (0,1)	区组 3 (0,2)	区组 4 (1,0)	区组 5 (1,1)	区组 6 (1,2)	区组 7 (2,0)	区组 8 (2,1)	区组 9 (2,2)
0000	0002	0001	0010	1000	0100	0020	0200	2000
0122	0121	0120	0102	1122	0222	0112	0022	2122
0211	0210	0212	0221	1211	0011	2021	0111	2211
1021	1020	1022	1001	2021	1121	1011	0221	0021
1110	1112	1111	1120	2110	1210	1100	1010	0110
1202	1201	1200	1212	2202	1002	1222	1102	0202
2012	2011	2010	2022	0012	2112	1212	2212	1012
2101	2100	2100	2111	0101	2201	2210	2001	1101
2220	2222	2221	2200	0220	2020	2020	2120	1220

图 10-8　3^4设计分为 9 个区组（混杂 ABC，AB^2D^2，AC^2D，BC^2D^2）

10.2　部分混杂设计

上一节介绍过的混杂设计都属于完全混杂，它的特点在于每次重复都混杂同一种交互作用，使得这种交互效应的信息无法恢复。

如果在试验的不同次重复中混杂不同的交互作用，那么这些被混杂的效应虽然不能在那个被混杂的重复中估算出来，但可以在其他未被混杂的重复中得到恢复并被估算出来，这种设计叫作部分混杂设计。

10.2.1　2^k部分混杂设计

以 2^3设计为例，3 个因子间的交互作用共有 4 种：AB，AC，BC，ABC。如果我们将试验安排 4 次重复，每次重复混杂一种交互作用，那么每一种交互作用都将在另外 3 次重复中得到恢复，具体设计方法，可以采用正负号法，也可以采用定义对比法。假如我们采用正负号法，根据表 10-2 中各种因子效应所对应的正负号，即可排出 4 次重复的部分混杂设计图，如图 10-9。在重复Ⅰ中区组效应与 ABC 混杂；重复Ⅱ中区组效应与 AB 混杂；重复Ⅲ中区组效应与 AC 混杂；重复Ⅳ中区组效应与 BC 混杂。在统计分析时，ABC 的信息可由重复Ⅱ、Ⅲ、Ⅳ得到；AB 的信息可由重复Ⅰ、Ⅲ、Ⅳ得到；AC 的信息可由重复Ⅰ、Ⅱ、Ⅳ得到；BC 的信息可由重复Ⅰ、Ⅱ、Ⅲ得到。

对这种设计的结果进行分析时，可以采用正负号法，也可以用 Yates 法。但需注意，计算交互效应平方和时，只能利用未被混杂的重复中的数据。8 个区组之间共有 7 个自由度，这 7 个自由度可以分解为重复间（3 个自由度）和重复内区组间（4 个自由度）两部分。下面用实例说明统计分析方法。

【例 10.3】 按 2^3部分混杂设计（如图 10-9，但经过随机化处理）安排 N、P、K 施肥

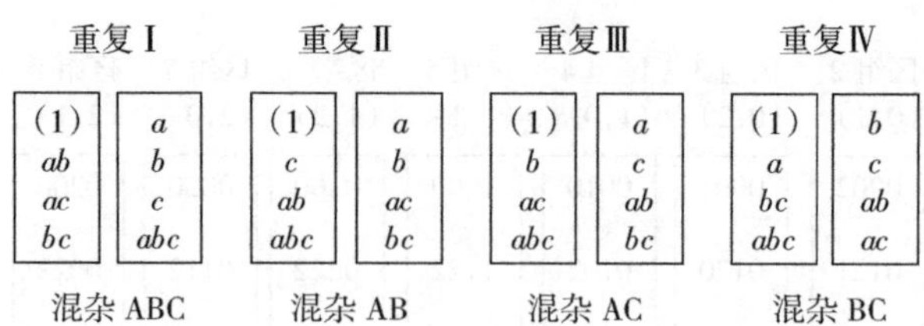

图 10-9　2^3部分混杂试验设计

试验，试验结果如表 10-10，试进行分析。

表 10-10　2^3部分混杂试验结果

处理组合	重复 Ⅰ	重复 Ⅱ	重复 Ⅲ	重复 Ⅳ	处理和
(1)	101	106	87	131	425
a	106	89	128	103	426
b	265	272	279	302	1 118
ab	291	306	334	272	1 203
c	312	324	323	324	1 283
ac	373	338	324	361	1 396
bc	398	407	423	445	1 673
abc	450	449	471	437	1 807
重复和	2 296	2 291	2 369	2 375	总和 9 331
其中 区组 1	1 163	1 185	1 161	1 116	
其中 区组 2	1 133	1 106	1 208	1 259	

【解】 据表 10-2 列出各种处理组合、各种效应的正负号，A、B、C 3 列可由处理和数据直接加减，交互作用各列先列出未被混杂的 3 次重复之和（或用表 10-10 处理和减去该交互作用被混杂的那次重复的结果），然后按正负号加减，得表 10-11 最后一行数据。

表 10-11　2^3部分混杂试验的正负号法分析

处理组合	A	B	AB（由重复Ⅰ、Ⅲ、Ⅳ）		C	AC（由重复Ⅰ、Ⅱ、Ⅳ）		BC（由重复Ⅰ、Ⅱ、Ⅲ）		ABC（由重复Ⅱ、Ⅲ、Ⅳ）	
(1)	−	−	+	319	−	+	338	+	294	−	324
a	+	−	−	337	−	−	298	+	323	+	320
b	−	+	−	846	−	+	839	−	816	+	853
ab	+	+	+	897	−	−	869	−	931	−	912
c	−	−	+	959	+	−	960	−	959	+	971
ac	+	−	−	1 058	+	+	1 027	−	1 035	−	1 023
bc	−	+	−	1 266	+	−	1 250	+	1 228	−	1 275
abc	+	+	+	1 358	+	+	1 336	+	1 370	+	1 357
$\sum$	333	2 271		26	2 987		208		−526		−33

然后按表 10 - 11 计算离差平方和：

$$SS_A = \frac{333^2}{2^3 n} = \frac{333^2}{8 \times 4} = 3465.28$$

$$SS_B = \frac{2271^2}{8 \times 4} = 161170.03$$

$$SS_C = \frac{2987^2}{8 \times 4} = 278817.78$$

$$SS_{AB} = \frac{26^2}{2^3(n-1)} = \frac{26^2}{8 \times 3} = 28.17$$

$$SS_{AC} = \frac{208^2}{8 \times 3} = 1802.67$$

$$SS_{BC} = \frac{(-526)^2}{8 \times 3} = 11528.17$$

$$SS_{ABC} = \frac{(-33)^2}{8 \times 3} = 45.38$$

由表 10 - 10：

$$SS_T = 101^2 + 106^2 + \cdots + 437^2 - \frac{9331^2}{8 \times 4} = 466779.72$$

$$SS_{区} = (1163^2 + 1133^2 + \cdots + 1259^2)/4 - \frac{9331^2}{8 \times 4} = 4498.97$$

故 $SS_e = SS_T - SS_{区} - SS_A - SS_B - SS_C - SS_{AB} - SS_{AC} - SS_{BC} - SS_{ABC} = 466779.72 - 4498.97 - 3465.28 - 161170.03 - 278817.78 - 28.17 - 1802.67 - 11528.17 - 45.38 = 5423.27$

于是可列出方差分析表如表 10 - 12。

表 10 - 12　例 10.3 部分混杂试验方差分析表

变异来源	自由度	SS	MS	F（固定）	F_α（1，17）
区组	7	4 498.97	642.71	2.01	
A	1	3 465.28	3 465.28	10.86*	$F_{0.05}=4.45$
B	1	161 170.03	161 170.03	505.22**	$F_{0.01}=8.41$
C	1	278 817.78	278 817.78	874.01**	
AB	1	28.17	28.17	<1	
AC	1	1 802.67	1 802.67	5.65*	
BC	1	11 528.17	11 528.17	36.14**	
ABC	1	45.38	45.38	<1	
机　误	17	5 423.27	319.01		
总　计	31	466 779.72			

F 检验结果，因子 A（N 肥）和 AC（N×K 肥）差异显著，因子 B（P 肥）、C（K 肥）以及 BC（P×K 肥）差异极显著。由于每个因子只有两个水平，无需作多重比较，可以根据各因子及其交互效应的符号（见表 10 - 11 最下一行）判定：A（N 肥）、B（P

肥)、C(K肥)取高水平时，产量会显著增高；N肥与K肥合施，效果更好；而P肥与K肥合施，效果反而比单施降低。

对于 2^4 设计，可以用上述方法将每一重复划分为2个区组，混杂一种交互作用，而在另一次重复中混杂另一种交互作用，从而构成混杂设计；也可以将每一重复划分为4个区组，混杂2种交互作用以及它们的一种生成交互作用，而在另一次重复中混杂另外2种交互作用以及它们的生成交互作用，从而构成另一种混杂设计。类似地，也可以构造更大规模的 2^k 混杂设计，这些设计的统计方法都与上述方法类似，不再举例。

10.2.2 3^k 部分混杂设计

以 3^2 设计为例，共9个处理组合，若将每次重复划分为3个区组，重复2次，并在重复Ⅰ中混杂 AB^2，在重复Ⅱ中混杂AB，由 $L=x_1+2x_2$ 和 $L=x_1+x_2$（模3），则得设计如图10-10，方差分析见表10-13。

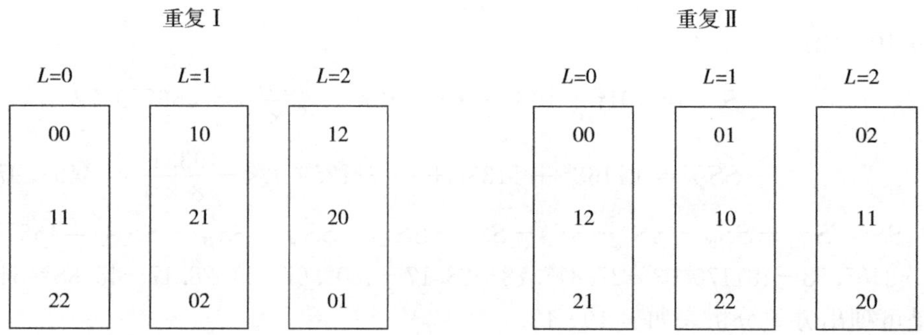

重复Ⅰ $L=0$	重复Ⅰ $L=1$	重复Ⅰ $L=2$	重复Ⅱ $L=0$	重复Ⅱ $L=1$	重复Ⅱ $L=2$
00	10	12	00	01	02
11	21	20	12	10	11
22	02	01	21	22	20

图10-10 3^2 部分混杂设计图

表10-13 3^2 部分混杂设计的方差分析

变异来源	自由度
区组	5
重复间	1
重复内区间	2(3−1)=4
A	2
B	2
A×B	4
AB(由重复Ⅰ)	2
AB^2(由重复Ⅱ)	2
机误	4
总　计	17

对于 3^3 设计，同样可以将一次重复划分为3个区组，混杂一种交互作用，而把另一次重复也划分为3个区组，混杂另一种交互作用，从而构成部分混杂设计。

对于更大的 3^k 设计，也可以将每次重复划分为9个区组，分别混杂2种交互作用分量及其它们的 2 个生成互作分量，在不同的重复中混杂不同的交互作用分量，从而构成部分混杂设计。

3^k部分混杂设计的统计分析与2^k部分混杂类似，同样要注意被混杂的交互作用平方和要由未被混杂的重复中去求。只是由于每个因子具有 3 个水平，对于方差分析差异显著的效应，应该进一步进行多重比较。

混杂设计的原理不仅可以应用于水平数相同的析因试验，而且也可以应用于水平数不同的析因试验。例如，4×2^k设计，即有一个因子是 4 水平，有 k 个因子是 2 水平的设计，可以采用拟因子方法按 2^{k+2}析因设计进行分析。一般说来，4^r2^k能用此法进行混杂，另外2^k3^r也是有用的设计。因 2 与 3 是素数，所以构造这类设计不能用拟因子法，需要对交互作用的处理平均数进行校正。限于篇幅，不再一一介绍。

10.3　评价

混杂设计的每个区组只包含全部试验处理的一部分，因此混杂设计属于不完全区组设计。与完全随机区组设计相比，混杂设计具有相同的小区数，工作量并没有减少，只是区组缩小而已。这种区组面积的减少是以牺牲某些高阶交互作用为代价换来的；与部分实施的正交设计相比，混杂设计属于全面实施的试验设计，它比正交设计提供的信息要多得多，因此试验的精度也较高；与 BIB 设计相比，混杂设计限制性较少，灵活性强。

由于有以上特点，混杂设计是一种很有前途而且其他设计方法不能代替的试验设计。尤其在农林业等生物领域，大多数试验需要同时考察多个因子，某些试验要求的精度还较高，而受地形或处理数多的限制无法安排完全随机区组设计时，混杂设计是一种很值得考虑采用的设计方法。目前，混杂设计在我国还没有被广泛应用，主要是试验工作者还没有掌握它的基本原理和方法的缘故。随着科学技术的不断发展，特别是计算机在统计分析中的应用，混杂设计一定会为越来越多的科技工作者所认识和采用。

习　　题

1. 什么叫完全混杂设计？什么叫部分混杂设计？混杂设计的优越性和应用条件如何？

2. 在一块肥力变化呈东西方向的正方形试验地上，欲采用混杂设计安排一个 N、P、K 三种肥料各两个水平的施肥试验，混杂 P×K 交互作用，试验重复 3 次。试画出田间设计图。

3. 在一正方形地块上需安排 1 个 3^3 混杂设计，要求混杂一项交互作用 AB^2C，并要求每区组的小区数小于 10，试验需重复 2 次。试画出田间设计图。

4. 下表是一个 2^3 部分混杂试验的结果，试按正负号法进行方差分析，并找出该 3 个因子的最佳处理组合。

处理组合	重复			
	Ⅰ（混杂 AB）	Ⅱ（混杂 AC）	Ⅲ（混杂 BC）	Ⅳ（混杂 ABC）
(1)	30	29	31	28
a	34	34	33	32
b	37	33	38	36
ab	39	45	41	43
c	28	26	30	25
ac	30	32	31	30
bc	31	32	29	33
abc	40	43	35	38

第 11 章

回 归 设 计

回归设计（response surface design）产生于 20 世纪 50 年代，它是综合回归分析与正交设计的现代发展而建立起来的试验领域的一个新分支，也是数理统计学的一个新发展。它的基本思想就是在多因子空间中选择适当的试验点，以较少的试验处理建立一个有效的多项式回归方程，以便根据各个因子的具体“用量”去预测产量，寻找最佳处理组合。可以说，它的最佳处理组合是由回归方程“计算”出来的。

回归设计发展至今，其内容已相当丰富。现在已有一次回归正交设计、二次回归正交设计、二次回归正交旋转设计、二次回归通用旋转设计、回归最优设计、正交多项式设计、混料设计等多种方法。根据需要，本章将对前 4 种方法予以重点介绍。

11.1 一次回归正交设计

一次回归正交设计（orthogonal design by linear regression）是利用回归正交设计原理建立因变量 y 关于 m 个自变量 x_1、x_2、…、x_m的一次回归方程（式 11 - 1）或带有交互项 x_ix_j的方程（式 11 - 2）的分析方法。

$$\hat{y} = b_0 + b_1 x_1 + b_2 x_2 + \cdots + b_m x_m \tag{11 - 1}$$

$$\hat{y} = b_0 + \sum_{j=1}^{m} b_j x_j + \sum_{i<j} \sum b_{ij} x_i x_j \tag{11 - 2}$$

11.1.1 设计方法

一次回归正交设计是在 2 水平正交表基础上安排试验的，其具体设计过程可分为以下 4 步：

（1）根据试验目的和经验，确定因素数和水平的上、下限 一般以安排 3～5 个因素为宜，每个因素的水平数均为 2。其中下水平（下限）记作 Z_{1j}，上水平（上限）记作 Z_{2j}。上下水平的算术平均数叫作零水平或中间水平，记作 Z_{0j}：

$$Z_{0j} = \frac{Z_{1j} + Z_{2j}}{2} \tag{11 - 3}$$

（2）对每个因素的水平进行编码

Z_{2j}（上水平）编码为 1，

Z_{1j}（下水平）编码为－1，

Z_{0j}（零水平）编码为 0。

因素 Z_j 的变化区间 $\Delta_j=(Z_{2j}-Z_{1j})/2=Z_{2j}-Z_{0j}$，即从编码 1 到编码 0 的实际用量间隔。各水平 Z_{ij} 与编码值 x_{ij} 的关系可用下式表示：

$$x_{ij}=(Z_{ij}-Z_{0j})/\Delta_j \tag{11-4}$$

(3) 选择合适的 2 水平正交表 当因素数为 2 时，可选 $L_4(2^3)$ 表；因素数为 3～4 时，可选用 $L_8(2^7)$ 表；因素数更多时，可选用更大的正交表，但注意不要排得太满。选定之后，将正交表上原有的数字"2"换为"－1"。

(4) 按正交表列出试验方案并设置重复实施 把各因素分别安排在所选正交表的有关列上，正交表的表头设计就是试验方案，表内的试验号即处理组合号。另在正交表的最前面添上一个 x_0 列，全为"1"，用来估算回归方程中的常数项 b_0。与其他试验一样，回归设计也应设置重复，以提高试验精度并进行回归模型的拟合测验。设置重复点的方法有两种：

①整个试验重复 2～3 次。

②仅在零水平处理组合设置重复。零水平处理组合在正交表中是没有的，一般将它加在正交表的下部，其重复次数 m_0 可自定。此时，试验总次数 $N=m_c+m_0$，式中 m_c 是原正交表所规定的试验次数。

回归设计一般可采用完全随机区组设计安排试验，将各个处理组合（包括零水平）随机排列在各个区组（重复）内的各个小区上，即可实施。

11.1.2 统计分析

对一次回归正交设计的试验结果进行统计分析，也可以分为以下 4 个步骤：

(1) 计算各因素（自变数）及其交互项的回归系数

计算公式为：

$$b_0=\frac{\sum_1^N y}{N}(N\text{ 为试验次数}) \tag{11-5}$$

$$b_j=\frac{\sum_1^N x_j y}{m_c}(m_e\text{ 为原正交表规定的试验次数}) \tag{11-6}$$

如有互作项，

$$b_{ij}=\frac{\sum_1^N x_i x_j y}{m_c} \tag{11-7}$$

若不设零水平重复而是整个试验重复 r 次时，则：

$$b_0=\frac{\sum_1^N\sum_1^r y}{rN} \tag{11-8}$$

$$b_j = \frac{\sum_{1}^{N} x_j (\sum_{1}^{r} y)}{rN} \tag{11-9}$$

$$b_{ij} = \frac{\sum_{1}^{N} x_i x_j (\sum_{1}^{r} y)}{rN} \tag{11-10}$$

(2) 计算回归平方和与离回归平方和，并对回归方程进行显著性检验

总平方和

$$SS_T = \sum_{1}^{N} \sum_{1}^{r} y_{ij}{}^2 - (\sum_{1}^{N} \sum_{1}^{r} y_{ij})^2 / rN \tag{11-11}$$

$$df_t = rN - 1$$

回归平方和

$$SS_u = \sum u_j + \sum_{i<j} u_{ij} \tag{11-12}$$

其中：$u_j = b_j \sum x_i y$ 为各自变数回归平方和

$u_{ij} = b_{ij} \sum x_i x_j y$ 为交互项回归平方和

$df_u = \frac{m\ (m+1)}{2}$（$m$ 为自变量个数）

离回归平方和

$$SS_Q = SS_T - SS_u \tag{11-13}$$

$$df_Q = df_t - df_u$$

F 值计算式为：

$$F = \frac{SS_u / df_u}{SS_Q / df_Q}, \tag{11-14}$$

若 $F > F_\alpha$（df_u，df_Q），表示多元回归方程显著。

(3) 各项回归系数的显著性检验　分别计算各个自变数和各个交互项的 F 值。计算公式为：

$$F = \frac{u_j / 1}{SS_Q / df_Q} \text{（各自变数）} \tag{11-15}$$

$$F = \frac{u_{ij} / 1}{SS_Q / df_Q} \text{（各交互项）} \tag{11-16}$$

若 $F > F_\alpha$（1，df_Q），表示该项回归系数显著，否则为不显著。因为正交表各列独立，所以不显著的自变数项可以直接舍去。各项回归系数绝对值大小，可以直接反映各项自变数对结果的重要程度；该回归系数的正负号则是说明该项目自变数的作用性质：回归系数为正号时应取高水平，负号时应取低水平。

(4) 回归模型的拟合测验　采用一次回归正交设计，实际上是假设不同自变数与结果都是线性关系，而且经过上一步又将作用不大的自变数项目舍去了。那么，在这些假设基础上建立的回归方程是否能很好地拟合总体呢？这还需要进一步进行拟合测验。但拟合测验必须要求有重复。根据重复设置的方法，有以下两种情况：

①整个试验设置 r 次重复　离回归平方和可以分解为纯误差平方和（SS_{PE}）和失拟平方和（SS_L）2 项，计算公式分别是：

纯误差平方和
$$SS_{PE} = \sum_{1}^{N} \sum_{1}^{r} (Y_{ij} - \bar{Y}_i)^2 \quad (11-17)$$

（$\bar{Y}_i$ 为 r 次重复的平均值）

$$df_{PE} = N(r-1)$$

失拟平方和
$$SS_L = SS_Q - SS_{PE} \quad (11-18)$$

$$df_L = df_Q - df_{PE}$$

F 值计算式为：
$$F = \frac{SS_L / df_L}{SS_{PE} / df_{PE}} \quad (11-19)$$

若 $F < F_\alpha$（df_L，df_{PE}），表示回归方程拟合良好；反之，若 $F > F_\alpha$，则表示失拟显著，即所建立回归方程拟合不良，需要调整试验水平，重作试验。

②仅在零水平设置重复　零水平的重复是在正交表下面附加的，共有 m_0 次重复。利用这 m_0 个重复观测值可以计算出纯误差平方和及相应的自由度。

纯误差平方和

$$SS_{PE} = \sum (y_{0i} - \bar{y}_0)^2 = \sum y_{0i}{}^2 - \left(\sum y_{0i}\right)^2 / m_0 \quad (11-20)$$

$$df_{PE} = m_0 - 1$$

失拟平方和及其自由度的计算式仍同式 11 - 18。

F 值计算式同式 11 - 19。可以据此同样地进行拟合测验。

11.1.3　应用实例

【例 11.1】采用一次回归正交设计进行水稻的氮、磷、钾施肥试验，零水平重复 6 次，其水平编码和具体用量如表 11 - 1，试验设计及结果如表 11 - 2。试分析之（王钦德等，2010）。

表 11 - 1　氮、磷、钾肥水平编码及用量表

水　平	编　码	Z_{i1}（N）	Z_{i2}（P_2O_5）	Z_{i3}（K_2O）
上水平	1	8.0	10.0	12.0
零水平	0	6.0	6.0	7.5
下水平	−1	4.0	2.0	3.0
间　距	Δ	2.0	4.0	4.5

表 11 - 2　一次回归正交设计试验方案及结果表

试验号	x_1	x_2	x_3	y
1	1	1	1	500.00
2	1	1	−1	467.35
3	1	−1	1	462.65
4	1	−1	−1	462.30

（续）

试验号	x_1	x_2	x_3	y
5	−1	1	1	463.15
6	−1	1	−1	463.50
7	−1	−1	1	460.50
8	−1	−1	−1	429.80
9	0	0	0	462.50
10	0	0	0	465.85
11	0	0	0	462.75
12	0	0	0	460.00
13	0	0	0	463.35
14	0	0	0	458.35

【解】首先，根据表 11 - 2 列出完整的一次回归正交设计表（含 x_0列及交互列）及产量，并计算各项$\sum x_i y$ 列入该表最后一行，如表 11 - 3。

表 11 - 3　水稻一次回归正交设计计算表

试验号	x_0	x_1	x_2	x_3	x_1x_2	x_1x_3	x_2x_3	y
1	1	1	1	1	1	1	1	500.00
2	1	1	1	−1	1	−1	−1	467.35
3	1	1	−1	1	−1	1	−1	462.65
4	1	1	−1	−1	−1	−1	1	462.30
5	1	−1	1	1	−1	−1	1	463.15
6	1	−1	1	−1	−1	1	−1	463.50
7	1	−1	−1	1	1	−1	−1	460.50
8	1	−1	−1	−1	1	1	1	429.80
9	1	0	0	0	0	0	0	462.50
10	1	0	0	0	0	0	0	465.85
11	1	0	0	0	0	0	0	462.75
12	1	0	0	0	0	0	0	460.00
13	1	0	0	0	0	0	0	463.35
14	1	0	0	0	0	0	0	458.35
$\sum x_i y$	6 482.05	75.35	78.75	63.35	6.05	2.65	1.25	6 482.05

然后，按照 11.1.2 之 4 个步骤进行统计分析：

（1）计算各项回归系数

$$b_0 = \frac{\sum_{1}^{N} y}{N} = \frac{6482.05}{14} = 463.0036$$

$$b_1 = \frac{\sum_{1}^{N} x_1 y}{m_c} = \frac{75.35}{8} = 9.4188$$

$$b_2 = \frac{\sum_{1}^{N} x_2 y}{m_c} = \frac{78.75}{8} = 9.8438$$

$$b_3 = \frac{\sum_{1}^{N} x_3 y}{m_c} = \frac{63.35}{8} = 7.9188$$

$$b_{12} = \frac{\sum_{1}^{N} x_1 x_2 y}{m_c} = \frac{6.05}{8} = 0.7563$$

$$b_{13} = \frac{\sum_{1}^{N} x_1 x_3 y}{m_c} = \frac{2.65}{8} = 0.3313$$

$$b_{23} = \frac{\sum_{1}^{N} x_2 x_3 y}{m_c} = \frac{1.25}{8} = 0.1563$$

根据各项回归系数，可建立如下的回归方程：

$$\hat{y} = 463.0036 + 9.4188 x_1 + 9.8438 x_2 + 7.9188 x_3 + 0.7563 x_1 x_2 + 0.3313 x_1 x_3 + 0.1563 x_2 x_3$$

（2）计算回归平方和与离回归平方和，并对回归方程进行显著性检验

总平方和 $SS_T = \sum_{1}^{N} y_i^2 - (\sum_{1}^{N} y_i)^2/N = 3003748.778 - 3001212.303 = 2536.4775$

$df_T = 14 - 1 = 13$

回归平方和 $SS_u = \sum u_j + \sum u_{ij} = 1992.2107$

$df_u = 3 \times (3+1)/2 = 6$

其中：$u_1 = b_1 \sum x_1 y = 9.4188 \times 75.35 = 709.7066$

$u_2 = b_2 \sum x_2 y = 9.8438 \times 78.75 = 775.1993$

$u_3 = b_3 \sum x_3 y = 7.9188 \times 63.35 = 501.6560$

$u_{12} = b_{12} \sum x_1 x_2 y = 0.7563 \times 6.05 = 4.5756$

$u_{13} = b_{13} \sum x_1 x_3 y = 0.3313 \times 2.65 = 0.8779$

$u_{23} = b_{23} \sum x_2 x_3 y = 0.1563 \times 1.25 = 0.1953$

离回归平方和 $SS_Q = SS_T - SS_u = 2536.4775 - 1992.2107 = 544.2668$

$df_Q = df_T - df_u = 13 - 6 = 7$

F 值计算式：

$$F=\frac{SS_u/df_u}{SS_Q/df_Q}=\frac{1992.2017/6}{544.2668/7}=\frac{332.0351}{77.7524}=4.27$$

$$F>F_{0.05}(6,7)=3.87$$

F 检验表明，回归方程显著。

(3) 各项回归系数的显著性检验　见表 11-4。

表 11-4　例 11.1 各项回归系数的 F 检验

变异来源	SS	df	MS	F	F_α
回归	1 992.210 7	6	332.035 1	4.27*	$F_{0.05}$ (6,7) =3.87
x_1	709.706 6	1	709.706 6	9.18*	$F_{0.05}$ (1,7) =5.59
x_2	775.199 3	1	775.199 3	9.97*	
x_3	501.656 0	1	501.656 0	6.45*	
x_1x_2	4.575 6	1	4.575 6	<1	
x_1x_3	0.877 9	1	0.877 9	<1	
x_2x_3	0.195 3	1	0.195 3	<1	
离回归	544.266 8	7	77.752 4		
总　计	2 536.477 5	13			

F 检验结果，产量 y 与 x_1、x_2、x_3 的回归关系达到了显著水平，而与 x_1x_2、x_1x_3、x_2x_3 等互作均不显著。因此，可以将各项互作的偏回归平方和及自由度并入离回归项（即剩余项）。回归项仅剩 x_1、x_2、x_3，而后再作一次方差分析。结果见表 11-5。

表 11-5　例 11.1 各项回归系数的二次 F 检验

变异来源	SS	df	MS	F	F_α
回归	1 986.561 9	3	660.874 8	12.02**	$F_{0.01}$ (3,10) =6.55
x_1	709.706 6	1	709.706 6	12.91**	$F_{0.05}$ (1,10) =4.96
x_2	775.199 3	1	775.199 3	14.10**	$F_{0.01}$ (1,10) =10.04
x_3	501.656 0	1	501.656 0	9.12*	
离回归	549.915 6	10	54.991 6		
总　计	2 536.477 5	13			

第二次方差分析结果表明，产量 y 与各因素间总的回归系数达到了极显著水平，与 x_1、x_2 达到了极显著水平，与 x_3 达到了显著水平。于是回归方程可以简化为：

$$\hat{y}=463.0036+9.4188x_1+9.8438x_2+7.9188x_3$$

(4) 回归模型的拟合测验　由式 11-20 计算零水平试验点的纯误差平方和及自由度：

$$SS_{PE}=\sum y_{0i}^2-\left(\sum y_{0i}\right)^2/m_0=(462.50^2+465.85^2+\cdots+458.35^2)-(462.50+465.85+\cdots+458.35)^2/6=34.6734$$

$$df_{PE}=m_0-1=6-1=5$$

由式 11-18 计算失拟平方和及自由度：

$$SS_L=SS_Q-SS_{PE}=549.9156-34.6734=515.2422$$

$$df_L=df_Q-df_{PE}=10-5=5$$

再作 F 检验：

$$F=\frac{SS_L/df_L}{SS_{PE}/df_{PE}}=\frac{515.2422/5}{34.6734/5}=14.86^{**}$$

$$F>F_{0.01}(5,5)=10.97$$

检验结果，失拟极显著。说明现在所建立的三元一次方程虽有一定意义，但在其整个回归空间内的拟合度并不理想，还需要在因素空间内再增加一些试验点，应考虑重新建立二次回归方程。

11.2 二次回归正交组合设计

实践工作表明，一次回归正交设计往往不能满足我们的要求，因为在上下水平之间并不一定是线性关系。这就要求采用二次回归设计方法，建立二次多项式回归方程。例如，3 因素试验可以建立三元二次回归方程为：

$$\hat{y}=b_0+b_1x_1+b_2x_2+b_3x_3+b_{12}x_1x_2+b_{13}x_1x_3+b_{23}x_2x_3+b_{11}x_1^2+b_{22}x_2^2+b_{33}x_3^2 \tag{11-21}$$

用通用形式表示时，二次回归方程为：

$$\hat{y}=b_0+\sum_{j=1}^{m}b_jx_j+\sum_{i<j}\sum b_{ij}x_ix_j+\sum_{j=1}^{m}b_{jj}x_j^2 \tag{11-22}$$

计算二次回归方程的系数工作量较大，在实际工作中难以安排全面试验，为了在增加水平数的基础上尽量减少试验次数，最简单的办法是采用二次回归正交组合设计（combinatorial design）。

二次回归正交设计就是在 2 水平正交表的基础上，每个因素设置 5 个水平，进行组合设计，求算二次回归方程的各项系数。下面就来讨论这种设计的具体布置和统计分析方法。

11.2.1 设计方法

设计过程可以分为以下 6 步：

（1）选因素、定水平 因素越多，系数项也越多，试验规模也就越大，往往在工作中难以实施。因此选定的因素，一般以 3～5 个为宜，二次回归正交设计要求每个因素都取 5 水平。

（2）进行组合设计 组合设计就是以 2 水平正交表为基础，在试验因素的空间中选择几类具有不同特点的试验点，把它们组合起来，形成一个试验次数少，精度又高的试验方案。试验总次数

$$N=m_c+2m+m_0 \tag{11-23}$$

式中：m_c—— 二水平正交表试验次数；

m—— 试验因素数；

m_0—— 试验中心点(各因素都取零水平）的点数。

可以看到，整个试验是由 3 部分构成的：第 1 部分即正交表所规定的试验次数，全部实施时 $m_c=2^m$；1/2 实施时 $m_c=2^{m-1}$；1/4 实施时 $m_c=2^{m-2}$。第 2 部分是在每个因素

的坐标轴上各增加 2 个对称点，又叫星点。星点与中心点的距离叫星号臂，以 γ 表示。γ 随因素的多少以及 m_0 次数的多少而有变化。第 3 部分为试验的中心点的点数，即各因素都取零水平时的点数，中心点点数可以为 1 或重复多次。

例如，当试验为 2 因素、$m_0=1$ 时，试验次数为

$$N = 2^2 + 2 \times 2 + 1 = 4 + 4 + 1 = 9$$

这 9 个试验点的分布如图 11 - 1 所示。

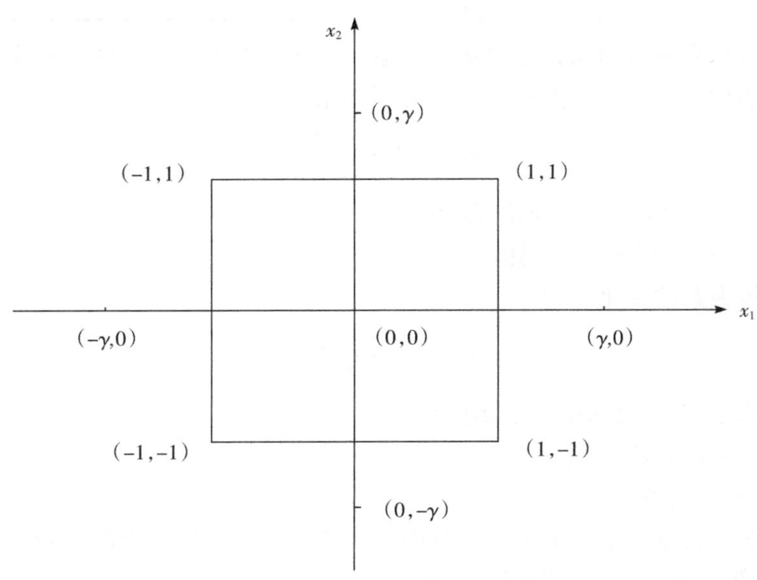

图 11 - 1　2 因素组合设计试验点分布图

当试验为 3 因素、$m_0=1$ 时，

$$N = 2^3 + 2 \times 3 + 1 = 8 + 6 + 1 = 15$$

这 15 个点将分布在一个立方体上。

组合设计的试验点数比全面试验的试验点数少得多，但在设置重复的条件下，仍有足够的自由度。因此试验效率和精度都较高。

(3) 查星号臂 γ 值　γ 值随因素（m）和零水平重复数（m_0）的不同而不同，具体数值可由表 11 - 6 查得。

表 11 - 6　二次回归正交的表头设计与 γ 值

因素数 (m)	试验点数 N ($m_0=1$)	m_c	选用正交表	因素放置的列号	γ 值					
					$m_0=1$	2	3	4	5	6
2	9	4	L_4 (2^3)	1，2	1.000	1.078	1.148	1.214	1.267	1.320
3	15	8	L_8 (2^7)	1，2，4	1.215	1.285	1.353	1.414	1.471	1.525
4	25	16	L_{16} (2^{15})	1，2，4，8	1.414	1.483	1.546	1.606	1.664	1.718
4 (1/2 实施)	17	8	L_8 (2^7)	1，2，4，7	1.163	1.189	1.213	1.235	1.255	
5 (1/2 实施)	27	16	L_{16} (2^{15})	1，2，4，8，15	1.546	1.606	1.664	1.718	1.772	1.819
6 (1/2 实施)	45	32	L_{32} (2^{31})	1，2，4，8，16，31	1.694	1.725	1.755	1.784	1.813	

（续）

因素数 (m)	试验点数 N（$m_0=1$）	m_c	选用正交表	因素放置的列号	γ 值					
					$m_0=1$	2	3	4	5	6
7（1/2 实施）	79	64	L_{64}（2^{63}）	1，2，4，8，16，32，63	1.885	1.943	2.000	2.055	2.108	
8（1/2 实施）	81	64	L_{64}（2^{63}）	1，2，4，8，15，16，32，60	2.000	2.055	2.108	2.159	2.209	

（4）对因素水平进行编码，计算实际用量 作法基本上与一次回归正交设计相同。选定合适的正交表后，先计算某因素零水平的实际用量：

$$Z_{0j}=\frac{Z_{2j}+Z_{1j}}{2} \tag{11-24}$$

式中：Z_{2j}—— 最高用量，编码值为 γ；

Z_{1j}—— 最低用量，编码值为 $-\gamma$。

然后计算该因素的变化区间：

$$\Delta_j=\frac{Z_{2j}-Z_{0j}}{\gamma} \tag{11-25}$$

再计算 1 水平与 −1 水平的实际用量：

1 水平实际用量为 $Z_{0j}+\Delta_j$；

−1 水平实际用量为 $Z_{0j}-\Delta_j$。

例如，某 3 因素试验 $\gamma=1.215$，其中一因素为硫铵用量。根据经验，最高用量（γ）选为 60kg，最低用量（$-\gamma$）为 0kg，则：

$Z_{0j}=\dfrac{60+0}{2}=30\,(\text{kg})$，$\Delta_j=\dfrac{60-30}{1.215}=24.7\,(\text{kg})$，1 水平用量为 30＋24.7＝54.7（kg），−1 水平用量为 30－24.7＝5.3（kg）。如用直线表示，则为：

编码值	$-\gamma$	−1	0	1	γ
用量(kg)	0	5.3	30	54.7	60

（5）将各因素水平对入正交表，列出试验方案 与一次回归正交设计相似，把各因素分别排在选定的正交表的各列上，在原正交表最前方添一个 x_0 列（全为 1），在原正交表的下面分别各因素添加 γ 和 $-\gamma$ 行。交互列的编码值可用有关列的编码值相乘得到。二次项列 $x_1^2, x_2^2\cdots\cdots$ 的编码值本应由一次项 $x_1\ x_2\cdots\cdots$ 直接平方得到，但直接平方后，x_0 列与平方项列 x_j^2 就会使组合设计的正交性受到破坏，因此需要对平方项 x_j^2 进行中心化处理，使其变为离均差，以中心化编码值 x'_j 代替平方项编码值：

$$x'_j=x_j^2-\frac{1}{N}\sum_{1}^{N}x_j^2$$

例如，$m=3$，$m_0=1$，$N=15$ 时，$\gamma=1.215$，$\sum_{1}^{N}x_j^2=10.952$

$$x'_j=x_j^2-\frac{1}{15}\times 10.952=x_j^2-0.73$$

由此可以得到设计表（表 11－7）。

表 11 - 7　3 因素二次回归正交设计表

试验号	x_0	x_1	x_2	x_3	x_1x_2	x_1x_3	x_2x_3	x'_1 $(x_1^2-0.73)$	x'_2 $(x_2^2-0.73)$	x'_3 $(x_3^2-0.73)$
1	1	1	1	1	1	1	1	0.27	0.27	0.27
2	1	1	1	−1	1	−1	−1	0.27	0.27	0.27
3	1	1	−1	1	−1	1	−1	0.27	0.27	0.27
4	1	1	−1	−1	−1	−1	1	0.27	0.27	0.27
5	1	−1	1	1	−1	−1	1	0.27	0.27	0.27
6	1	−1	1	−1	−1	1	−1	0.27	0.27	0.27
7	1	−1	−1	1	1	−1	−1	0.27	0.27	0.27
8	1	−1	−1	−1	1	1	1	0.27	0.27	0.27
9	1	1.215	0	0	0	0	0	0.746	−0.73	−0.73
10	1	−1.215	0	0	0	0	0	0.746	−0.73	−0.73
11	1	0	1.215	0	0	0	0	−0.73	0.746	−0.73
12	1	0	−1.215	0	0	0	0	−0.73	0.746	−0.73
13	1	0	0	1.215	0	0	0	−0.73	−0.73	0.746
14	1	0	0	−1.215	0	0	0	−0.73	−0.73	0.746
15	1	0	0	0	0	0	0	−0.73	−0.73	−0.73

(6) 设置重复，进行田间试验　设置重复的方法也有两种，即全面重复或者仅在零水平处设重复。但应注意 m_0 重复次数不同时 γ 值也不同，试验设计表也就不同。所以在安排设计表之前就应该考虑好重复数。另外，按照设计表和重复数安排田间试验时，必须经过随机化处理，打乱设计表中的试验号顺序。

11.2.2　统计分析

可按以下 6 步进行：

(1) 计算各项回归系数

由 $(X'X)b=X'Y$，得：$b=(X'X)^{-1}(X'Y)$，即：

$$\begin{pmatrix} b'_0 \\ b_1 \\ \vdots \\ b_m \\ b_{12} \\ \vdots \\ b_{(m-1)m} \\ b_{11} \\ \vdots \\ b_{mm} \end{pmatrix} = \begin{pmatrix} 1/N & & & & & & & & & \\ & 1/\sum x_1^2 & & & & & & & & \\ & & \ddots & & & & & & & \\ & & & 1/\sum x_m^2 & & & & & & \\ & & & & 1/\sum (x_1x_2)^2 & & & & & \\ & & & & & \ddots & & & & \\ & & & & & & 1/\sum (x_{(m-1)}x_m)^2 & & & \\ & & & & & & & 1/\sum x'^2_1 & & \\ & & & & & & & & \ddots & \\ & & & & & & & & & 1/\sum x'^2_m \end{pmatrix} \begin{pmatrix} \sum y \\ \sum x_1 y \\ \vdots \\ \sum x_m y \\ \sum x_1x_2 y \\ \vdots \\ \sum x_{(m-1)}x_m y \\ \sum x'_1 y \\ \vdots \\ \sum x'_m y \end{pmatrix}$$

结果得：

常数项　$b'_0=\frac{1}{N}\sum y=\bar{y}$，有重复时 $b'_0=\frac{1}{rN}\sum\sum y=\bar{y}$　(11-26)

一次项　$b_j=\frac{\sum x_j y}{\sum x_j^2}$，有重复时 $b_j=\frac{\sum x_j\sum y}{r\sum x_j^2}$　(11-27)

交互项　$b_{ij}=\frac{\sum x_i x_j y}{\sum (x_i x_j)^2}$，有重复时 $b_{ij}=\frac{\sum x_i x_j\sum y}{r\sum (x_i x_j)^2}$　(11-28)

二次项　$b_{jj}=\frac{\sum x_j' y}{\sum x_j'^2}$，有重复时 $b_{jj}=\frac{\sum x_j'\sum y}{r\sum x_j'^2}$　(11-29)

于是得回归方程：

$$\hat{y}=b'_0+\sum_1^m b_j x_j+\sum_{i<j} b_{ij} x_i x_j+\sum_1^m b_{jj} x_j' \quad (11-30)$$

因为 $x_j'=x_j^2-\frac{1}{N}\sum x_j^2$，而$\frac{1}{N}\sum x_j^2$ 为一常数。所以：

$$\hat{y}=(b'_0-\sum b_{jj}\frac{1}{N}\sum x_j^2)+\sum_1^m b_j x_j+\sum_{i<j} b_{ij} x_i x_j+\sum_1^m b_{jj} x_j^2$$

$$=b_0+\sum_1^m b_j x_j+\sum_{i<j} b_{ij} x_i x_j+\sum_1^m b_{jj} x_j^2 \quad (11-31)$$

式中参数个数（包括 b_0）共有 $q=\frac{(m+1)(m+2)}{2}$ 个。　(11-32)

(2) 多元非线性回归方程的显著性检验

总平方和：$SS_T=\sum_1^N\sum_1^r y^2-(\sum_1^N\sum_1^r y)^2/N$　(11-33)

$df_T=rN-1$

回归平方和：$SS_u=\sum_1^m u_j+\sum_{i<j} u_{ij}+\sum_1^m u_{jj}$　(11-34)

$df_u=q-1$

其中：一次项 $u_j=b_j\sum_1^m x_j\sum_1^r y$

交互项 $u_{ij}=b_{ij}\sum_{i<j} x_i x_j\sum_1^r y$

二次项 $u_{jj}=b_{jj}\sum_1^m x_j'\sum_1^r y$

离回平方和：$SS_Q=SS_T-SS_u$　(11-35)

$df_Q=df_T-df_u$

F 值计算式为：

$$F=\frac{SS_u/df_u}{SS_Q/df_Q}=\frac{MS_u}{MS_Q} \quad (11-36)$$

若 $F>F_\alpha(df_u, df_Q)$，则表示回归方程显著。

(3) 各项回归系数的显著性检验

$$\text{一次项：} F = \frac{u_j/1}{SS_Q/df_Q} \tag{11-37}$$

$$\text{交互项：} F = \frac{u_{ij}/1}{SS_Q/df_Q} \tag{11-38}$$

$$\text{二次项：} F = \frac{u_{jj}/1}{SS_Q/df_Q} \tag{11-39}$$

若 $F > F_\alpha(1, df_Q)$，则该项显著。最后建立回归方程时，对于不显著的项应该剔除，有时为了相互比较，也可以保留，但再次进行类似试验时可以不再安排该因素。

(4) 回归模型的拟合测验　回归方程显著，并不一定表示二次回归方程拟合良好，还需进行回归模型的拟合测验。根据重复设置的不同方式，拟合测验有以下两种情况：

①全面设置重复的试验　失拟平方和有两种求法：

A. $SS_L = SS_Q - SS_{PE}$　(11-40)

其中：SS_{PE} 为纯误差平方和 $SS_{PE} = \sum_1^N \sum_1^r (y_{ij} - \bar{y}_i)^2$　(11-41)

$$df_{PE} = N(r-1)$$

B. $SS_L = SS_t - SS_u$　(11-42)

其中：SS_t 为处理组合平方和 $SS_t = \sum_1^N \left(\sum_1^r y\right)^2/r - \left(\sum_1^N \sum_1^r Y\right)^2/rN$　(11-43)

$$df_t = N - 1$$

检验失拟的 F 值计算式为：

$$F = \frac{SS_L/df_L}{SS_{PE}/df_{PE}} \tag{11-44}$$

若 $F < F_\alpha(df_L, df_{PE})$，表示回归方程拟合良好；否则为方程拟合不良，应考虑建立其他方程。

②仅在零水平处设置重复的试验

纯误差平方和 $SS_{PE} = \sum_{i=1}^{m_0} (y_{0i} - \bar{y}_0)^2 = \sum y_{0i}^2 - \left(\sum y_{0i}\right)^2/m_0$

$$df_{PE} = m_0 - 1$$

失拟平方和计算式同式 11-40。

F 值计算式同式 11-44。

若 $F < F_\alpha(df_L, df_{PE})$，表示回归方程拟合良好；否则为拟合不良，特别是在中心点附近失拟显著。

(5) 建立以原量纲 Z_j 为自变数的回归方程　为实际应用方便，可将自变数编码值 x_j 转换为原量纲 Z_j。转换的方法是将编码值 $x_j = \dfrac{Z_j - Z_{0j}}{\Delta j}$ 代入方程，展开整理，得到以 Z_j 为自变数的回归方程。

(6) 根据回归方程，求出获得高产量的处理组合　依据函数求极值的方法，分别对 m 元方程中的每个自变数求一阶偏导数，并令其为零，就可以得到 m 个方程组成的联立方程组。解此方程组，就可得到 y 取最大值时的处理组合。

例如，$m=3$，回归方程式为

$\hat{y}=b_0+b_1Z_1+b_2Z_2+b_3Z_3+b_{12}Z_1Z_2+b_{13}Z_1Z_3+b_{23}Z_2Z_3+b_{11}Z_1{}^2+b_{22}Z_2{}^2+b_{33}Z_3{}^2$ 则：

$$\begin{cases}\dfrac{\partial y}{\partial Z_1}=b_1+b_{12}Z_2+b_{13}Z_3+2b_{11}Z_1=0\\ \dfrac{\partial y}{\partial Z_2}=b_2+b_{12}Z_1+b_{23}Z_3+2b_{22}Z_2=0\\ \dfrac{\partial y}{\partial Z_3}=b_3+b_{13}Z_1+b_{23}Z_2+2b_{33}Z_3=0\end{cases}$$

解此方程组，即可求出 Z_1、Z_2、Z_3，即获得最高产量的处理组合，并可预估出最高产量 $\hat{y}$。

11.2.3 应用实例

【例 11.2】作玉米某品种密度与氮肥的 2 因素二次回归正交组合设计试验，选用 L_4（2^3）正交表，零水平重复 6 次，试验设计如表 11－8。试验结果如表 11－9。试作分析。

表 11－8 玉米密度与氮肥二次回归正交设计的编码与用量

编码＼因素	x_1 密度（株/亩）	x_2 施 N 肥（kg/亩）
$-\gamma$	2 564（最小密度 Z_{11}）	4.00（最低用 N 量 Z_{12}）
-1	2 712（$Z_{01}-\Delta_1$）	4.85（$Z_{02}-\Delta_2$）
0	3 175（$Z_{01}=\dfrac{Z_{21}+Z_{11}}{2}$）	7.50（$Z_{02}=\dfrac{Z_{22}+Z_{12}}{2}$）
1	3 638（$Z_{01}+\Delta_1$）	10.15（$Z_{02}+\Delta_2$）
γ	3 786（最大密度 Z_{21}）	11.00（最高用 N 量 Z_{22}）
Δ	$\Delta_1=\dfrac{Z_{21}-Z_{01}}{r}=\dfrac{3\,786-3\,175}{1.32}=463$	$\Delta_2=\dfrac{Z_{22}-Z_{02}}{r}=\dfrac{11.00-7.50}{1.32}=2.65$

表 11－9 玉米二次回归正交组合设计及其产量

处理组合	x_0	x_1	x_2	x_1x_2	x_1'	x_2'	y（kg/亩）
1	1	1	1	1	0.465 4	0.465 4	620.95
2	1	1	−1	−1	0.465 4	0.465 4	604.70
3	1	−1	1	−1	0.465 4	0.465 4	617.00
4	1	−1	−1	1	0.465 4	0.465 4	591.90
5	1	1.32	0	0	1.207 8	−0.534 6	590.30
6	1	−1.32	0	0	1.207 8	−0.534 6	600.80
7	1	0	1.32	0	−0.534 6	1.207 8	637.49
8	1	0	−1.32	0	−0.534 6	1.207 8	602.55
9	1	0	0	0	−0.534 6	−0.534 6	631.12

（续）

处理组合	x_0	x_1	x_2	x_1x_2	x_1'	x_2'	y（kg/亩）
10	1	0	0	0	−0.534 6	−0.534 6	643.50
11	1	0	0	0	−0.534 6	−0.534 6	638.52
12	1	0	0	0	−0.534 6	−0.534 6	639.51
13	1	0	0	0	−0.534 6	−0.534 6	639.00
14	1	0	0	0	−0.534 6	−0.534 6	643.24
$\sum x_j^2$	14	7.484 8	7.484 8	4	6.070 3	6.070 3	$\sum y^2$ 5 412 314.568
$\sum x_j y$	8 700.58	2.89	87.470 8	−8.85	−141.654 7	−56.382 2	8 700.58

（注：表内 $\frac{1}{N}\sum x_j{}^2=\frac{1}{14}\times 7.4848=0.5346$）

【解】

(1) 计算各项回归系数

$$b'_0=\frac{\sum y}{N}=\frac{8700.58}{14}=621.47$$

$$b_1=\frac{\sum x_1 y}{\sum x_1^2}=\frac{2.89}{7.4848}=0.3861$$

$$b_2=\frac{\sum x_2 y}{\sum x_2^2}=\frac{87.4708}{7.4848}=11.6865$$

$$b_{12}=\frac{\sum x_1 x_2 y}{\sum (x_1 x_2)^2}=\frac{-8.85}{4}=-2.2125$$

$$b_{11}=\frac{\sum x_1' y}{\sum x_1'^2}=\frac{-141.6547}{6.0703}=-23.3357$$

$$b_{22}=\frac{\sum x_2' y}{\sum x_2'^2}=\frac{-56.3822}{6.0703}=-9.2882$$

$$b_0=b'_0-\frac{1}{N}\sum x_j{}^2\cdot\sum b_{jj}=621.47-\frac{1}{14}\times 7.4848\times[(-23.3357)-9.2882]$$
$$=638.912$$

故二元多项式回归方程为：

$$\hat{y}=638.912+0.3861x_1+11.6865x_2-2.2125x_1x_2-23.3357x_1^2-9.2882x_2^2$$

(2) 回归方程的显著性检验

总平方和：$SS_T=\sum_1^N y^2-(\sum y)^2/N=5165.11$

$df_T=14-1=13$

回归平方和：$SS_u=u_1+u_2+u_{12}+u_{11}+u_{22}=4872.25$

$$df_u=\frac{(m+1)(m+2)}{2}-1=6-1=5$$

其中：$u_1 = b_1 \cdot \sum x_1 y = 1.12$

$u_2 = b_2 \cdot \sum x_2 y = 1022.22$

$u_{12} = b_{12} \cdot \sum x_1 x_2 y = 19.58$

$u_{11} = b_{11} \cdot \sum x_1' y = 3305.63$

$u_{22} = b_{22} \cdot \sum x_2' y = 523.69$

离回归平方和：$SS_Q = SS_T - SS_u = 5165.11 - 4872.25 = 292.86$

$df_Q = df_T - df_u = 13 - 5 = 8$

F 检验：$F = \dfrac{SS_u / df_u}{SS_Q / df_Q} = \dfrac{4872.25/5}{292.86/8} = 26.62$

$F_{0.05}$（5，8）=3.69，$F_{0.01}$（5，8）=6.63

$F > F_{0.01}$，表示回归方程极显著。

（3）各项回归系数的显著性检验

$b_1: F = \dfrac{u_1/1}{SS_Q/df_Q} = \dfrac{1.12}{292.86/8} = 0.03 < F_{0.05}(1,8) = 5.32$

$b_2: F = \dfrac{u_2/1}{SS_Q/df_Q} = \dfrac{1022.22}{292.86/8} = 27.92 > F_{0.01}(1,8) = 11.26$

$b_{12}: F = \dfrac{u_{12}/1}{SS_Q/df_Q} = \dfrac{19.58}{292.86/8} = 0.53 < F_{0.05}$

$b_{11}: F = \dfrac{u_{11}/1}{SS_Q/df_Q} = \dfrac{3305.63}{292.86/8} = 90.33 > F_{0.01}$

$b_{22}: F = \dfrac{u_{22}/1}{SS_Q/df_Q} = \dfrac{523.69}{292.86/8} = 14.31 > F_{0.01}$

检验结果，b_2、b_{11}、b_{22} 极显著，b_1 和b_{12} 不显著。

（4）回归模型的拟合测验

本例为在零水平处重复 6 次，纯误差平方和为：

$$SS_{PE} = \sum_{i=1}^{m_0} (y_{0i} - \bar{y}_0)^2 = (631.12 - 639.15)^2 + \cdots + (643.24 - 639.15)^2 = 100.50$$

$df_{PE} = m_0 - 1 = 6 - 1 = 5$

失拟平方和：$SS_L = SS_Q - SS_{PE} = 292.86 - 100.50 = 192.36$，

$df_L = df_Q - df_{PE} = 8 - 5 = 3$

$$F = \frac{SS_L / df_L}{SS_{PE} / df_{PE}} = \frac{192.36/3}{100.50/5} = 3.19 < F_{0.05}(3,5) = 5.41$$

表明回归方程拟合良好。

（5）建立以原量纲 Z_j 为自变数的回归方程

将 $x_1 = \dfrac{Z_1 - Z_{01}}{\Delta_1} = \dfrac{Z_1 - 3175}{463}$，$x_2 = \dfrac{Z_2 - Z_{02}}{\Delta_2} = \dfrac{Z_1 - 7.5}{2.65}$ 代入原回归方程，展开整理，得到以 Z_j 为自变数的回归方程：

$$\hat{y} = -611.502 + 0.7056 Z_1 + 29.9749 Z_2 - 0.0018 Z_1 Z_2 - 0.0001 Z_1^2 - 1.3226 Z_2^2$$

(6) 求获得最高产量的处理组合

$$
令\begin{cases}\dfrac{\partial y}{\partial Z_1}=b_1+b_{12}Z_2+2b_{11}Z_1=0.7056-0.0018Z_2-0.0002Z_1=0\\[2ex]\dfrac{\partial y}{\partial Z_2}=b_2+b_{12}Z_1+2b_{22}Z_2=29.9749-0.0018Z_1-2.6452Z_2=0\end{cases}
$$

解此方程组，得 $Z_1=3\,165$，$Z_2=9.17$，即最高产量的处理组合为每亩密度 3 165 株，施 N 肥 9.17kg。代入回归方程，得此处理组合的最高产量为 731.4kg。可以看到，这一产量超过了原来试验中所有处理组合的产量。

11.3　回归旋转设计

前述二次回归正交设计具有试验规模较小、计算简便，消除了回归系数之间的相关性等优点，但它也存在一定的缺点：由于各因素所取水平不同，二次回归正交设计的预测值 $\hat{y}$ 的方差随试验点在因子空间的位置不同而呈现较大的差异，因而不能在各个方向提供相同精度的估计。由于误差的干扰，不容易根据预测值寻找最优区域。为了克服这个缺点，前人提出了回归旋转设计（regression-rotate design）。所谓旋转性，是指某项设计能使与中心点距离相等的点上预测值 $\hat{y}$ 的方差相等。当利用具有旋转性的回归方程进行预测时，对于位于球心在原点的同一球面上的点可以直接比较其预测值的好坏，从而容易找出预测值相对较优的区域。

这里，我们主要讨论二次回归旋转设计。它又分为两类：二次回归正交旋转组合设计和二次回归通用旋转组合设计。

11.3.1　二次回归正交旋转组合设计

二次回归正交旋转组合设计也由 3 部分构成，其试验点总数为：

$$N=m_c+2m+m_0 \tag{11-45}$$

与二次回归正交组合设计不同的是，此处的 m_0 不能由自己任选，必须按设计参数表的要求来执行。执行这个参数表，γ 的选择保证了设计的旋转性，m_0 的选择保证了设计的正交性。二次回归正交旋转组合设计参数表见表 11 - 10。

表 11 - 10　二次回归正交旋转组合设计参数表

因素数	全因素试验点数 m_c	星点数 $2m$	中心点试验点数 m_0	总试验点数 N	星号臂 γ	回归方程系数个数
2	4	4	8	16	1.414	6
3	8	6	9	23	1.682	10
4	16	8	12	36	2.000	15
4（1/2 实施）	8	8	7	23	1.682	15
5	32	10	17	59	2.378	21
5（1/2 实施）	16	10	10	36	2.000	21
6（1/2 实施）	32	12	15	59	2.378	28

（续）

因素数	全因素试验点数 m_c	星点数 $2m$	中心点试验点数 m_0	总试验点数 N	星号臂 γ	回归方程系数个数
7（1/2 实施）	64	14	22	100	2.828	36
8（1/2 实施）	128	16	33	177	3.364	45
8（1/4 实施）	64	16	20	100	2.828	45

二次回归正交旋转设计的具体设计方法及其统计分析方法均与上一节介绍的二次回归正交组合设计相同。现以实例示范如下：

【例 11.3】 进行五倍子多糖提取工艺试验，采用 3 因素正交旋转组合设计，试验指标为提取率（%），各因素编码及水平如表 11-11。试设计试验并对其结果进行分析。（王钦德等，2010）

表 11-11　五倍子多糖提取试验各因素水平编码表

编　码	Z_1 提取时间（min）	Z_2 料液比	Z_3 提取功率（W）
γ	47	1∶25	385
1	40	1∶23	350
0	30	1∶20	300
−1	20	1∶17	250
$-\gamma$	13	1∶15	215
Δ_j	10	1∶3.0	50

【解】

（1）试验因素共 3 个　查表 11-10，得 $\gamma=1.682$，$m_c=8$，$2m=6$，$m_0=9$，$N=23$，即可制定试验设计表如表 11-12。

表 11-12　五倍子多糖提取试验设计方案

试验号	试验设计			实施方案		
	x_1	x_2	x_3	提取时间（min）	料液比	提取功率（W）
1	1	1	1	40	1∶23	350
2	1	1	−1	40	1∶23	250
3	1	−1	1	40	1∶17	350
4	1	−1	−1	40	1∶17	250
5	−1	1	1	20	1∶23	350
6	−1	1	−1	20	1∶23	250
7	−1	−1	1	20	1∶17	350
8	−1	−1	−1	20	1∶17	250
9	1.682	0	0	47	1∶20	300
10	−1.682	0	0	13	1∶20	300
11	0	1.682	0	30	1∶25	300

（续）

试验号	试验设计			实施方案		
	x_1	x_2	x_3	提取时间（min）	料液比	提取功率（W）
12	0	−1.682	0	30	1∶15	300
13	0	0	1.682	30	1∶20	385
14	0	0	−1.682	30	1∶20	215
15	0	0	0	30	1∶20	300
16	0	0	0	30	1∶20	300
17	0	0	0	30	1∶20	300
18	0	0	0	30	1∶20	300
19	0	0	0	30	1∶20	300
20	0	0	0	30	1∶20	300
21	0	0	0	30	1∶20	300
22	0	0	0	30	1∶20	300
23	0	0	0	30	1∶20	300

（2）设已完成试验　得到提取率试验结果 y，则可列出统计分析表如表 11－13。

表 11－13　五倍子提取试验结果及其统计分析

试验号	x_0	x_1	x_2	x_3	x_1x_2	x_1x_3	x_2x_3	x'_1	x'_2	x'_3	y
1	1	1	1	1	1	1	1	0.406	0.406	0.406	2.79
2	1	1	1	−1	1	−1	−1	0.406	0.406	0.406	2.93
3	1	1	−1	1	−1	1	−1	0.406	0.406	0.406	2.88
4	1	1	−1	−1	−1	−1	1	0.406	0.406	0.406	3.38
5	1	−1	1	1	−1	−1	1	0.406	0.406	0.406	2.64
6	1	−1	1	−1	−1	1	−1	0.406	0.406	0.406	3.15
7	1	−1	−1	1	1	−1	−1	0.406	0.406	0.406	2.86
8	1	−1	−1	−1	1	1	1	0.406	0.406	0.406	3.10
9	1	1.682	0	0	0	0	0	2.234	−0.594	−0.594	3.37
10	1	−1.682	0	0	0	0	0	2.234	−0.594	−0.594	2.86
11	1	0	1.682	0	0	0	0	−0.594	2.234	−0.594	2.95
12	1	0	−1.682	0	0	0	0	−0.594	2.234	−0.594	3.17
13	1	0	0	1.682	0	0	0	−0.594	−0.594	2.234	3.09
14	1	0	0	−1.682	0	0	0	−0.594	−0.594	2.234	3.40
15	1	0	0	0	0	0	0	−0.594	−0.594	−0.594	3.28
16	1	0	0	0	0	0	0	−0.594	−0.594	−0.594	3.40
17	1	0	0	0	0	0	0	−0.594	−0.594	−0.594	3.34

（续）

试验号	x_0	x_1	x_2	x_3	x_1x_2	x_1x_3	x_2x_3	x'_1	x'_2	x'_3	y
18	1	0	0	0	0	0	0	−0.594	−0.594	−0.594	3.50
19	1	0	0	0	0	0	0	−0.594	−0.594	−0.594	3.49
20	1	0	0	0	0	0	0	−0.594	−0.594	−0.594	3.17
21	1	0	0	0	0	0	0	−0.594	−0.594	−0.594	3.46
22	1	0	0	0	0	0	0	−0.594	−0.594	−0.594	3.47
23	1	0	0	0	0	0	0	−0.594	−0.594	−0.594	3.44
$\sum x_j^2$	23	13.658	13.658	13.658	8	8	8	15.887	15.887	15.887	$\sum y^2 = 233.9646$
$\sum x_jy$	73.12	1.08782	−1.08004	−1.91142	−0.37	0.11	0.09	−2.08484	−2.39592	−1.34956	$SS_y = 1.5065$
$b_j = \frac{(\sum x_jy)}{\sum x_j^2}$	3.17913	0.07965	−0.07908	−0.13995	−0.04625	0.01375	0.01125	−0.13123	0.15081	−0.08495	$\sum y = 73.12$
$\frac{(\sum x_jy)^2}{\sum x_j^2}$		0.08664	0.08541	0.26750	0.01711	0.00151	0.00101	0.27359	0.36133	0.01146	

(3) 建立回归方程

由表 11-13，可初步得到回归方程为：

$$\hat{y} = 3.17913 + 0.07965x_1 - 0.07908x_2 - 0.13995x_3 - 0.04625x_1x_2 + 0.01375x_1x_3 + 0.01125x_2x_3 - 0.13123x'_1 + 0.15081x'_2 - 0.08495x'_3$$

(4) 回归方程的显著性检验

总平方和：$SS_T = \sum_1^N y^2 - (\sum y)^2/N = 233.9646 - 73.12^2/23 = 1.50658$

$df_t = 23 - 1 = 22$

回归平方和：$SS_u = 0.08664 + 0.08541 + 0.26750 + \cdots + 0.01146 = 1.10556$

$$df_u = \frac{(m+1)(m+2)}{2} - 1 = 10 - 1 = 9$$

离回归平方和：$SS_Q = SS_T - SS_u = 1.50658 - 1.10556 = 0.40102$

$df_Q = df_T - df_u = 22 - 9 = 13$

于是，可以列出方差分析表对回归方程及其各项回归系数进行显著性检验，如表 11-14。

表中纯误差平方和由试验号 15～23 得到：

$$SS_{PE} = \sum_{i=1}^{m_0}(y_{0i} - \bar{y}_0)^2 = \sum y_{0i}^2 - \left(\sum y_{0i}\right)^2/m_0$$
$$= (3.28^2 + 3.40^2 + \cdots + 3.44^2) - 30.55^2/9 = 0.09882$$

$df_{PE} = m_0 - 1 = 9 - 1 = 8$

失拟平方和：$SS_L = SS_Q - SS_{PE} = 0.40102 - 0.09882 = 0.30220$

$df_L = df_Q - df_{PE} = 13 - 8 = 5$

表 11-14 五倍子提取试验的方差分析

变异来源	df	SS	MS	F	F_{α}
回归	9	1.105 56	0.122 84	3.98*	$F_{0.05}(9,13)=2.72$
x_1	1	0.086 64	0.086 64	2.81	$F_{0.05}(1,13)=4.67$
x_2	1	0.085 41	0.085 41	2.77	
x_3	1	0.267 50	0.267 50	8.67*	
x_1x_2	1	0.017 11	0.017 11	<1	
x_1x_3	1	0.001 51	0.001 51	<1	
x_2x_3	1	0.001 01	0.001 01	<1	
x'_1	1	0.273 59	0.273 59	8.87*	
x'_2	1	0.361 33	0.361 33	11.71**	$F_{0.01}(1,13)=9.07$
x'_3	1	0.011 46	0.011 46	<1	
剩余	13	0.401 02	0.030 85		
纯误差	8	0.098 82	0.012 35		
失拟	5	0.302 20	0.060 44	4.89*	$F_{0.05}(5,8)=3.69$
总计	22	1.506 58			

由方差分析看出，总的回归关系显著，证明试验有效。但 3 个乘积项 x_1x_2、x_1x_3、x_2x_3 和 x'_3 的 F 值均小于 1，应从回归方程中剔除。

表 11-14 的下半部分是拟合度检验，可以看出：失拟与纯误差相比，差异显著。说明本试验所建立的三元二次回归方程虽然有意义，但在整个回归空间内的拟合度并不很理想。既有方程中不显著因素的干扰，也可能还有其他因素的影响，有必要进行更深入的研究。

若将 x_1x_2、x_1x_3、x_2x_3 和 x'_3 从回归方程中剔除，且将其平方和及自由度并入试验误差，进行第二次方差分析，结果如表 11-15。

表 11-15 五倍子提取试验的第二次方差分析

变异来源	df	SS	MS	F	F_{α}
回归	5	1.074 47	0.214 89	8.45*	$F_{0.01}(5,17)=4.34$
x_1	1	0.086 64	0.086 64	3.41	$F_{0.10}(1,17)=3.03$
x_2	1	0.085 41	0.085 41	3.36	$F_{0.05}(1,17)=4.45$
x_3	1	0.267 50	0.267 50	10.52**	$F_{0.01}(1,17)=8.41$
x'_1	1	0.273 59	0.273 59	10.76**	
x'_2	1	0.361 33	0.361 33	14.22**	
剩余	17	0.432 11	0.025 42		
纯误差	8	0.098 82	0.012 35		
失拟	9	0.333 29	0.037 03	3.00	$F_{0.05}(9,8)=3.39$
总计	22	1.506 58			

第二次方差分析表明，除 x_1、x_2 未达显著外，其余各项均达到了极显著水平，而且 x_1、x_2 也在 0.10 水平上显著，所以应将两者保留在回归方程内。拟合度检验也表明，在剔除不显著项之后的回归方程的拟合度有所改善。故最后确定的回归方程为：

$$\hat{y}=3.17913+0.07965x_1-0.07908x_2-0.13995x_3-0.13123x'_1+0.15081x'_2$$

将 $x'_j=x_j^{\,2}-\dfrac{13.658}{23}$ 代入上述方程，得：

$$\hat{y}=3.16750+0.07965x_1-0.07908x_2-0.1395x_3-0.13125x_1^2+0.15081x_2^2$$

再将 $x_1=\dfrac{Z_1-Z_{01}}{\Delta_1}=\dfrac{Z_1-30}{10}$，$x_2=\dfrac{Z_2-Z_{02}}{\Delta_2}=\dfrac{Z_2-0.05}{0.333}$，$x_3=\dfrac{Z_3-Z_{03}}{\Delta_3}=\dfrac{Z_3-300}{50}$ 代入，可得到以原自变量为量纲的回归方程：

$$\hat{y}=9.81705+0.08670Z_1-0.696632Z_2-0.00280Z_3-0.00131Z_1^2+0.01676Z_2^2$$

利用该方程对 Z_1、Z_2、Z_3 求偏导数，可以建立一组三元一次方程组，解此方程组即可获得 3 个因素的实际用量。最后结果为：提取时间 $Z_1=33.0$(min)，料液比 $Z_2=1:25$，提取功率 $Z_3=215$（W）时，提取率 y 的理论值可达 3.71%，超出所有 23 个试验号的产量水平。

11.3.2 二次回归通用旋转组合设计

上述二次回归正交旋转组合设计主要是通过调整中心点的试验次数 m_0 来使其具有正交性。除了正交性之外，旋转设计还有通用性（generality）问题。所谓通用性，是指除了仍保持试验设计的旋转性之外，在与编码中心距离小于 1 的任意点上的预测值的方差近似相等。具有通用性的设计称为通用设计（common design），同时具有旋转性与通用性的组合设计称为通用旋转组合设计（common rotatable design）。

通用旋转组合设计的基本设计思想是以损失部分正交性为代价保证了预测值 $\hat{y}$ 在单位球体内基本等方差，其通用性的获得也是通过选取适应的 m_0 来实现的，此处的 m_0 比二次回归正交旋转组合设计的 m_0 小。在统计分析时，通用旋转设计的二次项 x_j^2 不作中心化处理，即不必求 x'_j 而直接求算 x_j^2。在计算回归系数时，一次项的系数 b_j 和交互项的系数 b_{ij} 计算方法与二次回归正交旋转设计相同，但二次项的回归系数 b_{jj} 以及常数项 b_0 为了克服该设计正交性被局部破坏的问题，必须作出调整，调整时需要引进 4 个系数：K、E、F、G，并按下列公式计算 b_0 和 b_{jj}

$$b_0=K\sum y+E\sum_{j=1}^{P}(\sum x_j^2y) \tag{11-46}$$

（P 为二次项的个数）

$$b_{jj}=(F-G)\sum x_j^2y+G\sum_{j=1}^{P}(\sum x_j^2y)+E\sum y \tag{11-47}$$

表 11-16 是二次回归通用旋转设计的参数表，其中 m_c、$2m$、m_0 和 γ 与前述设计相同用于组合设计；K、E、F、G 用于计算回归系数；m_c^{-1}、e^{-1} 和 F 用于计算离差平方和。

表 11-16　二次回归通用旋转组合设计参数表

因素 m	m_c	$2m$	m_0	γ	K	E	F	G	m_c^{-1}	e^{-1}
2	4	4	5	1.414	0.200 00	−0.100 000	0.143 75	0.018 75	0.250 00	0.125 00
3	8	6	6	1.682	0.166 34	−0.056 792	0.069 39	0.006 89	0.125 00	0.073 22
4	16	8	7	2.000	0.142 86	−0.035 714	0.034 97	0.003 72	0.062 50	0.041 67
5	32	10	10	2.378	0.098 78	−0.019 101	0.017 09	0.001 46	0.031 25	0.023 09
5（1/2 实施）	16	10	6	2.000	0.159 09	−0.034 091	0.034 09	0.002 84	0.062 50	0.041 67
6（1/2 实施）	32	12	9	2.378	0.110 75	−0.018 738	0.016 84	0.001 22	0.031 25	0.023 09
7（1/2 实施）	64	14	14	2.828	0.070 31	−0.009 766	0.008 30	0.000 49	0.015 63	0.012 50

具体设计方法及统计分析步骤也以实例示范如下。

【例 11.4】 采用二次回归通用旋转组合设计进行水稻有机肥、N 肥、P 肥三因素试验。试设计试验并对其结果进行统计分析。

【解】

（1）设计试验方案

根据经验，先确定 3 种肥料用量的上、下限，查表 11-16 知：因素数为 3 时，$m_c=8$，$2m=6$，$m_0=6$，$N=20$，$\gamma=1.682$，对 3 种肥料的各水平进行编码，如表 11-17。

表 11-17　3 种肥料的水平编码表（kg/亩）

编　码	Z_1 有机肥	Z_2（N）	Z_3（P_2O_5）
γ	2 000	10	10
1	1 797	8	8
0	1 500	5	5
−1	1 203	2	2
$-\gamma$	1 000	0	0
Δ_j	297	3	3

表 11-16 规定该试验共安排 20 次试验，前 8 次根据 $L_4(2^3)$ 正交表排列，中间 6 次根据各因素的 γ、$-\gamma$ 排列，后面 6 次为零水平重复。该试验的设计方案如表 11-18。

表 11-18　水稻 3 种肥料施肥试验设计

试验号	试验设计			实施方案		
	x_1	x_2	x_3	有机肥	N 肥	P_2O_5 肥
1	1	1	1	1 797	8	8
2	1	1	−1	1 797	8	2
3	1	−1	1	1 797	2	8
4	1	−1	−1	1 797	2	2
5	−1	1	1	1 203	8	8

（续）

试验号	试验设计			实施方案		
	x_1	x_2	x_3	有机肥	N肥	P_2O_5肥
6	−1	1	−1	1 203	8	2
7	−1	−1	1	1 203	2	8
8	−1	−1	−1	1 203	2	2
9	1.682	0	0	2 000	5	5
10	−1.682	0	0	1 000	5	5
11	0	1.682	0	1 500	10	5
12	0	−1.682	0	1 500	0	5
13	0	0	1.682	1 500	5	10
14	0	0	−1.682	1 500	5	0
15	0	0	0	1 500	5	5
16	0	0	0	1 500	5	5
17	0	0	0	1 500	5	5
18	0	0	0	1 500	5	5
19	0	0	0	1 500	5	5
20	0	0	0	1 500	5	5

（2）实施试验，并对试验结果进行统计分析如表 11－19。

表 11－19　水稻施肥试验结果及其统计分析

试验号	x_0	x_1	x_2	x_3	x_1x_2	x_1x_3	x_2x_3	x_1^2	x_2^2	x_3^2	y
1	1	1	1	1	1	1	1	1	1	1	573.0
2	1	1	1	−1	1	−1	−1	1	1	1	490.5
3	1	1	−1	1	−1	1	−1	1	1	1	469.0
4	1	1	−1	−1	−1	−1	1	1	1	1	420.0
5	1	−1	1	1	−1	−1	1	1	1	1	422.5
6	1	−1	1	−1	−1	1	−1	1	1	1	386.0
7	1	−1	−1	1	1	−1	−1	1	1	1	372.0
8	1	−1	−1	−1	1	1	1	1	1	1	369.0
9	1	1.682	0	0	0	0	0	2.829	0	0	548.5
10	1	−1.682	0	0	0	0	0	2.829	0	0	379.0
11	1	0	1.682	0	0	0	0	0	2.829	0	458.5
12	1	0	−1.682	0	0	0	0	0	2.829	0	367.0
13	1	0	0	1.682	0	0	0	0	0	2.829	459.5
14	1	0	0	−1.682	0	0	0	0	0	2.829	397.5

（续）

试验号	x_0	x_1	x_2	x_3	x_1x_2	x_1x_3	x_2x_3	$x_1{}^2$	$x_2{}^2$	$x_3{}^2$	y
15	1	0	0	0	0	0	0	0	0	0	445.0
16	1	0	0	0	0	0	0	0	0	0	450.0
17	1	0	0	0	0	0	0	0	0	0	444.5
18	1	0	0	0	0	0	0	0	0	0	448.5
19	1	0	0	0	0	0	0	0	0	0	451.0
20	1	0	0	0	0	0	0	0	0	0	442.0
$\sum x_j^2$	20	13.658	13.658	13.658	8	8	8	23.995	23.995	23.995	$\sum y = 8\,793$
$\sum x_jy$	8 793	688.099	395.903	275.284	107	92	67	6 125.898	5 837.340	5 926.454	$\sum y^2 = 3\,923\,901$
b_j, b_{ij}		50.380 7	28.986 9	20.155 5	13.375 0	11.500 0	8.375 0				$\sum y_0 = 2\,681$ $\sum y_0{}^2 = 1\,198\,022.5$

在表 11-19 中，回归系数 b_j, b_{ij} 的计算方法与二次回归正交旋转设计（如例 11.3 的表 11-13）相同，而常数项 b_0 与二次项 b_{jj} 则需按式 11-46 和 11-47 计算：

$$
\begin{aligned}
b_0 &= K\sum y + E\sum_{j=1}^{3}\left(\sum x_j^2 y\right) \\
&= 0.16634 \times 8793 - 0.056792 \times (6125.8980 + 5837.340 + 5926.454) \\
&= 1462.6276 - 0.056792 \times 17889.6910 = 446.6359
\end{aligned}
$$

$$
\begin{aligned}
b_{11} &= (F-G)\sum x_1^2 y + G\sum_{j=1}^{3}\left(\sum x_j^2 y\right) + E\sum y \\
&= (0.6939 - 0.00689) \times 6125.898 + 0.00689 \times 17889.6910 - 0.056792 \times 8793 \\
&= 382.8686 + 123.2600 - 499.3721 = 6.7565
\end{aligned}
$$

$$
\begin{aligned}
b_{22} &= (F-G)\sum x_2^2 y + G\sum_{j=1}^{3}\left(\sum x_j^2 y\right) + E\sum y \\
&= 0.0625 \times 5837.340 + 123.2600 - 499.3721 = -11.2784
\end{aligned}
$$

$$
\begin{aligned}
b_{33} &= (F-G)\sum x_3^2 y + G\sum_{j=1}^{3}\left(\sum x_j^2 y\right) + E\sum y \\
&= 0.0625 \times 5926.454 + 123.2600 - 499.3721 = -5.7087
\end{aligned}
$$

（3）建立回归方程

由表 11-19 所计算出来的 b_j, b_{ij} 和上一节利用公式 11-46、11-47 计算得到的 b_0、b_{jj}，可以初步得到回归方程为：

$$
\begin{aligned}
\hat{y} = {} & 446.6359 + 50.3807x_1 + 28.9869x_2 + 20.1555x_3 + 13.3750x_1x_2 \\
& + 11.5000x_1x_3 + 8.3750x_2x_3 + 6.7565x_1{}^2 - 11.2784x_2{}^2 - 5.7087x_3{}^2
\end{aligned}
$$

（4）回归方程的显著性检验

总平方和：$SS_T = \sum_{1}^{N} y^2 - \left(\sum y\right)^2/N = 3923901 - 8793^2/20 = 58058.55$

$$df_t = 20 - 1 = 19$$

剩余（离回归）平方和：

$$SS_Q = \sum y^2 - \sum_{j=0}^{3}(b\sum x_j y) - \sum_{i<j}(b_{ij}\sum x_{ij}y) - \sum b_{jj}\sum x_{jj}y = 3923901 - (446.6359\times 8793 + 50.3807\times 688.099 + 28.9868\times 395.903 + 20.1555\times 275.284) - (13.3750\times 107 + 11.5000\times 92 + 8.3750\times 67) - (6.7565\times 6125.8980 - 11.2784\times 5837.340 - 5.7087\times 5926.454) = 3923901 - 3978960.8660 - 3050.25 + 58278.5737 = 168.4577$$

$df_Q = 20 - 10 = 10$

回归平方和：$SS_u = SS_T - SS_Q = 58058.55 - 168.4577 = 57890.0923$

$df_u = 10 - 1 = 9$

纯误差平方和：$SS_{PE} = \sum y_{0i}{}^2 - (\sum y_{0i})^2 / m_0 = 1198022.5 - 2681^2/6 = 62.334$

$df_{PE} = 6 - 1 = 5$

失拟平方和：$SS_L = SS_Q - SS_{PE} = 168.4577 - 62.334 = 106.1237$

$df_L = df_Q - df_{PE} = 10 - 5 = 5$

各个单项的回归平方和需要用有关参数（表 11 - 16）计算，计算公式为：

$$SS_j = b_j^2 / e^{-1} \tag{11-48}$$

$$SS_{jj} = b_{jj}^2 / m_c^{-1} \tag{11-49}$$

$$SS_{jj} = b_{jj}^2 / F \tag{11-50}$$

于是得到：

$SS_1 = 50.3870^2/0.07322 = 34665.596$

$SS_2 = 28.9869^2/0.07322 = 11475.558$

$SS_3 = 20.1555^2/0.07322 = 5548.268$

$SS_{12} = 13.375^2/0.125 = 1431.125$

$SS_{13} = 11.5^2/0.125 = 1058.000$

$SS_{23} = 8.375^2/0.125 = 561.125$

$SS_{11} = 6.7565^2/0.06939 = 657.880$

$SS_{22} = (-11.2784)^2/0.06939 = 1833.150$

$SS_{33} = (-5.7087)^2/0.06939 = 469.653$

从而可以列出方差分析表进行差异显著性检验，如表 11 - 20。

表 11 - 20　水稻施肥试验的方差分析

变异来源	df	SS	MS	F	F_α
回归	9	57 890.092 3	6 432.232	381.83**	$F_{0.01}(9,10) = 4.95$
x_1	1	34 665.596	34 665.596	2 057.79**	$F_{0.01}(1,10) = 10.04$
x_2	1	11 475.558	11 475.558	681.20**	
x_3	1	5 548.268	5 548.268	329.35**	
$x_1 x_2$	1	1 431.125	1 431.125	84.95**	
$x_1 x_3$	1	1 058.000	1 058.000	62.80**	

（续）

变异来源	df	SS	MS	F	F_{α}
x_2x_3	1	561.125	561.125	33.31**	
x_1^2	1	657.880	657.880	39.05**	
x_2^2	1	1 833.150	1 833.150	108.82**	
x_3^2	1	469.653	469.653	27.88**	
剩余	10	168.457 7	16.846		
纯误差	5	62.334	12.467		
失拟	5	106.123 7	21.225	1.70	$F_{0.05}(5,5)=5.05$
总计	19	58 058.55			

从表 11 - 20 方差分析结果看出，该试验回归关系极显著，各单项回归系数也全都达到了极显著水平；而失拟与纯误差相比差异不显著。所以，二次回归方程与实际情况拟合得很好，该试验的结果比较理想。

以下，与前述设计一样，可将 $x_1=\dfrac{Z_1-Z_{01}}{\Delta_1}=\dfrac{Z_1-1\,500}{297}$，$x_2=\dfrac{Z_2-5}{3}$，$x_3=\dfrac{Z_3-5}{3}$ 代入所得二次回归方程，可得到以原自变量为量纲的回归方程，进而解出获得最高产量的肥料用量（略）。

11.4　回归设计的发展

回归设计是近代试验设计中发展非常迅速的一个领域。除了我们已经介绍过的一次回归正交设计、二次回归正交设计和回归旋转设计以外，又发展出了均匀设计、正交多项式回归设计、混料回归设计、最优回归设计等。

均匀设计是我国数学家方开泰和王元提出的一种新的试验设计方法。它是使用均匀设计表来安排试验的，均匀设计只考虑试验点的“均匀散布”，而不考虑“整齐可比”，因而它比正交设计的试验次数还要少。均匀设计的分析方法也是采用多元回归分析，通过回归分析可以确定试验指标与影响因素之间的数学模型，确定因素的主次顺序和优化方案。但直接根据试验数据推导数学模型计算量很大，一般需要借助相关的计算机软件进行分析。

正交多项式回归设计是从正交优良性出发进行多项式回归，即利用一组具有正交性质的多项式，编制试验方案、配列计算格式表求取各种非线性方程的回归设计方法。这种设计方法不仅能像回归正交设计那样简化计算、消除回归系数之间的相关性，而且可以求得任一因素小于其水平数的各次项的回归系数，同时求得需要考察的任意次交互项的回归系数，这对于使用者是非常方便的。但是，正交多项式回归一般需安排全面试验，并且要求各因素等间隔取值，工作量较大。

混料回归设计是一种受特殊约束的回归设计，它是指用若干种不同物质组成不同比例的混料，安排组合试验，从而获得试验指标与各混料成分比例之间的线性或非线性回归方程。混料回归设计中的混料成分要求至少应有三种，而且所有成分的比例之和为 1。与一般的回归设计相比，混料设计试验次数较少，回归方程的回归系数的个数较少而计算简捷，也便于寻求最佳的混料条件。但混料设计的数学模型不同于一般回归设计所采用的数学模型，因为各因素不是独立的。

上述回归设计方法都没有涉及从统计意义上来比较不同试验方案优劣的问题。20 世纪 50 年代以来，统计学家先后提出了许多比较试验设计的标准，如 G 优良性、A 优良性、D 优良性、E 优良性、I 优良性、U 优良性等，并由此出发构造出一系列相应的最优方案，这就是所谓最优设计。目前应用较多的是 D 优良性。如果一个试验方案既具有 D 最优性，又具有饱和性，那么该方案就称为饱和 D-最优设计。最优设计所建立的回归方程具有更高的拟合度，同时“饱和试验设计”是试验点最少的设计，所谓饱和，是指试验计划中试验点数等于所要确定的未知参数的个数。要获得最优设计，往往需要使用计算机进行庞大的重复计算，有时为了便于实际应用，或者为了使方案兼具更多的优良性，也会从渐近 D 最优设计导出一些接近的方案，称为近似 D 最优设计。于是又有了一次饱和 D-最优设计、二次饱和 D-最优设计、D-最优近似饱和设计等不同设计方法。

限于篇幅，本教材对于这些回归设计的新发展不能一一详细介绍。回归设计已有多本专著，读者如有需要，可以选择参阅。

习　题

1. 回归设计有哪些种类？它们的共同点和主要区别是什么？

2. 做某树种扦插试验，欲考察插穗长度（5～25cm）、生根粉浓度（0～1 000mg/kg）和处理时间（5s 至 2h）3 个因子的效果，试安排一个二次回归正交设计的试验方案。

3. 做某树种苗木的施肥试验，根据经验，三种肥料每 667m^2 用量的上、下限分别为：N：0～40；P：2～5；K：1～4（kg）。试分别用二次回归正交旋转组合设计和二次回归通用旋转组合设计安排该试验，写出试验设计和实施方案。

4. 某 2 因素二次回归正交设计及其结果如下表，试作分析。

试验号	x_0	x_1	x_2	x_1x_2	x'_1	x'_2	y（产量）
1	1	1	1	1	0.421 0	0.421 0	63.4
2	1	1	−1	−1	0.421 0	0.421 0	56.8
3	1	−1	1	−1	0.421 0	0.421 0	58.7
4	1	−1	−1	1	0.421 0	0.421 0	55.6
5	1	1.214	0	0	0.894 8	−0.579 0	55.6
6	1	−1.214	0	0	0.894 8	−0.579 0	56.8
7	1	0	1.214	0	−0.579 0	0.894 8	67.2
8	1	0	−1.214	0	−0.579 0	0.894 8	63.4
9	1	0	0	0	−0.579 0	−0.579 0	64.0
10	1	0	0	0	−0.579 0	−0.579 0	65.6
11	1	0	0	0	−0.579 0	−0.579 0	64.2
12	1	0	0	0	−0.579 0	−0.579 0	63.9

第 12 章

常用统计分析软件介绍

《林业试验设计》是一门实践性很强的课程，本书对各种分析方法都提供了与林业实践紧密结合的实例，通过实例进行学习可以更牢固地掌握相关的试验设计概念、原理和方法。大多数的试验都涉及复杂的计算，尤其是大型试验，手工计算工作量太大，而利用计算机软件可以大大节省人力。目前有 SAS 系统、SPSS、EXCEL、DPS、R 和 MATLAB 等多种软件可以实现这些统计分析。在这一章，我们对这些常用的统计软件（包）进行简要的介绍，结合本教材前述的部分例题，应用相关软件进行计算，为这些软件的应用提供示范。

12.1 常用统计分析软件简介

12.1.1 SPSS

SPSS 是“统计产品与服务解决方案”（Statistical Product and Service Solutions）的简称，为 SPSS 公司推出的一系列用于统计学分析运算、数据挖掘、预测分析和决策支持任务的软件产品及相关服务的总称。2009 年，SPSS 公司被 IBM 收购，SPSS 更名为 PASW（Predictive Analytics Suite Workstation）（http：//zh. wikipedia. org/wiki/SPSS-cite _ note -1）。SPSS for Windows 采用常用的菜单式界面，相比 SAS 和 R 软件等需要编程的软件来说，SPSS 具有速度快、无编程、数据接口方便和功能模块组合灵活等特点。分析结果直观、清晰，更易于掌握。有专门的绘图系统，可以生成数十种基本图形和交互图，还可以进行编辑。但不具备扩展性，无法编写新算法。对于非统计专业的应用统计研究是很好的选择。

12.1.2 Excel

Microsoft Office 的数据分析工具具有一定的统计分析功能，如平均数、方差、t 检验等。首次使用 Excel 的“数据分析”工具进行统计时，需加载“数据分析工具库”。另外，还可以通过函数甚至宏的编写来实现分析功能。EXCEL 电子表格是 Microsoft 公司推出的 Office 系列产品之一，是一个功能强大的电子表格软件。对表格的管理和统计图制作功能强大，方便易用。Excel 的数据分析插件 XLSTAT，也能进行数据统计分析。

12.1.3 SAS 系统

SAS（Statistical Analysis System）即统计分析系统，是目前国际上最为流行的一种功能强大的集成应用软件分析系统。在数据处理方法和统计分析领域，SAS 被誉为国际上的标准软件和最具权威的优秀统计软件包。SAS 包括 30 多个工具模块，可用菜单方式进行数据操作和统计分析，但需要进行一定的编程来实现特定的各种分析，初学相对较难，主要适合于统计工作者和科研工作者使用。

SAS 程序一般由数据步（data step）和过程步（proc step）两部分组成，程序语句的语法和控制结构与常见的编程语言相似，包括关键字、运算符号和函数等基本要素。SAS 软件的使用请参照相关教程，如北京大学李东风教授编著的《统计软件 SAS 教程》和胡良平编著的《SAS统计分析教程》等。

12.1.4 DPS

DPS 是 Data Processing System 取首字母缩写而成。DPS 统计软件是一款集试验设计及统计分析功能于一体的国产多功能统计分析软件包。DPS 完善的统计分析功能几乎涵盖了所有统计分析内容，包括均匀设计、混料均匀设计在内的丰富的试验设计功能，广泛应用于自然科学和社会科学研究各个领域。DPS 的一般线性模型（GLM）可以处理各种类型试验设计方差分析，特别是一些用 SPSS 菜单操作解决不了、用 SAS 编程比较复杂的多因素裂区混杂设计、格子设计等方差分析问题。DPS 具有丰富的专业统计分析模块：随机前沿面模型、数据包络分析（DEA，含 Malmquist 指数计算功能等）、顾客满意指数模型（结构方程模型）、数学生态、生物测定、地理统计、遗传育种、生存分析、水文频率分析、量表分析、质量控制图、ROC 曲线分析等内容，并还在不断地扩充。还具有一些重要的非统计分析的功能，如模糊数学方法、灰色系统方法、各种类型的线性规划、非线性规划、层次分析法、BP 神经网络、径向基函数（RBF）、数据包络分析等。DPS 提供了十分方便的可视化操作界面，既具有 Excel 的便利性，又能实现 SPSS 高级统计分析的计算。

12.1.5 JMP

JMP 是 SAS 公司在 20 世纪 80 年代推出的统计分析软件包。JMP 能运行于 Windows、Linux 和 Macintosh 三大操作系统之上，实现了完全菜单操作，具有卓越的数据可视化能力、突出的交互性、全面而强大的分析功能、易学易用、扩展性强等特点。除基本统计分析、模型、多元方法外，还具有测量系统分析（MSA）、统计过程控制（SPC）、分类分析、实验设计（DOE）、数据挖掘等功能。JMP 的试验设计结合了模拟（simulation）功能，可以在进行试生产或试实施之前对所得的方案进行仿真模拟，最大限度地避免失败风险。

12.1.6 R 软件

R 是一个用 GNU GPL 版权规则发布的自由软件，因此是免费的。R 是完整的程序设计语言，实现了经典和现代统计方法，形成了大量现成可用的软件包；此外，R 图形功能强。因此，R 受到广大统计研究和统计分析工作者的喜爱（R 的网站：http：//www. r-project. org/）。

12. 1. 7　MATLAB

最早由 Mathworks 在 1984 年推出的一种面向工程和科学计算的交互式商业数学软件。MATLAB 以矩阵运算为基础，将数值分析、矩阵计算、科学数据可视化以及非线性动态系统的建模和仿真等诸多功能融合在一个易于使用的视窗环境中，数据分析和处理功能都非常强大。它有较好的扩展性，允许和鼓励用户扩充（M-files 和 Toolboxes）。MATLAB 主要应用于工程计算、控制设计、信号处理与通讯、图像处理、信号检测、金融建模设计与分析等领域。

此外，还有 Minitab、Statistica 等软件也是比较常用的统计软件，使用者可以根据自己的条件选择免费或商业软件。

12. 2　SPSS 软件分析完全随机区组试验数据

本节数据来自第 4 章【例 4. 2】

SPSS 启动后如图 12－1 所示。

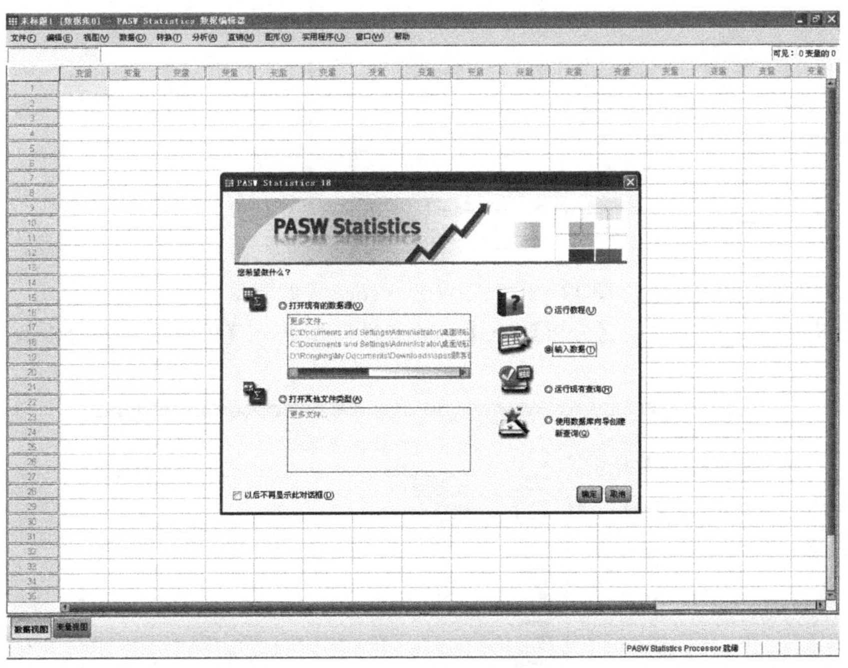

图 12－1　PASW Statistics 启动对话框

建立数据库：打开 SPSS 数据编辑器窗口，点击变量视图标签，输入变量名及定义变量的类型、宽度、小数位数等，如图 12－2 所示。

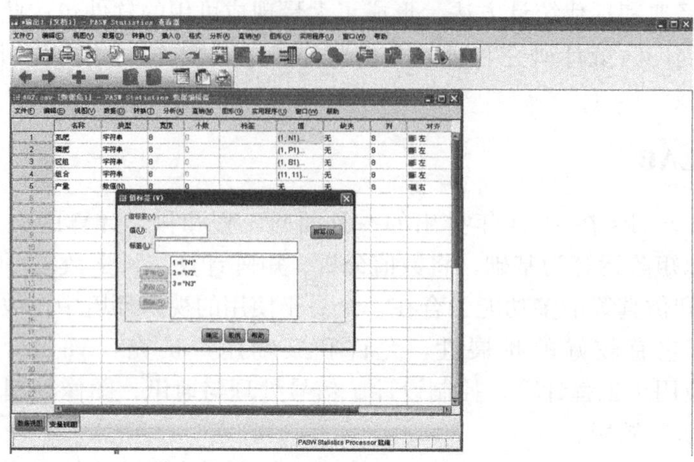

图 12-2　PASW Statistics 输入变量对话框

然后再点击数据视图标签，录入数据，如图 12-3 所示。

	氮肥	磷肥	区组	组合	产量
1	1	1	1	11	21
2	1	2	1	12	26
3	1	3	1	13	30
4	2	1	1	21	26
5	2	2	1	22	35
6	2	3	1	23	32
7	3	1	1	31	28
8	3	2	1	32	40
9	3	3	1	33	60
10	1	1	2	11	19
11	1	2	2	12	28
12	1	3	2	13	30
13	2	1	2	21	30
14	2	2	2	22	32
15	2	3	2	23	34
16	3	1	2	31	27
17	3	2	2	32	45
18	3	3	2	33	48
19	1	1	3	11	23
20	1	2	3	12	30
21	1	3	3	13	26

图 12-3　PASW Statistics 数据录入

方差分析步骤：选择菜单【分析】→【一般线性模型】→【单变量方差分析】，如图 12-4 所示。

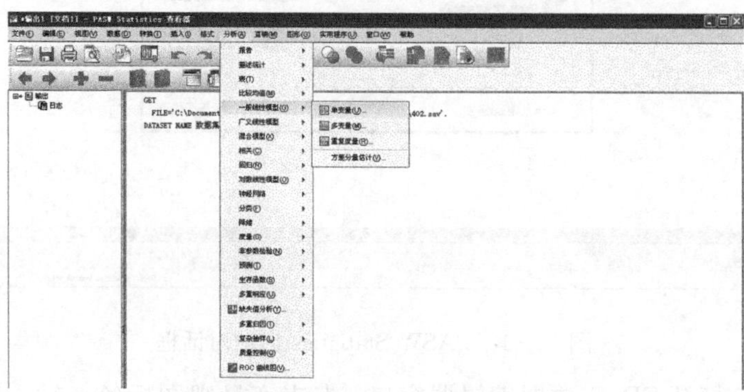

图 12-4　PASW Statistics 方差分析菜单操作

在图 12 - 5 所示对话框中，将左侧待选变量“产量”选入右侧因变量框中，将“区组”、“氮肥”和“磷肥”选入固定因子框中，在右侧标签栏中选择“模型”，在出现的对话框中选择“设定”，在“构建项”下拉列表框中选择“主效应”，然后将左侧“因子与协变量”待选变量框中的“区组”、“氮肥”和“磷肥”选入右侧 Model 模型框中；在“构建项”下拉列表框中选择“交互效应”，“因子与协变量”待选变量框中选择“氮肥”和“磷肥”，将“氮肥”和“磷肥”的“交互效应”加入模型中，如图 12 - 6 所示，并点击继续。

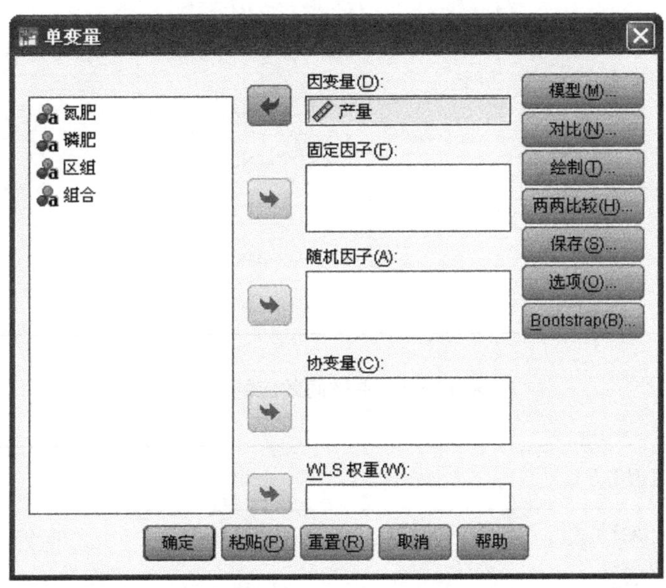

图 12 - 5　PASW Statistics 单变量分析对话框

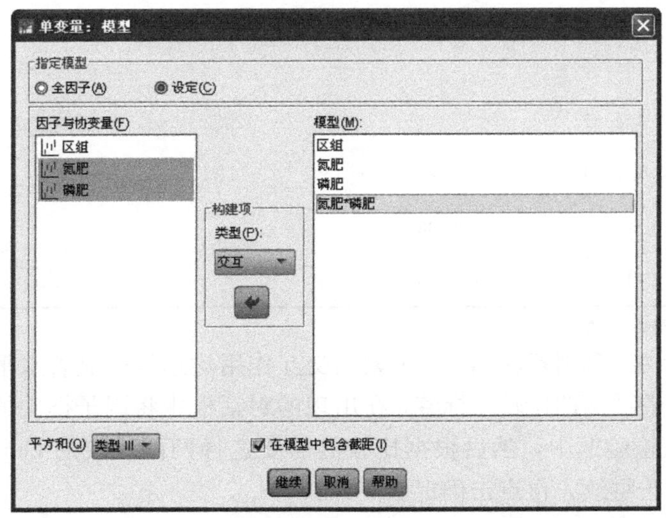

图 12 - 6　PASW Statistics 单变量模型对话框

SPSS 分析结果如表 12-1 和表 12-2 所示。

表 12-1　主体间因子

		值标签	N
区组	1	B1	9
	2	B2	9
	3	B3	9
	4	B4	9
氮肥	1	N1	12
	2	N2	12
	3	N3	12
磷肥	1	P1	12
	2	P2	12
	3	P3	12

表 12-2　主体间效应的检验

因变量：产量

源	Ⅲ型平方和	*df*	均方	*F*	Sig.
校正模型	2 284.06[a]	11	207.64	38.95	.000
截距	38 416.00	1	38 416.00	7 206.13	.000
氮肥	1 250.67	2	625.33	117.30	.000
磷肥	848.17	2	424.08	79.55	.000
区组	13.56	3	4.52	.85	.481
氮肥 * 磷肥	171.67	4	42.92	8.05	.000
误差	127.94	24	5.33		
总计	40 828.00	36			
校正的总计	2 412.00	35			

a. R 方 = .947（调整 R 方 = .923）

F 统计量显示 A、B 因素和 A×B 因素的交互作用均达到极显著水平，因此需要进行多重比较。然后选择“两两比较”标签，在出现的对话框中将因子框中的“氮肥”和“磷肥”选入两两比较检验框中，然后根据比较的需要选择两两比较的 Duncan（D）方法如图 12-7 所示，点击继续，再点击确定。

出现运算结果，其中多重比较的结果如表 12-3 和表 12-4 所示，可以看出，在不同子集中的组合存在显著性差异。

图 12 - 7　PASW Statistics 单变量两两分析对话框

表 12 - 3　氮肥效用同类子集

Duncan[a,b]

氮肥	N	子集		
		1	2	3
N1	12	26.00		
N2	12		31.67	
N3	12			40.33
Sig.		1.000	1.000	1.000

已显示同类子集中的组均值。
基于观测到的均值。
误差项为均值方（错误）= 5.331。
a. 使用调和均值样本大小 = 12.000。
b. Alpha = 0.05。

表 12 - 4　磷肥效用同类子集

Duncan[a,b]

磷肥	N	子集		
		1	2	3
P1	12	26.00		
P2	12		34.58	
P3	12			37.42
Sig.		1.000	1.000	1.000

已显示同类子集中的组均值。
基于观测到的均值。
误差项为均值方（错误）= 5.331。
a. 使用调和均值样本大小 = 12.000。
b. Alpha = 0.05。

注意：系统默认的显著性水平为 Alpha = 0.05，在单变量分析对话框中选择“选项”标签，出现如图 12-8 所示选项对话框，在底部显著性水平可选择 Alpha = 0.05 或 0.01。

图 12-8 PASW Statistics 单变量选项对话框

A×B 因素的交互作用也达到极显著水平，因此需要进行多重比较。SPSS 和 SAS 等软件都不能一次进行交互作用的多重比较。可以仅将区组和组合作为固定因子，重新进行上述的方差分析和多重比较步骤，结果如表 12-5 所示。可以看出，在不同子集中的组合存在显著性差异。

表 12-5 交互效用同类子集

Duncan[a,b]

组合	N	子集				
		1	2	3	4	5
11	4	20.25				
21	4		27.75			
12	4		28.25			
13	4		29.50	29.50		
31	4		30.00	30.00		
22	4			33.25		
23	4			34.00		
32	4				42.25	
33	4					48.75
Sig.		1.000	.220	.017	1.000	1.000

已显示同类子集中的组均值。
基于观测到的均值。
误差项为均值方（错误）= 5.331。
a. 使用调和均值样本大小 = 4.000。
b. Alpha=0.01。

12.3 SPSS 软件和 DPS 处理正交设计

本节数据来自第 8 章【例 8.1】

12.3.1　SPSS 软件处理正交设计

用 SPSS 处理流程如下：

建立数据变量，输入数据如图 12－9 所示。

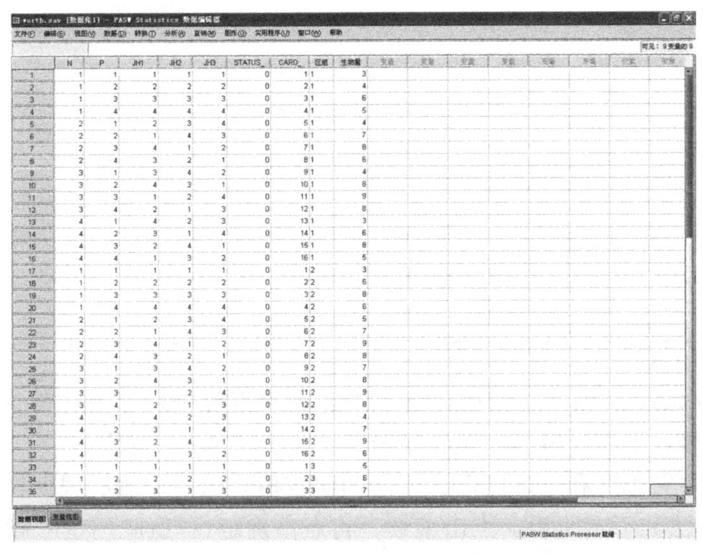

图 12－9　PASW Statistics 数据视图

方差分析步骤：选择菜单【分析】→【一般线性模型】→【单变量方差分析】，在图 12.5 所示对话框中，将左侧待选变量“产量”选入右侧因变量框中，将“区组”、“氮肥用量”和“磷肥用量”选入固定因子框中，在右侧标签栏中选择“模型”，在出现的对话框中选择“设定”，在“构建项”下拉列表框中选择“主效应”，然后将左侧“因子与协变量”待选变量框中的“区组”、“氮肥用量”和“磷肥用量”选入右侧 Model 模型框中；在“构建项”下拉列表框中选择“交互效应”，“因子与协变量”待选变量框中选择“氮肥用量”和“磷肥用量”，将“氮肥用量”和“磷肥用量”的“交互效应”加入模型中，并点击继续，再点击确定，运行结果如表 12－6 和表 12－7 所示。

表 12－6　主体间因子

		值标签	N
氮肥用量	1	0	12
	2	5	12
	3	10	12
	4	15	12
磷肥用量	1	0	12
	2	20	12
	3	30	12
	4	40	12
区组	1	Ⅰ	16
	2	Ⅱ	16
	3	Ⅲ	16

表 12-7 主体间效应的检验

因变量：生物量

源	Ⅲ型平方和	df	均方	F	Sig.
校正模型	132.583[a]	17	7.799	17.548	.000
截距	2 002.083	1	2 002.083	4 504.687	.000
N	30.917	3	10.306	23.188	.000
P	89.083	3	29.694	66.812	.000
区组	8.667	2	4.333	9.750	.001
N * P	3.917	9	.435	.979	.477
误差	13.333	30	.444		
总计	2 148.000	48			
校正的总计	145.917	47			

a. R方 = .909（调整 R 方 = .857）

F 统计量显示 A、B 因素达到极显著水平，因此需要进行多重比较。A×B 因素的交互作用差异不显著，不需要继续多重比较分析。选择“两两比较”标签，在出现的对话框中将因子框中的“氮肥”和“磷肥”选入两两比较检验框中，然后根据比较的需要选择两两比较的 LSD 方法如下图所示，点击继续，再点击确定。“氮肥用量”和“磷肥用量”多重结果分别如表 12-8 和表 12-9 所示。

表 12-8 氮肥用量多个比较

生物量
LSD

(I) 氮肥用量	(J) 氮肥用量	均值差值 (I-J)	标准 误差	Sig.	99%置信区间	
					下限	上限
0	5	−1.50*	.272	.000	−2.25	−.75
	10	−2.17*	.272	.000	−2.92	−1.42
	15	−.83*	.272	.005	−1.58	−.08
5	0	1.50*	.272	.000	.75	2.25
	10	−.67	.272	.020	−1.42	.08
	15	.67	.272	.020	−.08	1.42
10	0	2.17*	.272	.000	1.42	2.92
	5	.67	.272	.020	−.08	1.42
	15	1.33*	.272	.000	.58	2.08
15	0	.83*	.272	.005	.08	1.58
	5	−.67	.272	.020	−1.42	.08
	10	−1.33*	.272	.000	−2.08	−.58

基于观测到的均值。

误差项为均值方（错误）= .444。

*. 均值差值在 .01 级别上较显著。

表 12-9　磷肥用量多个比较

生物量

LSD

(I) 磷肥用量	(J) 磷肥用量	均值差值 (I-J)	标准 误差	Sig.	99%置信区间	
					下限	上限
0	20	−2.25*	.272	.000	−3.00	−1.50
	30	−3.83*	.272	.000	−4.58	−3.08
	40	−2.08*	.272	.000	−2.83	−1.33
20	0	2.25*	.272	.000	1.50	3.00
	30	−1.58*	.272	.000	−2.33	−.83
	40	.17	.272	.545	−.58	.92
30	0	3.83*	.272	.000	3.08	4.58
	20	1.58*	.272	.000	.83	2.33
	40	1.75*	.272	.000	1.00	2.50
40	0	2.08*	.272	.000	1.33	2.83
	20	−.17	.272	.545	−.92	.58
	30	−1.75*	.272	.000	−2.50	−1.00

基于观测到的均值。

误差项为均值方（错误）= .444。

*. 均值差值在 .01 级别上较显著。

12.3.2　DPS 处理正交设计

(1) 试验设计　打开软件，点击【试验设计】菜单，出现如图 12-10 所示的下拉菜单。

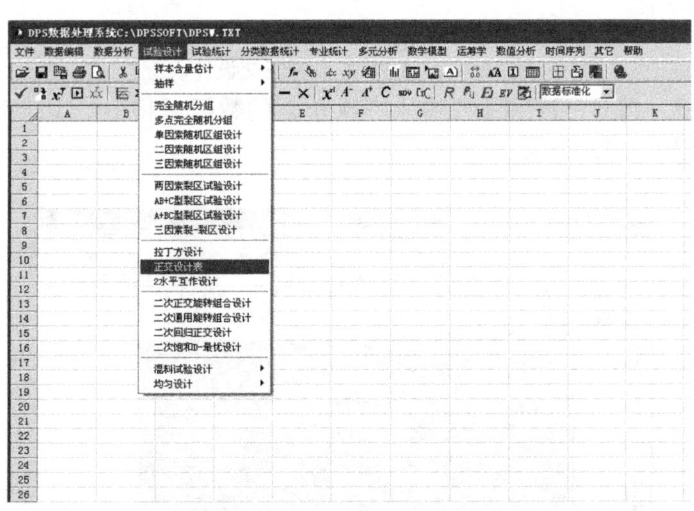

图 12-10　DPS 正交试验设计

点击【正交分析表】，弹出列表框如图 12-11 所示，选择 16 处理 4 水平 5 因素，点击确定后得到如图 12-12 所示的正交表。

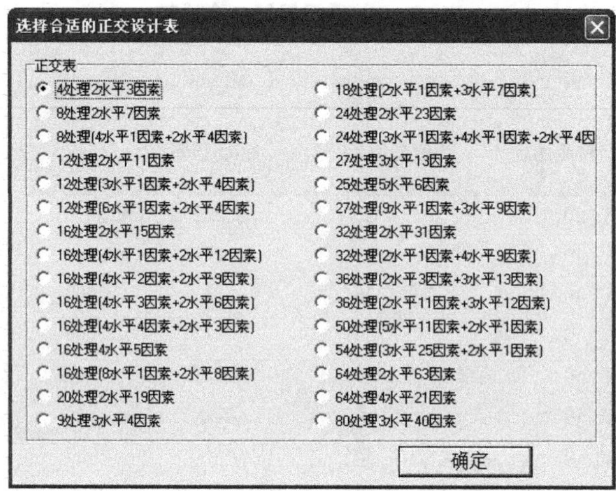

图 12-11 合适正交设计表选择框

DPS数据处理系统C:\DPSSOFT\DPSW.TXT

计算结果 当前日期 2013-07-14

16处理4水平5因素

处理号	第1列	第2列	第3列	第4列	第5列
1	1	1	1	1	1
2	1	2	2	2	2
3	1	3	3	3	3
4	1	4	4	4	4
5	2	1	2	3	4
6	2	2	1	4	3
7	2	3	4	1	2
8	2	4	3	2	1
9	3	1	3	4	2
10	3	2	4	3	1
11	3	3	1	2	4
12	3	4	2	1	3
13	4	1	4	2	3
14	4	2	3	1	4
15	4	3	2	4	1
16	4	4	1	3	2

图 12-12 DPS产生的正交设计表

（2）统计分析 在G、H和I列输入三次重复的数据后将B4-I20都用鼠标选择上，数据编辑格式如图12-13所示。

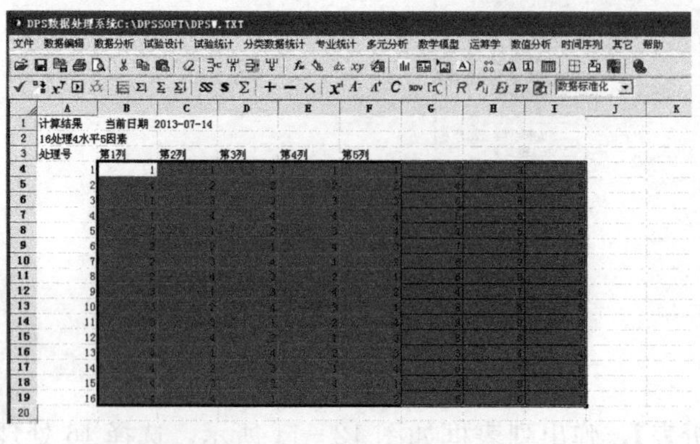

图 12-13 正交试验结果输入

点击【试验统计】菜单，在出现的下拉菜单中点击【正交试验方差分析】，出现对话框如图 12 - 14 所示。

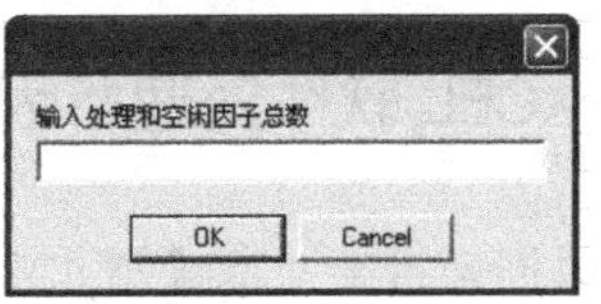

图 12 - 14　因子总数输入对话框

在本例题中，两列处理列和三列交互共 5 个因子，因此在对话框中输入“5”后点击“OK”，出现对话框如图 12 - 15 所示。

输入空闲因子所在列号，用空格分隔。后点击“OK”，出现对话框如图 12 - 16 所示。

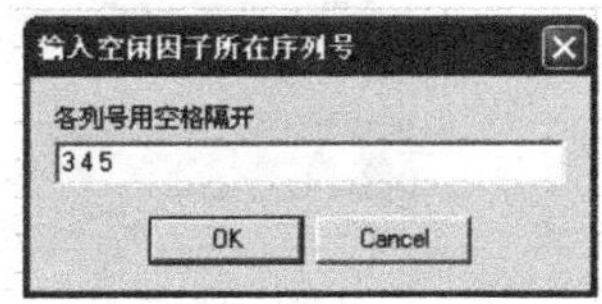

图 12 - 15　空闲因子所在列输入对话框

本例题中勾选 LSD 法，点击确定，得到分析结果。其中包括极差分析结果（略）和方差分析结果，方差分析结果分完全随机模型和随机区组模型，如图 12 - 17 所示。

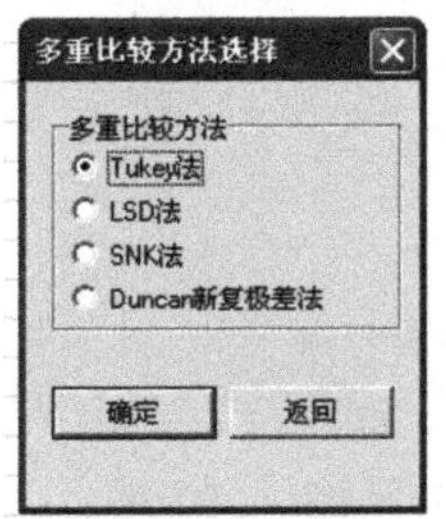

图 12 - 16　多重比较方法选择对话框

35	正交设计方差分析表(随机区组模型)：					
36	变异来源	平方和	自由度	均方	F值	p-值
37	区组	8.6667	2	4.3333		
38	第1列	30.9167	3	10.3056	23.2995	0.0001
39	第2列	89.0833	3	29.6944	67.1353	0.0001
40	第3列 *	0.7500	3	0.2500		
41	第4列 *	0.7500	3	0.2500		
42	第5列 *	2.4167	3	0.8056		
43	模型误差	3.9167	9	0.4352	0.9792	0.4766
44	重复误差	13.3333	30	0.4444		
45	合并误差	17.2500	39	0.4423		
46	总和	145.9167				
47						

图 12 - 17　方差分析结果

从图中可以看出，F 统计量和 p -值显示第 1 列（A）、和第 2 列（B）因素达到极显著水平，模型误差即互作的部分，交互作用差异不显著，不需要继续多重比较分析。氮肥用量（因子 1）和磷肥用量（因子 2）多重比较结果如图 12 - 18 所示。

48	试验处理因子 1 各水平间差异显著性检验：					
49						
50	LSD法多重比较(下三角为均值差,上三角为显著水平)					
51	No.	均值	3	2	4	1
52	3	7.5000		0.0186	0.0001	0.0001
53	2	6.8333	0.6667		0.0186	0.0001
54	4	6.1667	1.3333	0.6667		0.0039
55	1	5.3333	2.1667	1.5000	0.8333	
56	字母标记表示结果					
57	处理	均值	5%显著水平		1%极显著水平	
58	3	7.5000	a		A	
59	2	6.8333	b		AB	
60	4	6.1667	c		B	
61	1	5.3333	d		C	
62						
63						
64	试验处理因子 2 各水平间差异显著性检验：					
65						
66	LSD法多重比较(下三角为均值差,上三角为显著水平)					
67	No.	均值	3	2	4	1
68	3	8.2500		0.0001	0.0001	0.0001
69	2	6.6667	1.5833		0.5429	0.0001
70	4	6.5000	1.7500	0.1667		0.0001
71	1	4.4167	3.8333	2.2500	2.0833	
72	字母标记表示结果					
73	处理	均值	5%显著水平		1%极显著水平	
74	3	8.2500	a		A	
75	2	6.6667	b		B	
76	4	6.5000	b		B	
77	1	4.4167	c		C	
78						

图 12 - 18　氮肥用量和磷肥用量多重分析结果

12.4 EXCEL 软件处理析因设计

本节数据来自第 9 章【例 9.4】

(1) 设置数据区域，并输入数据，如图 12-19 所示。

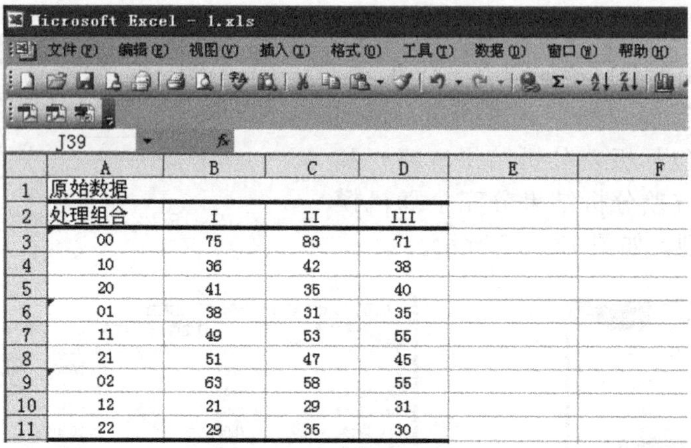

	A	B	C	D	E	F
1	原始数据					
2	处理组合	I	II	III		
3	00	75	83	71		
4	10	36	42	38		
5	20	41	35	40		
6	01	38	31	35		
7	11	49	53	55		
8	21	51	47	45		
9	02	63	58	55		
10	12	21	29	31		
11	22	29	35	30		

图 12-19　EXCEL 输入原始数据

(2) 进行数据转换，如对 B3 进行转换，在单元格 B15 输入公式：“=ASIN (SQRT (B3/100)) /3.1415926*180”，拖动填充柄将公式复制到 D23，对所有观察数据进行同样转换。在单元格 E15 中输入“=SUM (B15：D15)”，拖动填充柄将公式复制到 E16：E23，得到每处理组合和；在单元格 F15 中输入“=AVERAGE (B15：D15)”，拖动填充柄将公式复制到 F16：F23，得到和处理组合平均值；在单元格 B24 中输入“=SUM (B15：B23)”，拖动填充柄将公式复制到 C24：D24 得到重复和，结果如图 12-20 所示。

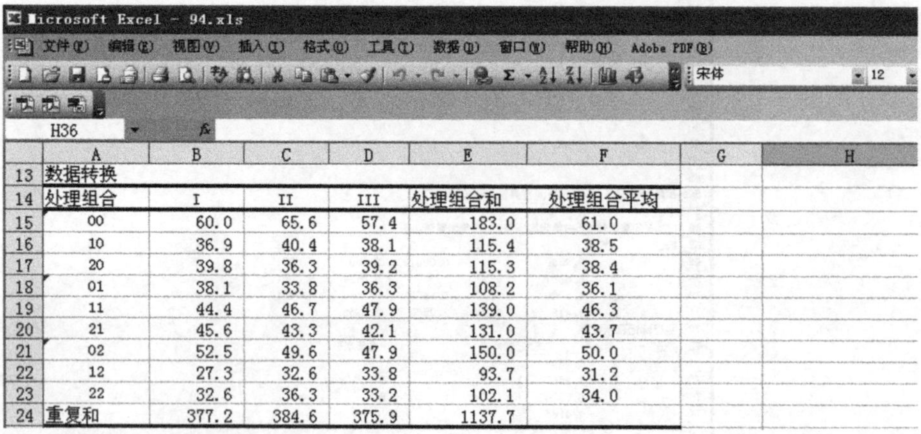

	A	B	C	D	E	F	G	H
13	数据转换							
14	处理组合	I	II	III	处理组合和	处理组合平均		
15	00	60.0	65.6	57.4	183.0	61.0		
16	10	36.9	40.4	38.1	115.4	38.5		
17	20	39.8	36.3	39.2	115.3	38.4		
18	01	38.1	33.8	36.3	108.2	36.1		
19	11	44.4	46.7	47.9	139.0	46.3		
20	21	45.6	43.3	42.1	131.0	43.7		
21	02	52.5	49.6	47.9	150.0	50.0		
22	12	27.3	32.6	33.8	93.7	31.2		
23	22	32.6	36.3	33.2	102.1	34.0		
24	重复和	377.2	384.6	375.9	1137.7			

图 12-20　EXCEL 对原始数据进行转换

（3）建立 YATES 计算表：建立标题栏和表头，然后将 E15：E24 复制到 B28：B37。C28 中输入"＝SUM（B28：B30）"，C29 中输入"＝SUM（B31：B33）"，C30 中输入"＝SUM（B34：B36）"，C31－C33 中分别输入"＝B30－B28""＝B33－B31"和"＝B36－B34"，C34－C36 中分别输入"＝ B28＋B30－2＊B33""＝B31＋B33－2＊B32"和"＝B34＋B36－2＊B35"；C29－C36 中分别输入"＝ SUM（C31：C33）""＝ SUM（C34：C36）""＝ SUM（C30－C28）""＝C33－C31""＝C36－C34""＝＝C28＋C30－2＊C29""＝C31＋C33－2＊C32"和"＝C34＋C36－2＊C35"，得到列（2）。E30－E36 即各组合的平均效应。E29－E36 分别输入公式"＝E29＊E29/18"、"＝E30＊E30/54""＝E31＊E31/18""＝E32＊E32/12""＝E33＊E33/36""＝E34＊E34/54""＝E35＊E35/36"和"＝E36＊E36/108"计算各组合的离差平方和。

（4）建立方差分析表：在 B39 中输入公式"＝B37＊B37/27"计算校正值 C，在 B40 中输入公式"＝SUMSQ（B15：D23）－B39"计算总变异 SST。建立标题栏和表头，然后分别填写各因素的自由度。在 B44 中输入公式"＝SUMSQ（B24：D24）/9－B39"计算区组 SS。C45－C50 分别填写"＝SUM（C46：C47）""＝F29""＝F30""＝SUM（C49：C50）""＝F31""＝F34"。C51 填入公式"＝SUM（F36，F35，F33，F32）"，C52 填入公式"＝B40－C44－C45－C48－C51 "，C53 填入公式"＝SUM（C44，C45，C48，C51，C52）"。在 D44 中输入公式"＝C44/B44"计算均方，拖动填充柄将公式复制到 D45－D52。在 E44 中输入公式"＝D44/＄D＄52"计算 F 值，拖动填充柄将公式复制到 E45－E51。

Microsoft Excel - 94.xls

	A	B	C	D	E	F
25	Yates计算表					
26	处理组合	结果	(1)	(2)	平均效应	平方和
27	00	183.0	413.7	1137.7		
28	10	115.4	378.2	-92.8	-92.8	478.44
29	20	115.3	345.8	93.4	93.4	161.55
30	01	108.2	-67.7	-67.9	-67.9	256.13
31	11	139.0	22.8	19.8	19.8	32.67
32	21	131.0	-47.9	-2.8	-2.8	0.22
33	02	150.0	67.5	3.1	3.1	0.18
34	12	93.7	-38.8	-161.2	-161.2	721.82
35	22	102.1	64.7	209.8	209.8	407.56
36	重复和	1137.7				
37						
38	校正值C	47939.31				
39	总变异SST	2171.62				
40						
41	方差分析表					
42	变异来源	自由度	SS	MS	F（固定）	Fa
43	区组	2	4.89	2.45	0.36	
44	因子A	2	639.98	319.99	47.33	F0.01(2,16)=6.23
45	AL	1	478.44	478.44	70.77	
46	AQ	1	161.55	161.55	23.89	
47	因子B	2	256.31	128.16	18.96	
48	BL	1	256.13	256.13	37.89	
49	BQ	1	0.18	0.18	0.03	
50	AXB	4	1162.26	290.57	42.98	F0.01(4,16)=4.77
51	机误	16	108.17	6.76		
52	总计	26	2171.62			

图 12－21　EXCEL 方差分析表

从图 12－21 的结果可以看出，因子 A、因子 B 以及它们的交互作用间，差异都达到了极显著水平。因此需要对它们逐一进行多重比较。

（5）多重分析：重新整理数据以另一种形式表示形成“各处理水平的平均值统计表”见图 12-22，并分别计算各水平的平均值。

	A	B	C	D	E	F
54	各处理水平的平均值统计表					
55		B0	B1	B2	xi.	平均值
56	A0	61.0	36.1	50.0	147.1	49.0
57	A1	38.5	46.3	31.2	116.0	38.7
58	A2	38.4	43.7	34.0	116.1	38.7
59	x.j	137.9	126.1	115.3	379.2	
60	平均值	46.0	42.0	38.4		
61						
62	D0.05	3.16				
63	D0.01	4.15				
64						
65	A因子(光照) 多重比较					
66	水平	平均值	与A1差值	与A2差值		
67	A0 (全光)	49.0	10.3	10.3		
68	A2 (1/4光)	38.7	0.0			
69	A1 (1/2光)	38.7				
70						
71						
72	B因子 (土壤) 多重比较					
73	水平	平均值	与B2差值	与B1差值		
74	B0 (含盐0%)	46.0	7.5	3.9		
75	B1 (含盐1%)	42.0	3.6			
76	B2 (含盐2%)	38.4				

图 12-22　EXCEL 多重分析结果

对于 A×B 交互作用的多重比较，将其中一个因子固定在某水平上，考察另一个因子不同水平对结果的影响，结果如图 12-23 所示。

	A	B	C	D
78	D0.05	5.48		
79	D0.01	7.19		
80				
81	全光条件下不同土壤含盐量对成活率的影响			
82			A0	
83	B0	61.0	24.9	11.0
84	B2	50.0	13.9	
85	B1	36.1		
86				
87	1/2光条件下不同土壤含盐量对成活率的影响			
88			A1	
89	B1	46.3	15.1	7.9
90	B0	38.5	7.2	
91	B2	31.2		
92				
93	1/4光条件下不同土壤含盐量对成活率的影响			
94			A2	
95	B1	43.7	9.6	5.2
96	B0	38.4	4.4	
97	B2	34.0		

图 12-23　A×B 交互作用的 EXCEL 多重分析结果

12.5　EXCEL 软件进行混杂设计数据分析

本节数据来自第 10 章【例 10.1】

（1）设置数据区域，并输入数据，如图 12-24 所示。

原始数据

处理	重复			
	I	II	III	IV
-1	10	11	9	13
a	26	27	28	30
b	31	32	32	32
ab	40	41	53	44
c	10	9	13	10
ac	29	31	32	27
bc	37	34	42	36
abc	45	45	47	44
区组1	116	117	136	120
区组2	112	113	120	116

图 12 - 24　混杂设计原始数据

（2）按照 YATES 算法计算平方和，如图 12 - 25 所示。

原始数据

处理	重复			
	I	II	III	IV
-1	10	11	9	13
a	26	27	28	30
b	31	32	32	32
ab	40	41	53	44
c	10	9	13	10
ac	29	31	32	27
bc	37	34	42	36
abc	45	45	47	44
区组1	116	117	136	120
区组2	112	113	120	116

Yates法统计结果表

处理	重复				处理和	(1)	(2)	(3)	平方和
	I	II	III	IV					
-1	10	11	9	13	43	154	459	950	28203.13
a	26	27	28	30	111	305	491	228	1624.50
b	31	32	32	32	127	161	119	320	3200.00
ab	40	41	53	44	178	330	109	-62	120.13
c	10	9	13	10	42	68	151	32	32.00
ac	29	31	32	27	119	51	169	-10	3.13
bc	37	34	42	36	149	77	-17	18	10.13
abc	45	45	47	44	181	32	-45	-28	24.50

图 12 - 25　混杂设计 EXCEL 的 Yates 算法实现

（3）建立方差分析表：图 12 - 25 已得到 SSA、SSB、SSAB、SSC、SSAC、SSBC（SSABC 已与区组效应混杂）。建立标题栏和表头，根据试验结果在 C37 中输入公式“＝SUMSQ（B16：E23）－J16”计算总离差平方和 SST，在 C29 中输入公式“＝SUMSQ（B24：E25）/4－J16”计算区组离差平方和 SSK，在 C36 中输入公式“＝C37－SUM（C30：C35）－C29”得机误离差平方和 SSe。C30－C35 分别填写“＝J19”“＝J20”“＝J22”“＝J21”“＝J23”和“＝F34”得各平方和；在 D29 输入公式“＝C29/B29”，拖动填充柄将公式复制到 D30－D36，得各均方；在 E30 中输入公式“＝D30/＄D＄36”，拖动填充柄将公式复制到 E31－D35，得各 *F* 值，如图 12 - 26 所示。

原始数据

处理	重复			
	I	II	III	IV
-1	10	11	9	13
a	26	27	28	30
b	31	32	32	32
ab	40	41	53	44
c	10	9	13	10
ac	29	31	32	27
bc	37	34	42	36
abc	45	45	47	44
区组1	116	117	136	120
区组2	112	113	120	116

Yates法统计结果表

处理	重复				处理和	(1)	(2)	(3)	平方和
	I	II	III	IV					
-1	10	11	9	13	43	154	459	950	28203.13
a	26	27	28	30	111	305	491	228	1624.50
b	31	32	32	32	127	161	119	320	3200.00
ab	40	41	53	44	178	330	109	-62	120.13
c	10	9	13	10	42	68	151	32	32.00
ac	29	31	32	27	119	51	169	-10	3.13
bc	37	34	42	36	149	77	-17	18	10.13
abc	45	45	47	44	181	32	-45	-28	24.50

方差分析表

变异来源	*df*	*SS*	*MS*	*F*（固定）	F_{α} (1, 18)
区 组	7	99.38	14.20		
A (N)	1	1624.50	1624.50	261.96	$F_{0.01}=8.29$
B (P)	1	3200.00	3200.00	516.01	
C (K)	1	32.00	32.00	5.16	$F_{0.05}=4.41$
AB (N×P)	1	120.13	120.13	19.37	
AC (N×K)	1	3.13	3.13	0.50	
BC (P×K)	1	10.13	10.13	1.63	
机 误	18	111.63	6.20		
总 计	31	5200.88			

图 12-26　混杂设计 EXCEL 的方差分析

从分析结果看出，因子 A 与 B 以及 AB 差异极显著，因子 C 也表现差异显著，需要分别进行多重比较，方法同析因试验（略）。

12.6　SAS 软件进行一次回归正交设计数据分析

本节数据来自第 11 章【例 11.1】

（1）设计程序如下：

```
data data111;
input N Pi K y@@;
cards;
1      1      1      500
1      1      −1     467.35
1      −1     1      462.65
1      −1     −1     462.3
−1     1      1      463.15
−1     1      −1     463.5
−1     −1     1      460.5
−1     −1     −1     429.8
```

```
0	0	0	462.5
0	0	0	465.85
0	0	0	462.75
0	0	0	460
0	0	0	463.35
0	0	0	458.35
;
Proc glm;
Model y=N Pi K N*Pi N*k Pi*k;
Run;
quit;
```

（2）运行以上程序，结果直接输出至 Output 窗口，结果如下：

```
                         The SAS System          16:13 Saturday, June 12, 2013  1
                           The GLM Procedure
                      Number of observations      14
                            The SAS System       16:13 Saturday, June 12, 2013  2
                           The GLM Procedure
Dependent Variable: y
```

Source	DF	Sum of Squares	Mean Square	F Value	Pr > F
Model	6	1 992.199 375	332.033 229	4.27	0.039 4
Error	7	544.277 946	77.753 992		
Corrected Total	13	2 536.477 321			

R - Square	Coeff Var	Root MSE	y Mean
0.785 420	1.904 483	8.817 822	463.003 6

Source	DF	Type I SS	Mean Square	F Value	Pr > F
N	1	709.702 812 5	709.702 812 5	9.13	0.019 4
Pi	1	775.195 312 5	775.195 312 5	9.97	0.016 0
K	1	501.652 812 5	501.652 812 5	6.45	0.038 7
N*Pi	1	4.575 312 5	4.575 312 5	0.06	0.815 3
N*K	1	0.877 812 5	0.877 812 5	0.01	0.918 4
Pi*K	1	0.195 312 5	0.195 312 5	0.00	0.961 4

Source	DF	Type III SS	Mean Square	F Value	Pr>F
N	1	709.702 812 5	709.702 812 5	9.13	0.019 4
Pi	1	775.195 312 5	775.195 312 5	9.97	0.016 0
K	1	501.652 812 5	501.652 812 5	6.45	0.038 7
N*Pi	1	4.575 312 5	4.575 312 5	0.06	0.815 3
N*K	1	0.877 812 5	0.877 812 5	0.01	0.918 4
Pi*K	1	0.195 312 5	0.195 312 5	0.00	0.961 4

Parameter	Estimate	Standard Error	t Value	Pr > |t|
Intercept	463.003 571 4	2.356 662 17	196.47	<.000 1
N	9.418 750 0	3.117 571 02	3.02	0.019 4
Pi	9.843 750 0	3.117 571 02	3.16	0.016 0
K	7.918 750 0	3.117 571 02	2.54	0.038 7
N * Pi	0.756 250 0	3.117 571 02	0.24	0.815 3
N * K	0.331 250 0	3.117 571 02	0.11	0.918 4
Pi * K	0.156 250 0	3.117 571 02	0.05	0.961 4

F 检验结果，产量 y 与 x_1、x_2、x_3 的回归关系达到了显著水平，而与 x_1x_2、x_1x_3、x_2x_3 等互作的不显著，拟合度为 78.542 0%（R-square）。因此，将各项互作的偏回归平方和及自由度并入离回归项（即剩余项），回归项仅剩 x_1、x_2、x_3，而后再作一次方差分析。程序同前，仅修改 model 语句将其中的互作项去掉表示为："Model y=N Pi K;"。部分运行结果如下所示：

The GLM Procedure

Dependent Variable:y

Source	DF	Sum of Squares	Mean Square	F Value	Pr > F
Model	3	1986.550937	662.183646	12.04	0.0012
Error	10	549.926384	54.992638		
Corrected Total	13	2536.477321			

R-Square	Coeff Var	Root MSE	y Mean
0.783193	1.601651	7.415702	463.0036

Source	DF	Type III SS	Mean Square	F Value	Pr > F
N	1	709.7028125	709.7028125	12.91	0.0049
Pi	1	775.1953125	775.1953125	14.10	0.0038
K	1	501.6528125	501.6528125	9.12	0.0129

Parameter	Estimate	Standard Error	t Value	Pr > |t|
Intercept	463.0035714	1.98192977	233.61	<.0001
N	9.4187500	2.62184664	3.59	0.0049
Pi	9.8437500	2.62184664	3.75	0.0038
K	7.9187500	2.62184884	3.02	0.0129

第二次方差分析结果表明，产量 y 与各因素间总的回归系数达到了极显著水平，与 x_1、x_2 达到了极显著水平，与 x_3 达到了显著水平，但拟合度仅为 78.319 3%（R-square），与回归模型的拟合测验结果一致，需要考虑重新建立二次回归方程。

附表 1　t 分布的双侧分位数（t_α）表

$P(|t|>t_\alpha)=\alpha$

f \ α	0.9	0.8	0.7	0.6	0.5	0.4	0.3	0.2	0.1	0.05	0.02	0.01	0.001	α / f
1	0.158	0.325	0.510	0.727	1.000	1.376	1.963	3.078	6.314	12.706	31.821	63.657	636.619	1
2	0.142	0.289	0.445	0.617	0.816	1.061	1.386	1.886	2.920	4.303	6.965	9.925	31.598	2
3	0.137	0.277	0.424	0.584	0.765	0.978	1.250	1.638	2.353	3.182	4.541	5.841	12.924	3
4	0.134	0.271	0.414	0.569	0.741	0.941	1.190	1.533	2.132	2.776	2.747	4.604	8.610	4
5	0.132	0.267	0.408	0.559	0.727	0.920	1.156	1.476	2.015	2.571	3.365	4.032	6.859	5
6	0.131	0.265	0.404	0.553	0.718	0.906	1.134	1.440	1.943	2.447	3.143	3.707	5.959	6
7	0.130	0.263	0.402	0.549	0.711	0.896	1.119	1.415	1.895	2.365	2.998	3.499	5.405	7
8	0.130	0.262	0.399	0.546	0.706	0.889	1.108	1.397	1.860	2.306	2.896	3.355	5.041	8
9	0.129	0.261	0.398	0.543	0.703	0.883	1.100	1.383	1.833	2.262	2.821	3.250	4.781	9
10	0.129	0.260	0.397	0.542	0.700	0.879	1.093	1.372	1.812	2.228	2.764	3.169	4.587	10
11	0.129	0.260	0.396	0.540	0.697	0.876	1.088	1.363	1.796	2.201	2.718	3.106	4.437	11
12	0.128	0.259	0.395	0.539	0.695	0.873	1.083	1.356	1.782	2.179	2.681	3.055	4.318	12
13	0.128	0.259	0.394	0.538	0.694	0.870	1.079	1.350	1.771	2.160	2.650	3.012	4.221	13
14	0.128	0.258	0.393	0.537	0.692	0.868	1.076	1.345	1.761	2.145	2.624	2.977	4.140	14
15	0.128	0.258	0.393	0.536	0.691	0.866	1.074	1.341	1.753	2.131	2.602	2.947	4.073	15
16	0.128	0.258	0.392	0.535	0.690	0.865	1.071	1.337	1.746	2.120	2.583	2.921	4.015	16
17	0.128	0.257	0.392	0.534	0.689	0.863	1.069	1.333	1.740	2.110	2.567	2.898	3.965	17
18	0.127	0.257	0.392	0.534	0.688	0.862	1.067	1.330	1.734	2.101	2.552	2.878	3.922	18
19	0.127	0.257	0.391	0.533	0.688	0.861	1.066	1.328	1.729	2.093	2.539	2.861	3.883	19
20	0.127	0.257	0.391	0.533	0.637	0.860	1.064	1.325	1.725	2.086	2.528	2.845	3.850	20
21	0.127	0.257	0.391	0.532	0.686	0.859	1.063	1.323	1.721	2.080	2.518	2.831	3.819	21
22	0.127	0.256	0.390	0.532	0.686	0.858	1.061	1.321	1.717	2.074	2.508	2.819	3.792	22
23	0.127	0.256	0.390	0.532	0.685	0.858	1.060	1.319	1.714	2.069	2.500	2.807	3.767	23
24	0.127	0.256	0.390	0.531	0.685	0.857	1.059	1.318	1.711	2.064	2.492	2.797	3.745	24
25	0.127	0.256	0.390	0.531	0.684	0.856	1.058	1.316	1.708	2.060	2.485	2.787	3.725	25
26	0.127	0.256	0.390	0.531	0.684	0.856	1.058	1.315	1.706	2.056	2.479	2.779	3.707	26
27	0.127	0.256	0.389	0.531	0.684	0.855	1.057	1.314	1.703	2.052	2.473	2.771	3.690	27
28	0.127	0.256	0.389	0.530	0.683	0.855	1.056	1.313	1.701	2.048	2.467	2.763	3.674	28
29	0.127	0.256	0.389	0.530	0.683	0.854	1.056	1.311	1.699	2.045	2.462	2.756	3.659	29
30	0.127	0.256	0.389	0.530	0.683	0.854	1.055	1.310	1.697	2.042	2.457	2.750	3.646	30
40	0.126	0.255	0.388	0.529	0.681	0.851	1.050	1.303	1.684	2.021	2.423	2.704	3.551	40
60	0.126	0.254	0.387	0.527	0.679	0.848	1.046	1.296	1.671	2.000	2.390	2.660	3.460	60
120	0.126	0.254	0.386	0.526	0.677	0.845	1.041	1.289	1.658	1.980	2.358	2.617	3.373	120
∞	0.126	0.253	0.385	0.524	0.674	0.842	1.036	1.282	1.645	1.960	2.326	2.576	3.291	∞

附表2　F值表

方差分析用（单尾）：

分母的自由度 df_2	分子的自											
	1	2	3	4	5	6	7	8	9	10	11	12
1	161	200	216	225	230	234	237	239	241	242	243	224
	4 052	4 999	5 403	5 625	5 764	5 859	5 928	5 981	6 022	6 056	6 082	6 106
2	18.51	19.00	19.16	19.25	19.30	19.33	19.36	19.37	19.38	19.39	19.40	19.41
	98.49	99.00	99.17	99.25	99.30	99.33	99.34	99.36	99.38	99.40	99.41	99.42
3	10.13	9.55	9.28	9.12	9.01	8.94	8.88	8.84	8.81	8.78	8.76	8.74
	34.12	30.82	29.46	28.71	28.24	27.91	27.67	27.49	27.34	27.23	27.13	27.05
4	7.71	6.94	6.59	6.39	6.26	6.16	6.09	6.04	6.00	5.96	5.93	5.91
	21.20	18.00	16.69	15.98	15.52	15.21	14.98	14.80	14.66	14.54	14.45	14.37
5	6.61	5.79	5.41	5.19	5.05	4.95	4.88	4.82	4.78	4.74	4.70	4.68
	16.26	13.27	12.06	11.39	10.97	10.67	10.45	10.27	10.15	10.05	9.96	9.89
6	5.99	5.14	4.76	4.53	4.39	4.28	4.21	4.15	4.10	4.06	4.03	4.00
	13.74	10.92	9.78	9.15	8.75	8.47	8.26	8.10	7.98	7.87	7.79	7.72
7	5.59	4.74	4.35	4.12	3.97	3.87	3.79	3.73	3.68	3.63	3.60	3.57
	12.25	9.55	8.45	7.85	7.46	7.19	7.00	6.84	6.71	6.62	6.54	6.47
8	5.32	4.46	4.07	3.84	3.69	3.58	3.50	3.44	3.39	3.34	3.31	3.28
	11.26	8.65	7.59	7.01	6.63	6.37	6.19	6.03	5.91	5.82	5.74	5.67
9	5.12	4.26	3.86	3.63	3.48	3.37	3.29	3.23	3.18	3.13	3.10	3.07
	10.56	8.02	6.99	6.42	6.06	5.80	5.62	5.47	5.35	5.26	5.18	5.11
10	4.96	4.10	3.71	3.48	3.33	3.22	3.14	3.07	3.02	2.97	2.94	2.91
	10.04	7.56	6.55	5.99	5.64	5.39	5.21	5.06	4.95	4.85	4.78	4.71
11	4.84	3.98	3.59	3.36	3.20	3.09	3.01	2.95	2.90	2.86	2.82	2.76
	9.65	7.20	6.22	5.67	5.32	5.07	4.88	4.74	4.63	4.54	4.46	4.40
12	4.75	3.88	3.49	3.26	3.11	3.00	2.92	2.85	2.80	2.76	2.72	2.69
	9.33	6.93	5.95	5.41	5.06	4.82	4.65	4.50	4.39	4.30	4.22	4.16
13	4.67	3.80	3.41	3.18	3.02	2.92	2.84	2.77	2.72	2.67	2.63	2.60
	9.07	6.70	5.74	5.20	4.86	4.62	4.44	4.30	4.19	4.10	4.02	3.96
14	4.60	3.74	3.34	3.11	2.96	2.85	2.77	2.70	2.65	2.60	2.56	2.53
	8.86	6.51	5.56	5.03	4.69	4.46	4.28	4.14	4.03	3.94	3.86	3.80
15	4.54	3.68	3.29	3.06	2.90	2.79	2.70	2.64	2.59	2.55	2.51	2.48
	8.68	6.36	5.42	4.89	4.56	4.32	4.14	4.00	3.89	3.80	3.73	3.67
16	4.49	3.63	3.24	3.01	2.85	2.74	2.66	2.59	2.54	2.49	2.45	2.42
	8.53	6.23	5.29	4.77	4.44	4.20	4.03	3.89	3.78	3.69	3.61	3.55
17	4.45	3.59	3.20	2.96	2.81	2.70	2.62	2.55	2.50	2.45	2.41	2.38
	8.40	6.11	5.18	4.67	4.34	4.10	3.93	3.79	3.68	3.59	3.52	3.45
18	4.41	3.55	3.16	2.93	2.77	2.66	2.58	2.51	2.46	2.41	2.37	2.34
	8.28	6.01	5.09	4.58	4.25	4.01	3.85	3.71	3.60	3.51	3.44	3.37
19	4.38	3.52	3.13	2.90	2.74	2.63	2.55	2.48	2.43	2.38	2.34	2.31
	8.18	5.93	5.01	4.50	4.17	3.94	3.77	3.63	3.52	3.43	3.36	3.30
20	4.35	3.49	3.10	2.87	2.71	2.60	2.52	2.45	2.40	2.35	2.31	2.28
	8.10	5.85	4.94	4.43	4.10	3.87	3.71	3.56	3.45	3.37	3.30	3.23
21	4.32	3.47	3.07	2.84	2.68	2.57	2.49	2.42	2.37	2.32	2.28	2.25
	8.02	5.78	4.87	4.37	4.04	3.81	3.65	3.51	3.40	3.31	3.24	3.17
22	4.30	3.44	3.05	2.82	2.66	2.55	2.47	2.40	2.35	2.30	2.26	2.23
	7.94	5.72	4.82	4.31	3.99	3.76	3.59	3.45	3.35	3.26	3.18	3.12
23	4.28	3.42	3.03	2.80	2.64	2.53	2.45	2.38	2.32	2.28	2.24	3.20
	7.88	5.66	4.76	4.26	3.94	3.71	3.54	3.41	3.30	3.21	3.14	3.07
24	4.26	3.40	3.01	2.78	2.62	2.51	2.43	2.36	2.30	2.26	2.22	2.18
	7.82	5.61	4.72	4.22	3.90	3.67	3.50	3.36	3.25	3.17	3.09	3.03
25	4.24	3.38	2.99	2.76	2.60	2.49	2.41	2.34	2.28	2.24	2.20	2.16
	7.77	5.57	4.68	4.18	3.86	3.63	3.46	3.32	3.21	3.13	3.05	2.99

（方差分析用）

上行概率 0.05，下行概率 0.01

由度 df_1											
14	16	20	24	30	40	50	75	100	200	500	∞
245	246	248	249	250	251	252	253	253	254	254	254
6 142	6 169	6 208	6 234	6 258	6 286	6 302	6 323	6 334	6 352	6 361	6 366
19.42	19.43	19.44	19.45	19.46	19.47	19.47	19.48	19.49	19.49	19.50	19.50
99.43	99.44	99.45	99.46	99.47	99.48	99.48	99.49	99.49	99.49	99.50	99.50
8.71	8.69	8.66	8.64	8.62	8.60	8.58	8.57	8.56	8.54	8.54	8.53
26.92	26.83	26.69	26.60	26.50	26.41	26.35	26.27	26.23	26.18	26.14	26.12
5.87	5.84	5.80	5.77	5.74	5.71	5.70	5.68	5.66	5.65	5.64	5.63
14.24	14.15	14.02	13.93	13.83	13.74	13.69	13.61	13.57	13.52	13.48	13.46
4.64	4.60	4.56	4.53	4.50	4.46	4.44	4.42	4.40	4.38	4.37	4.36
9.77	9.68	9.55	9.47	9.38	9.29	9.24	9.17	9.13	9.07	9.04	9.02
3.96	3.92	3.87	3.84	3.81	3.77	3.75	3.72	3.7I	3.69	3.68	3.67
7.60	7.52	7.39	7.31	7.23	7.14	7.09	7.02	6.99	6.94	6.90	6.88
3.52	3.49	3.44	3.41	3.38	3.34	3.32	3.29	3.28	3.25	3.24	3.23
6.35	6.27	6.15	6.07	5.98	5.90	5.85	5.78	5.75	5.70	5.67	5.65
3.23	3.20	3.15	3.12	3.08	3.05	3.03	3.00	2.98	2.96	2.94	2.93
5.56	5.48	5.36	5.28	5.20	5.11	5.06	5.00	4.96	4.91	4.88	4.86
3.02	2.98	2.93	2.90	2.86	2.82	2.80	2.77	2.76	2.73	2.72	2.71
5.00	4.92	4.80	4.73	4.64	4.56	4.51	4.45	4.41	4.36	4.33	4.31
2.86	2.82	2.77	2.74	2.70	2.67	2.64	2.61	2.59	2.56	2.55	2.54
4.60	4.52	4.41	4.33	4.25	4.17	4.12	4.05	4.01	3.96	3.93	3.91
2.74	2.70	2.65	2.61	2.57	2.53	2.50	2.47	2.45	2.42	2.41	2.40
4.29	4.21	4.10	4.02	3.94	3.86	3.80	3.74	3.70	3.66	3.62	3.60
2.64	2.60	2.54	2.50	2.46	2.42	2.40	2.36	2.35	2.32	2.31	2.30
4.05	3.98	3.86	3.78	3.70	3.61	3.56	3.49	3.46	3.41	3.38	3.36
2.55	2.51	2.46	2.42	2.38	2.34	2.32	2.28	2.26	2.24	2.22	2.21
3.85	3.78	3.67	3.59	3.51	3.42	3.37	3.30	3.27	3.21	3.18	3.16
2.48	2.44	2.39	2.35	2.31	2.27	2.24	2.21	2.19	2.16	2.14	2.13
3.70	3.62	3.51	3.43	3.34	3.26	3.21	3.14	3.11	3.06	3.02	3.00
2.43	2.39	2.33	2.29	2.25	2.21	2.18	2.15	2.12	2.10	2.08	2.07
3.56	3.48	3.36	3.29	3.20	3.12	3.07	3.00	2.97	2.92	2.89	2.87
2.37	2.33	2.28	2.24	2.20	2.16	2.13	2.09	2.07	2.04	2.02	2.01
3.45	3.37	3.25	3.18	3.10	3.01	2.96	2.89	2.86	2.80	2.77	2.75
2.33	2.29	2.23	2.19	2.15	2.11	2.08	2.04	2.02	1.99	1.97	1.96
3.35	3.27	3.16	3.08	3.00	2.92	2.86	2.79	2.76	2.70	2.67	2.65
2.29	2.25	2.19	2.15	2.11	2.07	2.04	2.00	1.98	1.95	1.93	1.92
3.27	3.19	3.07	3.00	2.91	2.83	2.78	2.71	2.68	2.62	2.59	2.57
2.26	2.21	2.15	2.11	2.07	2.02	2.00	1.96	1.94	1.91	1.90	1.88
3.19	3.12	3.00	2.92	2.84	2.76	2.70	2.63	2.60	2.54	2.51	2.49
2.23	2.18	2.12	2.08	2.04	1.99	1.96	1.92	1.90	1.87	1.85	1.84
3.13	3.05	2.94	2.86	2.77	2.69	2.63	2.56	2.53	2.47	2.44	2.42
2.20	2.15	2.09	2.05	2.00	1.96	1.93	1.89	1.87	1.84	1.82	1.81
3.07	2.99	2.88	2.80	2.72	2.63	2.58	2.51	2.47	2.42	2.38	2.36
3.18	2.13	2.07	2.03	1.98	1.93	1.91	1.87	1.84	1.81	1.80	1.78
3.02	2.94	2.83	2.75	2.67	2.58	2.53	2.46	2.42	2.37	2.33	2.31
2.14	2.10	2.04	2.00	1.96	1.91	1.88	1.84	1.82	1.79	1.77	1.76
2.97	2.89	2.78	2.70	2.62	2.53	2.48	2.41	2.37	2.32	2.28	2.26
2.13	2.09	2.02	1.98	1.94	1.89	1.86	1.82	1.80	1.76	1.74	1.73
2.93	2.85	2.74	2.66	2.58	2.49	2.44	2.36	2.33	2.27	2.23	2.21
2.11	2.06	2.00	1.96	1.92	1.87	1.84	1.80	1.77	1.74	1.72	1.71
2.89	2.81	2.70	2.62	2.54	2.45	2.40	2.32	2.29	2.23	2.19	2.17

分母的自由度 df_2	分子的自											
	1	2	3	4	5	6	7	8	9	10	11	12
26	4.22	3.37	2.98	2.74	2.59	2.47	2.39	2.32	2.27	2.22	2.18	2.15
	7.72	5.53	4.64	4.14	3.82	3.59	3.42	3.29	3.17	3.09	3.02	2.96
27	4.21	3.35	2.96	2.73	2.57	2.46	2.37	2.30	2.25	2.20	2.16	2.13
	7.68	5.49	4.60	4.11	3.79	3.56	3.39	3.26	3.14	3.06	2.98	2.93
28	4.20	3.34	2.95	2.71	2.56	2.44	2.36	2.29	2.24	2.19	2.15	2.12
	7.64	5.45	4.57	4.07	3.76	3.53	3.36	3.23	3.11	3.03	2.95	2.90
29	4.18	3.33	2.93	2.70	2.54	2.43	2.35	2.28	2.22	2.18	2.14	2.10
	7.60	5.42	4.54	4.04	3.73	3.50	3.33	3.20	3.08	3.00	2.92	2.87
30	4.17	3.32	2.92	2.69	2.53	2.42	2.34	2.27	2.21	2.16	2.12	2.09
	7.56	5.39	4.51	4.02	3.70	3.47	3.30	3.17	3.06	2.98	2.90	2.84
32	4.15	3.30	2.90	2.67	2.51	2.40	2.32	2.25	2.19	2.14	2.10	2.07
	7.50	5.34	4.46	3.97	3.66	3.42	3.25	3.12	3.01	2.94	2.86	2.80
34	4.13	3.28	2.88	2.65	2.49	2.38	2.30	2.23	2.17	2.12	2.08	2.05
	7.44	5.29	4.42	3.93	3.61	3.38	3.21	3.08	2.97	2.89	2.82	2.76
36	4.11	3.26	2.86	2.63	2.48	2.36	2.28	2.21	2.15	2.10	2.06	2.03
	7.39	5.25	4.38	3.89	3.58	3.35	3.18	3.04	2.94	2.86	2.78	2.72
38	4.10	3.25	2.85	2.62	2.46	2.35	2.26	2.19	2.14	2.09	2.05	2.02
	7.35	5.21	4.34	3.86	3.54	3.32	3.15	3.02	2.91	2.82	2.75	2.69
40	4.08	3.23	2.84	2.61	2.45	2.34	2.25	2.18	2.12	2.07	2.04	2.00
	7.31	5.18	4.31	3.83	3.51	3.29	3.12	2.99	2.88	2.80	2.73	2.66
42	4.07	3.22	2.83	2.59	2.44	2.32	2.24	2.17	2.11	2.06	2.02	1.99
	7.27	5.15	4.29	3.80	3.49	3.26	3.10	2.96	2.86	2.77	2.70	2.64
44	4.06	3.21	2.82	2.58	2.43	2.31	2.23	2.16	2.10	2.05	2.01	1.98
	7.24	5.12	4.26	3.78	3.46	3.24	3.07	2.94	2.84	2.75	2.68	2.62
46	4.05	3.20	2.81	2.57	2.42	2.30	2.22	2.14	2.09	2.04	2.00	1.97
	7.21	5.10	4.24	3.76	3.44	3.22	3.05	2.92	2.82	2.73	2.66	2.60
48	4.04	3.19	2.80	2.56	2.41	2.30	2.21	2.14	2.08	2.03	1.99	1.96
	7.19	5.08	4.22	3.74	3.42	3.20	3.04	2.90	2.80	2.71	2.64	2.58
50	4.03	3.18	2.79	2.56	2.40	2.29	2.20	2.13	2.07	2.02	1.98	1.95
	7.17	5.06	4.20	3.72	3.41	3.18	3.02	2.88	2.78	2.70	2.62	2.56
60	4.00	3.15	2.76	2.52	2.37	2.25	2.17	2.10	2.04	1.99	1.95	1.92
	7.08	4.98	4.13	3.65	3.34	3.12	2.95	2.82	2.72	2.63	2.56	2.50
70	3.98	3.13	2.74	2.50	2.35	2.23	2.14	2.07	2.01	1.97	1.93	1.89
	7.01	4.92	4.08	3.60	3.29	3.07	2.91	2.77	2.67	2.59	2.51	2.45
80	3.96	3.11	2.72	2.48	2.33	2.21	2.12	2.05	1.99	1.95	1.91	1.88
	6.96	4.88	4.04	3.56	3.25	3.04	2.87	2.74	2.64	2.55	2.48	2.41
100	3.94	3.09	2.70	2.46	2.30	2.19	2.10	2.03	1.97	1.92	1.88	1.85
	6.90	4.82	3.98	3.51	3.20	2.99	2.82	2.69	2.59	2.51	2.43	2.36
125	3.92	3.07	2.68	2.44	2.29	2.17	2.08	2.01	1.95	1.90	1.86	1.83
	6.84	4.78	3.94	3.47	3.17	2.95	2.79	2.65	2.56	2.47	2.40	2.33
150	3.91	3.06	2.67	2.43	2.27	2.16	2.07	2.00	1.94	1.89	1.85	1.82
	6.81	4.75	3.91	3.44	3.14	2.92	2.76	2.62	2.53	2.44	2.37	2.30
200	3.89	3.04	2.65	2.41	2.26	2.14	2.05	1.98	1.92	1.87	1.83	1.80
	6.76	4.71	3.88	3.41	3.11	2.90	2.73	2.60	2.50	2.41	2.34	2.28
400	3.86	3.02	2.62	2.39	2.23	2.12	2.03	1.96	1.90	1.85	1.81	1.78
	6.70	4.66	3.83	3.36	3.06	2.85	2.69	2.55	2.46	2.37	2.29	2.23
1 000	3.85	3.00	2.61	2.38	2.22	2.10	2.02	1.95	1.89	1.84	1.80	1.76
	6.66	4.62	3.80	3.34	3.04	2.82	2.66	2.53	2.43	2.34	2.26	2.20
∞	3.84	2.99	2.60	2.37	2.21	2.09	2.01	1.94	1.88	1.83	1.79	1.75
	6.64	4.60	3.78	3.32	3.02	2.80	2.64	2.51	2.41	2.32	2.24	2.18

（续）

由度 df_1

14	16	20	24	30	40	50	75	100	200	500	∞
2.10	2.05	1.99	1.95	1.90	1.85	1.82	1.78	1.76	1.72	1.70	1.69
2.86	2.77	2.66	2.58	2.50	2.41	2.36	2.28	2.25	2.19	2.15	2.13
2.08	2.03	1.97	1.93	1.88	1.84	1.80	1.76	1.74	1.71	1.68	1.67
2.83	2.74	2.63	2.55	2.47	2.38	2.33	2.25	2.21	2.16	2.12	2.10
2.06	2.02	1.96	1.91	1.87	1.81	1.78	1.75	1.72	1.69	1.67	1.65
2.80	2.71	2.60	2.52	2.44	2.35	2.30	2.22	2.18	2.13	2.09	2.06
2.05	2.00	1.94	1.90	1.85	1.80	1.77	1.73	1.71	1.68	1.65	1.64
2.77	2.68	2.57	2.49	2.41	2.32	2.27	2.19	2.15	2.10	2.06	2.03
2.04	1.99	1.93	1.89	1.84	1.79	1.76	1.72	1.69	1.66	1.64	1.62
2.74	2.66	2.55	2.47	2.38	2.29	2.24	2.16	2.13	2.07	2.03	2.01
2.02	1.97	1.91	1.86	1.82	1.76	1.74	1.69	1.67	1.64	1.61	1.59
2.70	2.62	2.51	2.42	2.34	2.25	2.20	2.12	2.08	2.02	1.98	1.96
2.00	1.95	1.89	1.84	1.80	1.74	1.71	1.67	1.64	1.61	1.59	1.57
2.66	2.58	2.47	2.38	2.30	2.21	2.15	2.08	2.04	1.98	1.94	1.91
1.98	1.93	1.87	1.82	1.78	1.72	1.69	1.65	1.62	1.59	1.56	1.55
2.62	2.54	2.43	2.35	2.26	2.17	2.12	2.04	2.00	1.94	1.90	1.87
1.96	1.92	1.85	1.80	1.76	1.71	1.67	1.63	1.60	1.57	1.54	1.53
2.59	2.51	2.40	2.32	2.22	2.14	2.08	2.00	1.97	1.90	1.86	1.84
1.95	1.90	1.84	1.79	1.74	1.69	1.66	1.61	1.59	1.55	1.53	1.51
2.56	2.49	2.37	2.29	2.20	2.11	2.05	1.97	1.94	1.88	1.84	1.81
1.94	1.89	1.82	1.78	1.73	1.68	1.64	1.60	1.57	1.54	1.51	1.49
2.54	2.46	2.35	2.26	2.17	2.08	2.02	1.94	1.91	1.85	1.80	1.78
1.92	1.88	1.81	1.76	1.72	1.66	1.63	1.58	1.56	1.52	1.50	1.48
2.52	2.44	2.32	2.24	2.15	2.06	2.00	1.92	1.88	1.82	1.76	1.75
1.91	1.87	1.80	1.75	1.71	1.65	1.62	1.57	1.54	1.51	1.48	1.46
2.50	2.42	2.30	2.22	2.13	2.04	1.98	1.90	1.86	1.80	1.76	1.72
1.90	1.86	1.79	1.74	1.70	1.64	1.61	1.56	1.53	1.50	1.47	1.45
2.48	2.40	2.28	2.20	2.11	2.02	1.96	1.88	1.84	1.78	1.73	1.70
1.90	1.85	1.78	1.74	1.69	1.63	1.60	1.55	1.52	1.48	1.46	1.44
2.46	2.39	2.26	2.18	2.10	2.00	1.94	1.86	1.82	1.76	1.71	1.68
1.86	1.81	1.75	1.70	1.65	1.59	1.56	1.50	1.48	1.44	1.41	1.39
2.40	2.32	2.20	2.12	2.03	1.93	1.87	1.79	1.74	1.68	1.63	1.60
1.84	1.79	1.82	1.67	1.62	1.56	1.53	1.47	1.45	1.40	1.37	1.35
2.35	2.28	2.15	2.07	1.98	1.88	1.82	1.74	1.69	1.62	1.56	1.53
1.82	1.77	1.70	1.65	1.60	1.54	1.51	1.45	1.42	1.38	1.35	1.32
2.32	2.24	2.11	2.03	1.94	1.84	1.78	1.70	1.65	1.57	1.52	1.49
1.79	1.75	1.68	1.63	1.57	1.51	1.48	1.42	1.39	1.34	1.30	1.28
2.26	2.19	2.06	1.98	1.89	1.79	1.73	1.64	1.59	1.51	1.46	1.43
1.77	1.72	1.65	1.60	1.55	1.49	1.45	1.39	1.36	1.31	1.27	1.25
2.23	2.15	2.03	1.94	1.85	1.75	1.68	1.59	1.54	1.46	1.40	1.37
1.76	1.71	1.64	1.59	1.54	1.47	1.44	1.37	1.34	1.29	1.25	1.22
2.20	2.12	2.00	1.91	1.83	1.72	1.66	1.56	1.51	1.43	1.37	1.33
1.74	1.69	1.62	1.57	1.52	1.45	1.42	1.35	1.32	1.26	1.22	1.19
2.17	2.09	1.97	1.88	1.79	1.69	1.62	1.53	1.48	1.39	1.33	1.28
1.72	1.67	1.60	1.54	1.49	1.42	1.38	1.32	1.28	1.22	1.16	1.13
2.12	2.04	1.92	1.84	1.74	1.64	1.57	1.47	1.42	1.32	1.24	1.19
1.70	1.65	1.58	1.53	1.47	1.41	1.36	1.30	1.26	1.19	1.13	1.08
2.09	2.01	1.89	1.81	1.71	1.61	1.54	1.44	1.38	1.28	1.19	1.11
1.69	1.64	1.57	1.52	1.46	1.40	1.35	1.28	1.24	1.17	1.11	1.00
2.07	1.99	1.87	1.79	1.69	1.59	1.52	1.41	1.36	1.25	1.15	1.00

附表3　多重比较中的 q 值表

5% q 值表（两尾）

自由度 (v)	测验极差的平均数个数 (p)																		
	2	3	4	5	6	7	8	9	10	11	12	13	14	15	16	17	18	19	20
1	18.0	26.7	32.8	37.2	40.5	43.1	45.4	47.3	49.1	50.6	51.9	53.2	54.3	55.4	56.3	57.2	58.0	58.8	59.6
2	6.09	8.28	9.80	10.89	11.73	12.43	13.03	13.54	13.99	14.39	14.75	15.08	15.38	15.65	15.91	16.14	16.36	16.57	16.77
3	4.50	5.88	6.83	7.51	8.04	8.47	8.85	9.18	9.46	9.72	9.95	10.16	10.35	10.72	10.69	10.84	10.98	11.12	11.24
4	3.93	5.00	5.76	6.31	6.73	7.06	7.35	7.60	7.83	8.03	8.21	8.37	8.52	8.67	8.80	8.92	9.03	9.14	9.24
5	3.61	4.54	5.18	5.64	5.99	6.28	6.52	6.74	6.93	7.10	7.25	7.39	7.52	7.64	7.75	7.86	7.95	8.04	8.13
6	3.46	4.34	4.90	5.31	5.63	5.89	6.12	6.32	6.49	6.65	6.79	6.92	7.04	7.14	7.24	7.34	7.43	7.51	7.59
7	3.34	4.16	4.63	5.06	5.35	5.59	5.80	5.99	6.15	6.29	6.42	6.54	6.65	6.75	6.84	6.93	7.01	7.08	7.16
8	3.26	4.04	4.53	4.89	5.17	5.40	5.60	5.77	5.92	6.05	6.18	6.29	6.39	6.48	6.57	6.65	6.73	6.80	6.87
9	3.20	3.95	4.42	4.76	5.02	5.24	5.43	5.60	5.74	5.87	5.98	6.09	6.19	6.28	6.36	6.44	6.51	6.58	6.65
10	3.15	3.88	4.33	4.66	4.91	5.12	5.30	5.46	5.60	5.72	5.83	5.93	6.03	6.12	6.20	6.27	6.34	6.41	6.47
11	3.11	3.82	4.26	4.58	4.82	5.03	5.20	5.35	5.49	5.61	5.71	5.81	5.90	5.98	6.06	6.14	6.20	6.27	6.33
12	3.08	3.77	4.20	4.51	4.75	4.95	5.12	5.27	5.40	5.51	5.61	5.71	5.80	5.88	5.95	6.02	6.09	6.15	6.21
13	3.06	3.73	4.15	4.46	4.69	4.88	5.05	5.19	5.32	5.43	5.53	5.63	5.71	5.79	5.86	5.93	6.00	6.06	6.11
14	3.03	3.70	4.11	4.41	4.64	4.83	4.99	5.13	5.25	5.36	5.46	5.56	5.64	5.72	5.79	5.86	5.92	5.98	6.03
15	3.01	3.67	4.08	4.37	4.59	4.78	4.94	5.08	5.20	5.31	5.40	5.49	5.57	5.65	5.72	5.79	5.85	5.91	5.96
16	3.00	3.65	4.05	4.34	4.56	4.74	4.90	5.03	5.15	5.26	5.35	5.44	5.52	5.59	5.66	5.73	5.79	5.84	5.90
17	2.98	3.62	4.02	4.31	4.52	4.70	4.86	4.99	5.11	5.21	5.31	5.39	5.47	5.55	5.61	5.68	5.74	5.79	5.84
18	2.97	3.61	4.00	4.28	4.49	4.67	4.83	4.96	5.07	5.17	5.27	5.35	5.43	5.50	5.57	5.63	5.69	5.74	5.79
19	2.96	3.59	3.98	4.26	4.47	4.64	4.79	4.92	5.04	5.14	5.23	5.32	5.39	5.46	5.53	5.59	5.65	5.70	5.75
20	2.95	3.58	3.96	4.24	4.45	4.62	4.77	4.90	5.01	5.11	5.20	5.28	5.36	5.43	5.50	5.56	5.61	5.66	5.71
24	2.92	3.53	3.90	4.17	4.37	4.54	4.68	4.81	4.92	5.01	5.10	5.18	5.25	5.32	5.38	5.44	5.50	5.55	5.59
30	2.89	3.48	3.84	4.11	4.30	4.46	4.60	4.72	4.83	4.92	5.00	5.08	5.15	5.21	5.27	5.33	5.38	5.43	5.48
40	2.86	3.44	3.79	4.04	4.23	4.39	4.52	4.63	4.74	4.82	4.90	4.98	5.05	5.11	5.17	5.22	5.27	5.32	5.36
60	2.83	3.40	3.74	3.98	4.16	4.31	4.44	4.55	4.65	4.73	4.81	4.88	4.94	5.00	5.06	5.11	5.15	5.20	5.24
120	2.80	3.36	3.69	3.92	4.10	4.24	4.36	4.47	4.56	4.64	4.71	4.78	4.84	4.90	4.95	5.00	5.04	5.09	5.13
∞	2.77	3.32	3.63	3.86	4.03	4.17	4.29	4.39	4.47	4.55	4.62	4.68	4.74	4.80	4.84	4.89	4.93	4.97	5.01

1% q 值表（两尾）

自由度 (v)	测验极差的平均数个数 (p)																		
	2	3	4	5	6	7	8	9	10	11	12	13	14	15	16	17	18	19	20
1	90.0	135.0	164.0	186.0	202.0	216.0	227.0	237.0	246.0	253.0	260.0	266.0	272.0	277.0	282.0	286.0	290.0	294.0	298.0
2	14.0	19.0	22.3	24.7	26.6	28.2	29.5	30.7	31.7	32.6	33.4	34.1	34.8	35.4	36.0	36.5	37.0	37.5	37.9
3	8.26	10.6	12.2	13.3	14.2	15.0	15.6	16.2	16.7	17.1	17.5	17.9	18.2	18.5	18.8	19.1	19.3	19.5	19.8
4	6.51	8.12	9.17	9.96	10.6	11.1	11.5	11.9	12.3	12.6	12.8	13.1	13.3	13.5	13.7	13.9	14.1	14.2	14.4
5	5.70	6.97	7.80	8.42	8.91	9.32	9.67	9.97	10.2	10.5	10.7	10.9	11.1	11.2	11.4	11.6	11.7	11.8	11.9
6	5.24	6.33	7.03	7.56	7.97	8.32	8.61	8.87	9.10	9.30	9.49	9.65	9.81	9.95	10.1	10.2	10.3	10.4	10.5
7	4.95	5.92	6.54	7.01	7.87	7.63	7.94	8.17	8.37	8.55	8.71	8.86	9.00	9.12	9.24	9.35	9.46	9.55	9.65
8	4.74	5.63	6.20	6.63	6.96	7.24	7.47	7.68	7.87	8.03	8.18	8.31	8.44	8.55	8.66	8.76	8.85	8.94	9.03
9	4.60	5.43	5.96	6.35	6.66	6.91	7.13	7.32	7.49	7.65	7.78	7.91	8.03	8.13	8.23	8.32	8.41	8.49	8.57
10	4.48	5.27	5.77	6.14	6.48	6.67	6.87	7.05	7.21	7.36	7.48	7.60	7.71	7.81	7.91	7.99	8.07	8.15	8.22
11	4.39	5.14	5.62	5.97	6.25	6.48	6.67	6.84	6.99	7.13	7.25	7.36	7.46	7.56	7.65	7.73	7.81	7.88	7.95
12	4.32	5.04	5.50	5.84	6.10	6.32	6.51	6.67	6.81	6.94	7.06	7.17	7.26	7.36	7.44	7.52	7.59	7.66	7.73
13	4.26	4.96	5.40	5.73	5.98	6.19	6.37	6.56	6.67	6.79	6.90	7.01	7.10	7.19	7.27	7.34	7.42	7.48	7.55
14	4.21	4.89	5.32	5.63	5.88	6.08	6.26	6.41	6.54	6.66	6.77	6.87	6.96	7.05	7.12	7.20	7.27	7.33	7.39
15	4.17	4.83	5.25	5.56	5.80	5.99	6.16	6.31	6.44	6.55	6.66	6.76	6.84	6.93	7.00	7.07	7.14	7.20	7.26
16	4.13	4.79	5.19	5.49	5.72	5.92	6.08	6.22	6.35	6.46	6.56	6.66	6.74	6.82	6.90	6.97	7.03	7.09	7.15
17	4.10	4.74	5.14	5.43	5.66	5.85	6.01	6.15	6.27	6.38	6.48	6.57	6.66	6.73	6.80	6.87	6.94	7.00	7.05
18	4.07	4.70	5.09	5.38	5.60	5.79	5.94	6.08	6.20	6.31	6.41	6.50	6.58	6.65	6.72	6.79	6.85	6.91	6.96
19	4.05	4.67	5.05	5.33	5.55	5.73	5.89	6.02	6.14	6.25	6.34	6.43	6.51	6.58	6.65	6.72	6.78	6.84	6.89
20	4.02	4.64	5.02	5.29	5.51	5.69	5.84	5.97	6.09	6.19	6.29	6.37	6.45	6.52	6.59	6.65	6.71	6.76	6.82
24	3.96	4.54	4.91	5.17	5.37	5.54	5.69	5.81	5.92	6.02	6.11	6.19	6.26	6.33	6.39	6.45	6.51	6.56	6.61
30	3.89	4.45	4.80	5.05	5.24	5.40	5.54	5.65	5.76	5.85	5.93	6.01	6.08	6.14	6.20	6.26	6.31	6.36	6.41
40	3.82	4.37	4.70	4.93	5.11	5.27	5.39	5.50	5.60	5.69	5.77	5.84	5.90	5.96	6.02	6.07	6.12	6.17	6.21
60	3.76	4.28	4.60	4.82	4.99	5.13	5.25	5.36	5.45	5.53	5.60	5.67	5.73	5.79	5.84	5.89	5.93	5.98	6.02
120	3.70	4.20	4.50	4.71	4.87	5.01	5.12	5.21	5.30	5.33	5.44	5.51	5.56	5.61	5.66	5.71	5.75	5.79	5.83
∞	3.64	4.12	4.40	4.60	4.76	4.88	4.99	5.08	5.16	5.23	5.29	5.35	5.40	5.45	5.49	5.54	5.57	5.61	5.65

附表 4　Duncan′s 新复全距极差测验 5%和 1%*SSR* 表

自由度（υ）	显著水平（α）	测验极差的平均数个数（p）													
		2	3	4	5	6	7	8	9	10	12	14	16	17	20
1	0.05	18.0	18.0	18.0	18.0	18.0	18.0	18.0	18.0	18.0	18.0	18.0	18.0	18.0	18.0
	0.01	90.0	90.0	90.0	90.0	90.0	90.0	90.0	90.0	90.0	90.0	90.0	90.0	90.0	90.0
2	0.05	6.09	6.09	6.09	6.09	6.09	6.09	6.09	6.09	6.09	6.09	6.09	6.09	6.09	6.09
	0.01	14.0	14.0	14.0	14.0	14.0	14.0	14.0	14.0	14.0	14.0	14.0	14.0	14.0	14.0
3	0.05	4.50	4.50	4.50	4.50	4.50	4.50	4.50	4.50	4.50	4.50	4.50	4.50	4.50	4.50
	0.01	8.26	8.5	8.6	8.7	8.8	8.9	8.9	9.0	9.0	9.0	9.1	9.2	9.3	9.3
4	0.05	3.93	4.01	4.02	4.02	4.02	4.02	4.02	4.02	4.02	4.02	4.02	4.02	4.02	4.02
	0.01	6.51	6.8	6.9	7.0	7.1	7.1	7.2	7.2	7.3	7.3	7.4	7.4	7.5	7.5
5	0.05	3.64	3.74	3.79	3.83	3.83	3.83	3.83	3.83	3.83	3.83	3.83	3.83	3.83	3.83
	0.01	5.70	5.96	6.11	6.18	6.26	6.33	6.40	6.44	6.5	6.6	6.6	6.7	6.7	6.8
6	0.05	3.46	3.58	3.64	3.68	3.68	3.68	3.68	3.68	3.68	3.68	3.68	3.68	3.68	3.68
	0.01	5.24	5.51	5.65	5.73	5.81	5.88	5.95	6.0	6.0	6.1	6.2	6.2	6.3	6.3
7	0.05	3.35	3.47	3.54	3.58	3.60	3.61	3.61	3.61	3.61	3.61	3.61	3.61	3.61	3.61
	0.01	4.95	5.22	5.37	5.45	5.53	5.61	5.69	5.73	5.8	5.8	5.9	5.9	6.0	6.0
8	0.05	3.26	3.39	3.47	3.52	3.55	3.56	3.56	3.56	3.56	3.56	3.56	3.56	3.56	3.56
	0.01	4.74	5.00	5.14	5.23	5.32	5.40	5.47	5.51	5.5	5.6	5.7	5.7	5.8	5.8
9	0.05	3.20	3.34	3.41	3.47	3.50	3.52	3.52	3.52	3.52	3.52	3.52	3.52	3.52	3.52
	0.01	4.60	4.86	4.99	5.08	5.17	5.25	5.32	5.36	5.4	5.5	5.5	5.6	5.7	5.7
10	0.05	3.15	3.30	3.37	3.43	3.46	3.47	3.47	3.47	3.47	3.47	3.47	3.47	3.47	3.48
	0.01	4.48	4.73	4.88	4.96	5.06	5.13	5.20	5.24	5.28	5.36	5.42	5.48	5.54	5.55
11	0.05	3.11	3.27	3.35	3.39	3.43	3.44	3.45	3.46	3.46	3.46	3.46	3.46	3.47	3.48
	0.01	4.39	4.63	4.77	4.86	4.94	5.01	5.06	5.12	5.15	5.24	5.28	5.34	5.38	5.39
12	0.05	3.08	3.23	3.33	3.36	3.40	3.42	3.44	3.44	3.46	3.46	3.46	3.46	3.47	3.48
	0.01	4.26	4.55	4.68	4.76	4.84	4.92	4.96	5.02	5.07	5.13	5.17	5.22	5.24	5.26
13	0.05	3.06	3.21	3.30	3.35	3.38	3.41	3.42	3.44	3.45	3.45	3.46	3.46	3.47	3.47
	0.01	4.32	4.48	4.62	4.69	4.74	4.84	4.88	4.94	4.98	5.04	5.08	5.13	5.06	5.07
14	0.05	3.03	3.18	3.27	3.33	3.37	3.39	3.41	3.42	3.44	3.45	3.46	3.46	3.47	3.47
	0.01	4.21	4.42	4.55	4.63	4.70	4.78	4.83	4.87	4.91	4.96	5.00	5.04	5.06	5.07
15	0.05	3.01	3.16	3.25	3.31	3.36	3.38	3.40	3.42	3.43	3.44	3.45	3.46	3.47	3.47
	0.01	4.17	4.37	4.50	4.58	4.64	4.72	4.77	4.81	4.84	4.90	4.94	4.97	4.99	5.00
16	0.05	3.00	3.15	3.23	3.30	3.34	3.37	3.39	3.41	3.43	3.44	3.45	3.46	3.47	3.47
	0.01	4.13	4.34	4.45	4.54	4.60	4.67	4.72	4.73	4.79	4.84	4.88	4.91	4.93	4.94
17	0.05	2.98	3.13	3.22	3.28	3.33	3.36	3.38	3.40	3.42	3.44	3.45	3.46	3.47	3.47
	0.01	4.10	4.30	4.41	4.50	4.56	4.63	4.68	4.72	4.75	4.80	4.83	4.86	4.88	4.89
18	0.05	2.97	3.12	3.21	3.27	3.32	3.35	3.37	3.39	3.41	3.43	3.45	3.46	3.47	3.47
	0.01	4.07	4.27	4.38	4.46	4.53	4.59	4.64	4.68	4.71	4.76	4.79	4.82	4.84	4.85
19	0.05	2.96	3.11	3.19	3.26	3.31	3.35	3.37	3.39	3.41	3.43	3.44	3.46	3.47	3.47
	0.01	4.05	4.24	4.35	4.43	4.50	4.56	4.61	4.64	4.67	4.72	4.76	4.79	4.81	4.82
20	0.05	2.95	3.10	3.18	3.25	3.30	3.34	3.36	3.38	3.40	3.43	3.44	3.46	3.46	3.47
	0.01	4.02	4.22	4.33	4.40	4.47	4.53	4.58	4.61	4.65	4.69	4.73	4.76	4.78	4.79
22	0.05	2.93	3.08	3.17	3.24	3.29	3.32	3.35	3.37	3.39	3.42	3.44	3.45	3.46	3.47
	0.01	3.99	4.17	4.28	4.36	4.42	4.48	4.53	4.60	4.60	4.65	4.68	4.71	4.74	4.75
24	0.05	2.92	3.07	3.15	3.22	3.28	3.31	3.34	3.37	3.38	3.41	3.44	3.45	3.46	3.47
	0.01	3.96	4.14	4.24	4.33	4.39	4.44	4.49	4.53	4.57	4.62	4.64	4.67	4.70	4.72
26	0.05	2.91	3.06	3.14	3.21	3.27	3.30	3.34	3.36	3.38	3.41	3.43	3.45	3.46	3.47
	0.01	3.93	4.11	4.21	4.30	4.36	4.41	4.46	4.50	4.53	4.58	4.62	4.65	6.67	4.69
28	0.05	2.90	3.04	3.13	3.20	3.26	3.30	3.33	3.35	3.37	3.40	3.43	3.45	3.46	3.47
	0.01	3.91	4.08	4.18	4.28	4.34	4.39	4.43	4.47	4.51	4.56	4.60	4.62	4.65	4.67
30	0.05	2.89	3.04	3.12	3.20	3.25	3.29	3.32	3.35	3.37	3.40	3.43	3.44	3.46	3.47
	0.01	3.89	4.06	4.16	4.22	4.32	4.36	4.41	4.45	4.48	4.54	4.58	4.61	4.63	4.59
40	0.05	2.86	3.01	3.10	3.17	3.22	3.27	3.30	3.33	3.35	3.39	3.42	3.44	3.46	3.47
	0.01	3.82	3.99	4.10	4.17	4.24	4.30	4.34	4.37	4.41	4.46	4.51	4.54	4.57	4.53
60	0.05	2.83	2.98	3.08	3.14	3.20	3.24	3.28	3.31	3.33	3.37	3.40	3.43	3.45	3.47
	0.01	3.76	3.92	4.03	4.12	4.17	4.23	4.27	4.31	4.34	4.39	4.44	4.47	4.50	4.53
100	0.05	2.80	2.95	3.05	3.12	3.18	3.22	3.26	3.29	3.32	3.36	3.40	3.42	3.45	3.47
	0.01	3.71	3.86	3.98	4.06	4.11	4.17	4.21	4.25	4.29	4.35	4.38	4.42	4.45	4.48
∞	0.05	2.77	2.92	3.02	3.09	3.15	3.19	3.23	3.26	3.29	3.34	3.38	3.41	3.44	3.47
	0.01	3.64	3.80	3.90	3.98	4.04	4.09	4.14	4.17	4.20	4.26	4.31	4.34	4.38	4.41

附表5　平衡不完全区组设计表

（阿拉伯数字表示处理，行表示区组，罗马数字表示重复）

设计1　$v=4$，$k=2$，$r=3$，$b=6$，$\lambda=1$

Ⅰ	Ⅱ	Ⅲ
1 2	1 3	1 4
3 4	2 4	2 3

设计3　$v=5$，$k=2$，$r=4$，$b=10$，$\lambda=1$

Ⅰ	Ⅱ	Ⅲ	Ⅳ
1	2	1	3
2	3	2	4
3	4	3	5
4	5	4	1
5	1	5	2

设计4　$v=5$，$k=3$，$r=6$，$b=10$，$\lambda=3$

Ⅰ	Ⅱ	Ⅲ	Ⅳ	Ⅴ	Ⅵ
1	2	3	1	2	4
2	3	4	2	3	5
3	4	5	3	4	1
4	5	1	4	5	2
5	1	2	5	1	3

设计6　$v=6$，$k=2$，$r=5$，$b=15$，$\lambda=1$

Ⅰ	Ⅱ	Ⅲ	Ⅳ	Ⅴ
1 2	1 3	1 4	1 5	1 6
3 4	2 5	2 6	2 4	2 3
5 6	4 6	3 5	3 6	4 5

设计7　$v=6$，$k=3$，$r=5$，$b=10$，$\lambda=2$

1 2 5	2 3 4
1 2 6	2 3 5
1 3 4	2 4 6
1 3 6	3 5 6
1 4 5	4 5 6

设计8　$v=6$，$k=3$，$r=10$，$b=20$，$\lambda=4$

Ⅰ	Ⅱ	Ⅲ	Ⅳ	Ⅴ
1 2 3	1 2 4	1 2 5	1 2 6	1 3 4
4 5 6	3 5 6	3 4 6	3 4 5	2 5 6
Ⅵ	Ⅶ	Ⅷ	Ⅸ	Ⅹ
1 3 5	1 3 6	1 4 5	1 4 6	1 5 6
2 4 6	2 4 5	2 3 6	2 3 5	2 3 4

设计9　$v=6$，$k=4$，$r=10$，$b=15$，$\lambda=6$

Ⅰ，Ⅱ	Ⅲ，Ⅳ	Ⅴ，Ⅵ	Ⅶ，Ⅷ	Ⅸ，Ⅹ
1 2 3 4	1 2 3 5	1 2 3 6	1 2 4 5	1 2 5 6
1 4 5 6	1 2 4 6	1 3 4 5	1 3 5 6	1 3 4 6
2 3 5 6	3 4 5 6	2 4 5 6	2 3 4 6	2 3 4 5

设计11　$v=7$，$k=2$，$r=6$，$b=21$，$\lambda=1$

Ⅰ	Ⅱ	Ⅲ	Ⅳ	Ⅴ	Ⅵ
1	2	1	3	1	4
2	3	2	4	2	5
3	4	3	5	3	6
4	5	4	6	4	7
5	6	5	7	5	1
6	7	6	1	6	2
7	1	7	2	7	3

设计12　$v=7$，$k=3$，$r=3$，$b=7$，$\lambda=1$

1	2	4
2	3	5
3	4	6
4	5	7
5	6	1
6	7	2
7	1	3

设计 13 $v=7$，$k=4$，$r=4$，$b=7$，$\lambda=2$

1	2	3	6
2	3	4	7
3	4	5	1
4	5	6	2
5	6	7	3
6	7	1	4
7	1	2	5

设计 15 $v=8$，$k=2$，$r=7$，$b=28$，$\lambda=1$

Ⅰ	Ⅱ	Ⅲ	Ⅳ
1 2	1 3	1 4	1 5
3 4	2 8	2 7	2 3
5 6	4 5	3 6	4 7
7 8	6 7	5 8	6 8

Ⅴ	Ⅵ	Ⅶ
1 6	1 7	1 8
2 4	2 6	2 5
3 8	3 5	3 7
5 7	4 8	4 6

设计 16 $v=8$，$k=4$，$r=7$，$b=14$，$\lambda=3$

Ⅰ	Ⅱ	Ⅲ	Ⅳ
1 2 3 4	1 2 5 6	1 2 7 8	1 3 5 7
5 6 7 8	3 4 7 8	3 4 5 6	2 4 6 8

Ⅴ	Ⅵ	Ⅶ
1 3 6 8	1 4 5 8	1 4 6 7
2 4 5 7	2 3 6 7	2 3 5 8

设计 18 $v=9$，$k=2$，$r=8$，$b=36$，$\lambda=1$

Ⅰ	Ⅱ	Ⅲ	Ⅳ	Ⅴ	Ⅵ	Ⅶ	Ⅷ
1	2	1	3	1	4	1	5
2	3	2	4	2	5	2	6
3	4	3	5	3	6	3	7
4	5	4	6	4	7	4	8
5	6	5	7	5	8	5	9
6	7	6	8	6	9	6	1
7	8	7	9	7	1	7	2
8	9	8	1	8	2	8	3
9	1	9	2	9	3	9	4

设计 19 $v=9$，$k=3$，$r=4$，$b=12$，$\lambda=1$

Ⅰ	Ⅱ	Ⅲ	Ⅳ
1 2 3	1 4 7	1 5 9	1 6 8
4 5 6	2 5 8	2 6 7	2 4 9
7 8 9	3 6 9	3 4 8	3 5 7

设计 20 $v=9$，$k=4$，$r=8$，$b=18$，$\lambda=3$

Ⅰ	Ⅱ	Ⅲ	Ⅳ	Ⅴ	Ⅵ	Ⅶ	Ⅷ
1	2	3	5	1	4	5	8
2	3	4	6	2	5	6	9
3	4	5	7	3	6	7	1
4	5	6	8	4	7	8	2
5	6	7	9	5	8	9	3
6	7	8	1	6	9	1	4
7	8	9	2	7	1	2	5
8	9	1	3	8	2	3	6
9	1	2	4	9	3	4	7

设计 21 $v=9$，$k=5$，$r=10$，$b=18$，$\lambda=5$

Ⅰ	Ⅱ	Ⅲ	Ⅳ	Ⅴ	Ⅵ	Ⅶ	Ⅷ	Ⅸ	Ⅹ
1	2	3	4	8	1	2	4	6	7
2	3	4	5	9	2	3	5	7	8
3	4	5	6	1	3	4	6	8	9
4	5	6	7	2	4	5	7	9	1
5	6	7	8	3	5	6	8	1	2
6	7	8	9	4	6	7	9	2	3
7	8	9	1	5	7	8	1	3	4
8	9	1	2	6	8	9	2	4	5
9	1	2	3	7	9	1	3	5	6

设计 22 $v=9$，$k=6$，$r=8$，$b=12$，$\lambda=5$

Ⅰ，Ⅱ	Ⅲ，Ⅳ
1 2 3 4 5 6	1 2 4 5 7 8
1 2 3 7 8 9	1 3 4 6 7 9
4 5 6 7 8 9	2 3 5 6 8 9

Ⅴ，Ⅵ	Ⅶ，Ⅷ
1 2 4 6 8 9	1 2 5 6 7 9
1 3 5 6 7 8	1 3 4 5 8 9
2 3 4 5 7 9	2 3 4 6 7 8

设计 24　$v=10, k=2, r=9, b=45, \lambda=1$

Ⅰ	Ⅱ	Ⅲ	Ⅳ	Ⅴ
1 2	1 3	1 4	1 5	1 6
3 4	2 7	2 10	2 8	2 9
5 6	4 8	3 7	3 10	3 8
7 8	5 9	5 8	4 9	4 10
9 10	6 10	6 9	6 7	5 7

Ⅵ	Ⅶ	Ⅷ	Ⅸ
1 7	1 8	1 9	1 10
2 6	2 3	2 4	2 5
3 9	4 6	3 5	3 6
4 5	5 10	6 8	4 7
8 10	7 9	7 10	8 9

设计 25　$v=10, k=3, r=9, b=30, \lambda=2$

Ⅰ，Ⅱ，Ⅲ	Ⅳ，Ⅴ，Ⅵ	Ⅶ，Ⅷ，Ⅸ
1 2 3	1 2 4	1 3 5
1 4 6	1 5 7	1 6 8
1 7 9	1 8 10	1 9 10
2 5 8	2 3 6	2 4 10
2 8 10	2 5 9	2 6 7
3 4 7	3 4 8	2 7 9
3 9 10	3 7 10	3 5 6
4 6 9	4 5 9	3 8 9
5 6 10	6 7 10	4 5 10
5 7 8	6 8 9	4 7 8

设计 26　$v=10, k=4, r=6, b=15, \lambda=2$

1 2 3 4	1 6 8 10	3 4 5 8
1 2 5 6	2 3 6 9	3 5 9 10
1 3 7 8	2 4 7 10	3 6 7 10
1 4 9 10	2 5 8 10	4 5 6 7
1 5 7 9	2 7 8 9	4 6 8 9

设计 27　$v=10, k=5, r=9, b=18, \lambda=4$

1 2 3 4 5	1 4 5 6 10	2 5 6 8 10
1 2 3 6 7	1 4 8 9 10	2 6 7 9 10
1 2 4 6 9	1 5 7 9 10	3 4 5 7 9
1 2 5 7 8	2 3 4 8 10	3 4 6 7 10
1 3 6 8 9	2 3 5 9 10	3 5 6 8 9
1 3 7 8 10	2 4 7 8 9	4 5 6 7 8

设计 28　$v=10, k=6, r=9, b=15, \lambda=5$

1 2 3 5 7 10	1 3 4 5 6 10	2 3 4 6 8 10
1 2 3 8 9 10	1 3 4 6 7 9	2 3 5 6 7 8
1 2 4 5 8 9	1 3 5 6 8 9	2 4 5 6 9 10
1 2 4 6 7 8	1 4 5 7 8 10	3 4 7 8 9 10
1 2 6 7 9 10	2 3 4 5 7 9	5 6 7 8 9 10

设计 30　$v=11, k=2, r=10, b=55, \lambda=1$

Ⅰ	Ⅱ	Ⅲ	Ⅳ	Ⅴ	Ⅵ	Ⅶ	Ⅷ	Ⅸ	Ⅹ
1	2	1	3	1	4	1	5	1	6
2	3	2	4	2	5	2	6	2	7
3	4	3	5	3	6	3	7	3	8
4	5	4	6	4	7	4	8	4	9
5	6	5	7	5	8	5	9	5	10
6	7	6	8	6	9	6	10	6	11
7	8	7	9	7	10	7	11	7	1
8	9	8	10	8	11	3	1	8	2
9	10	9	11	9	1	9	2	9	3
10	11	10	1	10	2	10	3	10	4
11	1	11	2	11	3	11	4	11	5

设计 31　$v=11, k=5, r=5, b=11, \lambda=2$

1	2	3	5	8
2	3	4	6	9
3	4	5	7	10
4	5	6	8	11
5	6	7	9	1
6	7	8	10	2
7	8	9	11	3
8	9	10	1	4
9	10	11	2	5
10	11	1	3	6
11	1	2	4	7

设计 32　$v=11, k=6, r=6, b=11, \lambda=3$

1	2	3	7	9	10
2	3	4	8	10	11
3	4	5	9	11	1
4	5	6	10	1	2
5	6	7	11	2	3
6	7	8	1	3	4
7	8	9	2	4	5
8	9	10	3	5	6
9	10	11	4	6	7
10	11	1	5	7	8
11	1	2	6	8	9

设计 34 $v=13$，$k=3$，$r=6$，$b=26$，$\lambda=1$

Ⅰ	Ⅱ	Ⅲ	Ⅳ	Ⅴ	Ⅵ
1	2	11	1	3	9
2	3	12	2	4	10
3	4	13	3	5	11
4	5	1	4	6	12
5	6	2	5	7	13
6	7	3	6	8	1
7	8	4	7	9	2
8	9	5	8	10	3
9	10	6	9	11	4
10	11	7	10	12	5
11	12	8	11	13	6
12	13	9	12	1	7
13	1	10	13	2	8

设计 35 $v=13$，$k=4$，$r=4$，$b=13$，$\lambda=1$

1	2	4	10
2	3	5	11
3	4	6	12
4	5	7	13
5	6	8	1
6	7	9	2
7	8	10	3
8	9	11	4
9	10	12	5
10	11	13	6
11	12	1	7
12	13	2	8
13	1	3	9

设计 36 $v=13$，$k=9$，$r=9$，$b=13$，$\lambda=6$

1	2	3	4	5	7	8	9	12
2	3	4	5	6	8	9	10	13
3	4	5	6	7	9	10	11	1
4	5	6	7	8	10	11	12	2
5	6	7	8	9	11	12	13	3
6	7	8	9	10	12	13	1	4
7	8	9	10	11	13	1	2	5
8	9	10	11	12	1	2	3	6
9	10	11	12	13	2	3	4	7
10	11	12	13	1	3	4	5	8
11	12	13	1	2	4	5	6	9
12	13	1	2	3	5	6	7	10
13	1	2	3	4	6	7	8	11

设计 37 $v=15$，$k=3$，$r=7$，$b=35$，$\lambda=1$

Ⅰ			Ⅱ			Ⅲ			Ⅳ		
1	2	3	1	4	6	1	6	7	1	8	9
4	8	12	2	8	10	2	9	11	2	13	15
5	10	16	3	13	14	3	12	15	3	4	7
6	11	13	6	9	15	4	10	14	5	11	14
7	9	14	7	11	12	5	8	13	6	10	12

Ⅴ			Ⅵ			Ⅶ		
1	10	11	1	12	13	1	14	15
2	12	14	2	5	7	2	4	6
3	5	6	3	9	10	3	8	11
4	9	13	4	11	15	5	9	12
7	8	15	6	8	14	7	10	13

设计 38 $v=15$，$k=7$，$r=7$，$b=15$，$\lambda=3$

1	2	3	5	6	9	11
2	3	4	6	7	10	12
3	4	5	7	8	11	13
4	5	6	8	9	12	14
5	6	7	9	10	13	15
6	7	8	10	11	14	1
7	8	9	11	12	15	2
8	9	10	12	13	1	3
9	10	11	13	14	2	4
10	11	12	14	15	3	5
11	12	13	15	1	4	6
12	13	14	1	2	5	7
13	14	15	2	3	6	8
14	15	1	3	4	7	9
15	1	2	4	5	8	10

设计 39 $v=15$，$k=8$，$r=8$，$b=15$，$\lambda=4$

1	2	3	4	8	11	12	14
2	3	4	5	9	12	13	15
3	4	5	6	10	13	14	1
4	5	6	7	11	14	15	2
5	6	7	8	12	15	1	3
6	7	8	9	13	1	2	4
7	8	9	10	14	2	3	5
8	9	10	11	15	3	4	6
9	10	11	12	1	4	5	7
10	11	12	13	2	5	6	8
11	12	13	14	3	6	7	9
12	13	14	15	4	7	8	10
13	14	15	1	5	8	9	11
14	15	1	2	6	9	10	12
15	1	2	3	7	10	11	13

设计 40　$v=16$，$k=4$，$r=5$，$b=20$，$\lambda=1$

Ⅰ	Ⅱ	Ⅲ
1 2 3 4	1 5 9 13	1 6 11 16
5 6 7 8	2 6 10 14	2 5 12 15
9 10 11 12	3 7 11 15	3 8 9 14
13 14 15 16	4 8 12 16	4 7 10 13

Ⅳ	Ⅴ
1 7 12 14	1 8 10 15
2 8 11 13	2 7 9 16
3 5 10 16	3 6 12 13
4 6 9 15	4 5 11 14

设计 41　$v=16$，$k=6$，$r=6$，$b=16$，$\lambda=2$

1	2	3	4	5	6
2	7	8	9	10	1
3	1	13	7	11	12
4	8	1	11	14	15
5	12	14	1	16	9
6	10	15	13	1	16
7	14	2	16	15	3
8	16	12	2	4	13
9	15	11	5	13	2
10	11	6	12	2	14
11	3	16	3	9	10
12	3	10	15	8	5
13	6	9	14	3	8
14	13	5	10	7	4
15	9	4	6	12	7
16	5	7	8	6	11

设计 42　$v=16$，$k=6$，$r=9$，$b=24$，$\lambda=3$

Ⅰ Ⅱ Ⅲ	Ⅳ Ⅴ Ⅵ	Ⅶ Ⅷ Ⅸ
1 2 5 6 11 12	1 3 5 7 10 12	1 4 5 8 10 11
1 2 7 8 13 14	1 3 6 8 13 15	1 4 6 7 13 16
1 2 9 10 15 16	1 3 9 11 14 16	1 4 9 12 14 15
3 4 5 6 15 16	2 4 5 7 14 16	2 3 5 8 14 15
3 4 7 8 9 10	2 4 6 8 9 11	2 3 6 7 9 12
3 4 11 12 13 14	2 4 10 12 13 15	2 3 10 11 13 16
5 6 9 10 13 14	5 7 9 11 13 15	5 8 9 12 13 16
7 8 11 12 15 16	6 8 10 12 14 16	6 7 10 11 14 15

设计 43　$v=16$，$k=10$，$r=10$，$b=16$，$\lambda=6$

1	4	5	6	8	9	10	11	12	13
2	7	10	9	12	13	6	3	16	5
3	13	11	12	14	15	4	5	6	16
4	8	9	7	11	12	5	14	2	3
5	6	3	11	7	10	1	15	9	14
6	3	7	15	13	11	8	2	10	4
7	1	4	3	9	8	13	16	5	15
8	10	12	13	15	16	7	9	14	11
9	5	8	10	16	14	2	4	15	6
10	2	16	1	5	4	15	12	11	7
11	9	15	16	2	3	12	6	1	8
12	15	2	8	6	5	14	7	13	1
13	11	14	5	1	2	16	8	3	10
14	16	1	2	4	6	11	13	7	9
15	12	13	14	3	1	9	10	4	2
16	14	6	4	10	7	3	1	8	12

设计 44　$v=19$，$k=3$，$r=9$，$b=57$，$\lambda=1$

Ⅰ	Ⅱ	Ⅲ	Ⅳ	Ⅴ	Ⅵ	Ⅶ	Ⅷ	Ⅸ
1	2	13	1	3	6	1	5	14
2	3	14	2	4	7	2	6	15
3	4	15	3	5	8	3	7	16
4	5	16	4	6	9	4	8	17
5	6	17	5	7	10	5	9	18
6	7	18	6	8	11	6	10	19
7	8	19	7	9	12	7	11	1
8	9	1	8	10	13	8	12	2
9	10	2	9	11	14	9	13	3
10	11	3	10	12	15	10	14	4
11	12	4	11	13	16	11	15	5
12	13	5	12	14	17	12	16	6
13	14	6	13	15	18	13	17	7
14	15	7	14	16	19	14	18	8
15	16	8	15	17	1	15	19	9
16	17	9	16	18	2	16	1	10
17	18	10	17	19	3	17	2	11
18	19	11	18	1	4	18	3	12
19	1	12	19	2	5	19	4	13

设计 45 $v=19$，$k=9$，$r=9$，$b=19$，$\lambda=4$

1	3	5	6	7	8	11	14	15
2	4	6	7	8	9	12	15	16
3	5	7	8	9	10	13	16	17
4	6	8	9	10	11	14	17	18
5	7	9	10	11	12	15	18	19
6	8	10	11	12	13	16	19	1
7	9	11	12	13	14	17	1	2
8	10	12	13	14	15	18	2	3
9	11	13	14	15	16	19	3	4
10	12	14	15	16	17	1	4	5
11	13	15	16	17	18	2	5	6
12	14	16	17	18	19	3	6	7
13	15	17	18	19	1	4	7	8
14	16	18	19	1	2	5	8	9
15	17	19	1	2	3	6	9	10
16	18	1	2	3	4	7	10	11
17	19	2	3	4	5	8	11	12
18	1	3	4	5	6	9	12	13
19	2	4	5	6	7	10	13	14

设计 46 $v=19$，$k=10$，$r=10$，$b=19$，$\lambda=5$

1	2	3	4	6	8	13	14	16	17
2	3	4	5	7	9	14	15	17	18
3	4	5	6	8	10	15	16	18	19
4	5	6	7	9	11	16	17	19	1
5	6	7	8	10	12	17	18	1	2
6	7	8	9	11	13	18	19	2	3
7	8	9	10	12	14	19	1	3	4
8	9	10	11	13	15	1	2	4	5
9	10	11	12	14	16	2	3	5	6
10	11	12	13	15	17	3	4	6	7
11	12	13	14	16	18	4	5	7	8
12	13	14	15	17	19	5	6	8	9
13	14	15	16	18	1	6	7	9	10
14	15	16	17	19	2	7	8	10	11
15	16	17	18	1	3	8	9	11	12
16	17	18	19	2	4	9	10	12	13
17	18	19	1	3	5	10	11	13	14
18	19	1	2	4	6	11	12	14	15
19	1	2	3	5	7	12	13	15	16

设计 47 $v=21$，$k=3$，$r=10$，$b=70$，$\lambda=1$

Ⅰ	Ⅱ	Ⅲ	Ⅳ	Ⅴ
1 2 3	1 4 15	1 5 17	1 6 9	1 7 21
4 5 6	2 5 11	2 4 14	2 7 16	2 13 17
7 8 9	3 9 16	3 7 11	3 8 21	3 10 18
10 11 12	6 17 20	6 10 19	4 17 19	4 3 11
13 14 15	7 12 19	8 16 20	5 10 13	5 16 19
16 17 18	8 13 18	9 15 18	11 15 20	6 12 15
19 20 21	10 14 21	12 13 21	12 14 18	9 14 20

Ⅵ	Ⅶ	Ⅷ	Ⅸ	Ⅹ
1 8 10	1 11 18	1 12 20	1 13 19	1 14 16
2 18 19	2 10 20	2 6 8	2 9 12	2 15 21
3 15 17	3 5 12	3 14 19	3 4 20	3 6 13
4 12 16	4 9 13	4 18 21	5 8 14	4 7 10
5 9 21	6 16 21	5 7 15	6 7 18	5 18 20
6 11 14	7 14 17	9 10 17	10 15 16	8 12 17
7 13 20	8 15 19	11 13 16	11 17 21	9 11 19

设计 48 $v=21$，$k=5$，$r=5$，$b=21$，$\lambda=1$

1	2	5	15	17
2	3	6	16	18
3	4	7	17	19
4	5	8	18	20
5	6	9	19	21
6	7	10	20	1
7	8	11	21	2
8	9	12	1	3
9	10	13	2	4
10	11	14	3	5
11	12	15	4	6
12	13	16	5	7
13	14	17	6	8
14	15	18	7	9
15	16	19	8	10
16	17	20	9	11
17	18	21	10	12
18	19	1	11	13
19	20	2	12	14
20	21	3	13	15
21	1	4	14	16

设计 49　$v=21$，$k=7$，$r=10$，$b=30$，$\lambda=3$

1 2 3 4 5 6 7	2 3 5 9 10 12 15	3 6 11 12 18 20 21
1 2 4 8 9 11 21	2 3 12 14 16 18 19	3 7 8 9 15 17 18
1 2 11 13 15 17 18	2 4 8 12 15 16 20	4 5 7 11 12 14 17
1 3 7 8 10 14 20	2 5 10 11 17 19 20	4 5 9 14 18 20 21
1 3 11 14 15 19 21	2 6 7 9 13 14 19	4 6 10 14 15 17 18
1 4 9 10 16 18 19	2 6 8 14 16 17 21	4 7 12 13 15 19 21
1 5 6 8 12 13 18	2 7 10 13 18 20 21	5 6 8 10 15 19 21
1 5 13 14 15 16 20	3 4 6 10 11 13 16	5 7 8 11 16 18 19
1 6 9 12 17 19 20	3 4 8 13 17 19 20	6 7 9 11 15 16 20
1 7 10 12 16 17 21	3 5 9 13 16 17 21	8 9 10 11 12 13 14

设计 50　$v=25$，$k=4$，$r=8$，$b=50$，$\lambda=1$

Ⅰ	Ⅱ	Ⅲ	Ⅳ	Ⅴ	Ⅵ	Ⅶ	Ⅷ
1	2	6	25	1	3	11	19
2	3	7	21	2	4	12	20
3	4	8	22	3	5	13	16
4	5	9	23	4	1	14	17
5	1	10	24	5	2	15	18
6	7	11	5	6	8	16	24
7	8	12	1	7	9	17	25
8	9	13	2	8	10	18	21
9	10	14	3	9	6	19	22
10	6	15	4	10	7	20	23
11	12	16	10	11	13	21	4
12	13	17	6	12	14	22	5
13	14	18	7	13	15	23	1
14	15	19	8	14	11	24	2
15	11	20	9	15	12	25	3
16	17	21	15	16	18	1	9
17	18	22	11	17	19	2	10
18	19	23	12	18	20	3	6
19	20	24	13	19	16	4	7
20	16	25	14	20	17	5	8
21	22	1	20	21	23	6	14
22	23	2	16	22	24	7	15
23	24	3	17	23	25	8	11
24	25	4	18	24	21	9	12
25	21	5	19	25	22	10	13

设计 51　$v=25$，$k=5$，$r=6$，$b=30$，$\lambda=1$

Ⅰ	Ⅱ	Ⅲ
1 2 3 4 5	1 6 11 16 21	1 7 13 20 24
6 7 8 9 10	2 7 12 17 22	2 3 14 16 25
11 12 13 14 15	3 8 13 18 23	3 9 15 17 21
16 17 18 19 20	4 9 14 19 24	4 10 11 18 22
21 22 23 24 25	5 10 15 20 25	5 6 12 19 23

Ⅳ	Ⅴ	Ⅵ
1 8 15 19 22	1 9 12 18 25	1 10 14 17 23
2 9 11 20 23	2 10 13 19 21	2 6 15 18 24
3 10 12 16 24	3 6 14 20 22	3 7 11 19 25
4 6 13 17 25	4 7 15 16 23	4 8 12 20 21
5 7 14 18 21	5 8 11 17 24	5 9 13 16 22

设计 52　$v=25$，$k=9$，$r=9$，$b=25$，$\lambda=3$

1	2	3	4	5	6	7	8	9
2	4	9	10	24	17	15	22	12
3	24	8	23	18	21	13	4	10
4	22	25	8	20	12	11	3	19
5	15	17	18	8	11	2	13	20
6	8	12	13	1	14	24	25	15
7	16	5	22	3	10	25	15	13
8	10	11	16	6	22	23	1	17
9	13	20	5	12	23	1	21	22
10	19	14	12	16	2	8	5	21
11	18	19	24	10	1	5	9	25
12	6	10	25	7	18	20	2	23
13	11	4	9	23	25	14	16	2
14	3	7	17	11	5	12	23	24
15	20	21	1	14	7	10	11	4
16	17	18	7	13	19	4	12	1
17	14	13	20	19	3	9	10	6
18	9	22	14	25	8	21	17	7
19	7	23	15	9	20	16	24	3
20	5	16	6	4	24	22	14	13
21	12	6	11	15	9	3	18	16
22	21	24	19	2	13	6	7	11
23	1	2	3	22	15	18	19	14
24	25	1	2	21	16	17	20	3
25	23	15	21	17	4	19	6	5

设计 53 $v=28, k=4, r=9, b=63, \lambda=1$

Ⅰ	Ⅱ	Ⅲ
28 1 10 19	28 2 11 20	28 3 12 21
2 9 13 16	3 1 14 17	4 2 15 18
3 8 11 18	4 9 12 10	5 1 13 11
4 7 23 24	5 8 24 25	6 9 25 26
5 6 20 27	6 7 21 19	7 8 22 20
12 17 22 25	13 18 23 26	14 10 24 27
14 15 21 26	15 16 22 27	16 17 23 19
Ⅳ	**Ⅴ**	**Ⅵ**
28 4 13 22	28 5 14 23	28 6 15 24
5 3 16 10	6 4 17 11	7 5 18 12
6 2 14 12	7 3 15 13	8 4 16 14
7 1 26 27	8 2 27 19	9 3 19 20
8 9 23 21	9 1 24 22	1 2 25 23
15 11 25 19	16 12 26 20	17 13 27 21
17 13 24 20	13 10 25 21	10 11 26 22
Ⅶ	**Ⅷ**	**Ⅸ**
23 7 16 25	28 8 17 26	28 9 18 27
8 6 10 13	9 7 11 14	1 8 12 15
9 5 17 15	1 6 18 16	2 7 10 17
1 4 20 21	2 5 21 22	3 6 22 23
2 3 26 24	3 4 27 25	4 5 19 26
18 14 19 22	10 15 20 23	11 16 21 24
11 12 27 23	12 13 19 24	13 14 20 25

设计 54 $v=28, k=7, r=9, b=36, \lambda=2$

1 2 4 13 20 24 28	3 7 16 18 19 20 24
1 2 8 10 12 16 25	3 8 10 13 22 27 28
1 3 4 7 15 21 22	3 9 15 16 25 26 28
1 3 6 12 19 23 27	4 5 12 13 15 19 26
1 5 9 10 11 15 24	4 6 9 18 24 25 27
1 5 17 18 21 27 28	4 7 8 9 14 23 28
1 6 7 8 11 20 26	4 8 11 17 19 21 25
1 9 14 16 17 19 22	4 10 16 17 20 26 27
1 13 14 18 23 25 26	5 6 7 10 19 25 28
2 3 5 14 20 21 25	5 7 11 13 14 16 27
2 3 6 9 11 13 17	5 8 9 12 18 20 22
2 4 5 6 16 22 23	6 8 13 15 16 18 21
2 7 9 12 21 26 27	6 10 14 21 22 24 26
2 7 10 15 17 13 23	6 12 14 15 17 20 28
2 8 14 15 19 24 27	7 12 13 17 22 24 25
2 11 18 19 22 26 28	9 10 13 19 20 21 23
3 4 10 11 12 14 13	11 12 16 21 23 24 23
3 5 8 17 23 24 26	11 15 20 22 23 25 27

设计 55 $v=31, k=6, r=6, b=31, \lambda=1$

1	2	4	11	15	27
2	3	5	12	16	28
3	4	6	13	17	29
4	5	7	14	18	30
5	6	8	15	19	31
6	7	9	16	20	1
7	8	10	17	21	2
8	9	11	18	22	3
9	10	12	19	23	4
10	11	13	20	24	5
11	12	14	21	25	6
12	13	15	22	26	7
13	14	16	23	27	8
14	15	17	24	28	9
15	16	18	25	29	10
16	17	19	26	30	11
17	18	20	27	31	12
18	19	21	28	1	13
19	20	22	29	2	14
20	21	23	30	3	15
21	22	24	31	4	16
22	23	25	1	5	17
23	24	26	2	6	18
24	25	27	3	7	19
25	26	28	4	8	20
26	27	29	5	9	21
27	28	30	6	10	22
28	29	31	7	11	23
29	30	1	8	12	24
30	31	2	9	13	25
31	1	3	10	14	26

设计 56　$v=31$，$k=10$，$r=10$，$b=31$，$\lambda=3$

1	2	4	8	9	11	15	16	18	28
2	3	12	9	10	17	16	19	5	22
3	4	20	10	17	13	6	18	11	23
4	5	7	11	12	21	18	14	19	24
5	6	1	12	13	8	19	20	15	25
6	7	13	16	14	9	20	21	2	26
7	1	15	14	8	10	21	17	3	27
8	11	17	25	16	23	29	7	26	5
9	12	24	29	27	18	1	26	17	6
10	13	18	19	29	25	2	27	28	7
11	14	22	26	19	20	3	28	29	1
12	8	27	23	20	29	4	22	21	2
13	9	29	28	21	15	5	23	24	3
14	10	25	22	15	16	24	29	6	4
15	24	26	5	2	27	11	10	30	20
16	25	6	30	3	28	12	11	27	21
17	26	28	7	30	22	13	12	4	15
18	27	23	1	5	30	14	13	22	16
19	28	30	2	6	14	8	24	23	17
20	22	8	3	7	24	9	30	25	18
21	23	10	4	1	26	30	25	9	19
22	21	11	17	24	1	25	2	31	13
23	15	3	18	25	2	26	31	12	14
24	16	19	31	26	3	27	4	13	8
25	17	14	27	31	4	28	5	20	9
26	18	5	21	28	31	22	6	8	10
27	19	31	15	22	6	23	9	7	11
28	20	16	24	23	7	31	1	10	12
29	30	2	6	4	5	7	3	1	31
30	31	9	13	11	12	10	8	14	29
31	29	21	20	18	19	17	15	16	30

设计 57　$v=37$，$k=9$，$r=9$，$b=37$，$\lambda=2$

1	2	4	8	18	25	26	30	36
2	3	5	9	19	26	27	31	37
3	4	6	10	20	27	28	32	1
4	5	7	11	21	28	29	33	2
5	6	8	12	22	29	30	34	3
6	7	9	13	23	30	31	35	4
7	8	10	14	24	31	32	36	5
8	9	11	15	25	32	33	37	6
9	10	12	16	26	33	34	1	7
10	11	13	17	27	34	35	2	8
11	12	14	18	28	35	36	3	9
12	13	15	19	29	36	37	4	10
13	14	16	20	30	37	1	5	11
14	15	17	21	31	1	2	6	12
15	16	18	22	32	2	3	7	13
16	17	19	23	33	3	4	8	14
17	18	20	24	34	4	5	9	15
18	19	21	25	35	5	6	10	16
19	20	22	26	36	6	7	11	17
20	21	23	27	37	7	8	12	18
21	22	24	28	1	8	9	13	19
22	23	25	29	2	9	10	14	20
23	24	26	30	3	10	11	15	21
24	25	27	31	4	11	12	16	22
25	26	28	32	5	12	13	17	23
26	27	29	33	6	13	14	18	24
27	28	30	34	7	14	15	19	25
28	29	31	35	8	15	16	20	26
29	30	32	36	9	16	17	21	27
30	31	33	37	10	17	18	22	28
31	32	34	1	11	18	19	23	29
32	33	35	2	12	19	20	24	30
33	34	36	3	13	20	21	25	31
34	35	37	4	14	21	22	26	32
35	36	1	5	15	22	23	27	33
36	37	2	6	16	23	24	28	34
37	1	3	7	17	24	25	29	35

设计 58 $v=41$, $k=5$, $r=10$, $b=82$, $\lambda=1$

1	10	16	18	37	1	19	31	32	35
2	11	17	19	38	2	20	32	33	36
3	12	18	20	39	3	21	33	34	37
4	13	19	21	40	4	22	34	35	38
5	14	20	22	41	5	23	35	36	39
6	15	21	23	1	6	24	36	37	40
7	16	22	24	2	7	25	37	38	41
8	17	23	25	3	8	26	38	39	1
9	18	24	26	4	9	27	39	40	2
10	19	25	27	5	10	28	40	41	3
11	20	26	28	6	11	29	41	1	4
12	21	27	29	7	12	30	1	2	5
13	22	28	30	8	13	31	2	3	6
14	23	29	31	9	14	32	3	4	7
15	24	30	32	10	15	33	4	5	8
16	25	31	33	11	16	34	5	6	9
17	26	32	34	12	17	35	6	7	10
18	27	33	35	13	18	36	7	8	11
19	28	34	36	14	19	37	8	9	12
20	29	35	37	15	20	38	9	10	13
21	30	36	38	16	21	39	10	11	14
22	31	37	39	17	22	40	11	12	15
23	32	38	40	18	23	41	12	13	16
24	33	39	41	19	24	1	13	14	17
25	34	40	1	20	25	2	14	15	18
26	35	41	2	21	26	3	15	16	19
27	36	1	3	22	27	4	16	17	20
28	37	2	4	23	28	5	17	18	21
29	38	3	5	24	29	6	18	19	22
30	39	4	6	25	30	7	19	20	23
31	40	5	7	26	31	8	20	21	24
32	41	6	8	27	32	9	21	22	25
33	1	7	9	28	33	10	22	23	26
34	2	8	10	29	34	11	23	24	27
35	3	9	11	30	35	12	24	25	28
36	4	10	12	31	36	13	25	26	29
37	5	11	13	32	37	14	26	27	30
38	6	12	14	33	38	15	27	28	31
39	7	13	15	34	39	16	28	29	32
40	8	14	16	35	40	17	29	30	33
41	9	15	17	36	41	18	30	31	34

设计 59　$v=49$，$k=7$，$r=8$，$b=56$，$\lambda=1$

Ⅰ

1	2	3	4	5	6	7
8	9	10	11	12	13	14
15	16	17	18	19	20	21
22	23	24	25	26	27	28
29	30	31	32	33	34	35
36	37	38	39	40	41	42
43	44	45	46	47	48	49

Ⅱ

1	8	15	22	29	36	43
2	9	16	23	30	37	44
3	10	17	24	31	38	45
4	11	18	25	32	39	46
5	12	19	26	33	40	47
6	13	20	27	34	41	48
7	14	21	28	35	42	49

Ⅲ

1	9	18	24	35	40	48
2	10	19	25	29	41	49
3	11	20	26	30	42	43
4	12	21	27	31	36	44
5	13	15	28	32	37	45
6	14	16	22	33	38	46
7	8	17	23	34	39	47

Ⅳ

1	10	21	26	34	37	46
2	11	15	27	35	38	47
3	12	16	28	29	39	48
4	13	17	22	30	40	49
5	14	18	23	31	41	43
6	8	19	24	32	42	44
7	9	20	25	33	36	45

Ⅴ

1	11	17	28	33	41	44
2	12	18	22	34	42	45
3	13	19	23	35	36	46
4	14	20	24	29	37	47
5	8	21	25	30	38	48
6	9	15	26	31	39	49
7	10	16	27	32	40	43

Ⅵ

1	12	20	23	32	38	49
2	13	21	24	33	39	43
3	14	15	25	34	40	44
4	8	16	26	35	41	45
5	9	17	27	29	42	46
6	10	18	28	30	36	47
7	11	19	22	31	37	48

Ⅶ

1	13	16	25	31	42	47
2	14	17	26	32	36	48
3	8	18	27	33	37	49
4	9	19	28	34	38	43
5	10	20	22	35	39	44
6	11	21	23	29	40	45
7	12	15	24	30	41	46

Ⅷ

1	14	19	27	30	39	45
2	8	20	28	31	40	46
3	9	21	22	32	41	47
4	10	15	23	33	42	48
5	11	16	24	34	36	49
6	12	17	25	35	37	43
7	13	18	26	29	38	44

设计 60 $v=57$，$k=8$，$r=8$，$b=57$，$\lambda=1$

1 4 6 14 15 21 33 37

2 5 7 16 16 22 34 38

3 6 8 16 17 23 35 39

4 7 9 17 18 24 36 40

5 8 10 18 19 25 37 41

6 9 11 19 20 26 38 42

7 10 12 20 21 27 39 43

8 11 13 21 22 28 40 44

9 12 14 22 23 29 41 45

10 13 15 23 24 30 42 46

11 14 16 24 25 31 43 47

12 15 17 25 26 32 44 48

13 16 18 26 27 33 45 49

14 17 19 27 28 34 46 50

15 18 20 28 29 35 47 51

16 19 21 29 30 36 48 52

17 20 22 30 31 37 49 53

18 21 23 31 32 33 50 54

19 22 24 32 33 39 51 55

20 23 25 33 34 40 52 56

21 24 26 34 35 41 53 57

22 25 27 35 36 42 54 1

23 26 28 36 37 43 55 2

24 27 29 37 38 44 56 3

25 28 30 38 39 45 57 4

26 29 31 39 40 46 1 5

27 30 32 40 41 47 2 6

28 31 33 41 42 48 3 7

29 32 34 42 43 49 4 8

30 33 35 43 44 50 5 9

31 34 36 44 45 51 6 10

32 35 37 45 46 52 7 11

33 36 38 46 47 53 8 12

34 37 39 47 48 54 9 13

35 38 40 48 49 55 10 14

36 39 41 49 50 56 11 15

37 40 42 50 51 57 12 16

38 41 43 51 52 1 13 17

39 42 44 52 53 2 14 18

40 43 45 53 54 3 15 19

41 44 46 54 55 4 16 20

42 45 47 55 56 5 17 21

43 46 48 56 57 6 18 22

44 47 49 57 1 7 19 23

45 48 50 1 2 8 20 24

46 49 51 2 3 9 21 25

47 50 52 3 4 10 22 26

48 51 53 4 5 11 23 27

49 52 54 5 6 12 24 28

50 53 55 6 7 13 25 29

51 54 56 7 8 14 26 30

52 55 57 8 9 15 27 31

53 56 1 9 10 16 28 32

54 57 2 10 11 17 29 33

55 1 3 11 12 18 30 34

56 2 4 12 13 19 31 35

57 3 5 13 14 20 32 36

设计 61　$v=64$，$k=8$，$r=9$，$b=72$，$\lambda=1$

Ⅰ

1	2	3	4	6	6	7	8
9	10	11	12	13	14	15	16
17	18	19	20	21	22	23	24
25	26	27	28	29	30	31	32
33	34	35	36	37	38	39	40
41	42	43	44	45	46	47	48
49	50	51	52	53	54	55	56
57	58	59	60	61	62	63	64

Ⅱ

1	9	17	25	33	41	49	57
2	10	18	26	34	42	50	58
3	11	19	27	35	43	51	59
4	12	20	23	36	44	52	60
5	13	21	29	37	45	53	61
6	14	22	30	33	46	54	62
7	15	23	31	39	47	55	63
8	16	24	32	40	48	56	64

Ⅲ

1	10	19	29	38	48	52	63
2	9	20	30	37	47	51	64
3	12	17	31	40	46	50	61
4	11	18	32	39	45	49	62
5	14	23	25	34	44	56	59
6	13	24	26	33	43	55	60
7	16	21	27	36	42	54	57
8	15	22	28	35	41	53	58

Ⅳ

1	11	21	30	40	44	55	53
2	12	22	29	39	43	56	57
3	9	23	32	38	42	53	60
4	10	24	31	37	41	54	59
5	15	17	26	36	48	51	62
6	16	18	25	35	47	52	61
7	13	19	28	34	46	49	64
8	14	20	27	33	45	50	63

Ⅴ

1	12	23	26	35	45	54	64
2	11	24	25	36	46	53	63
3	10	21	23	33	47	56	62
4	9	22	27	34	48	55	61
5	16	19	30	39	41	50	60
6	15	20	29	40	42	49	59
7	14	17	32	37	43	52	53
8	13	18	31	33	44	51	57

Ⅵ

1	13	22	32	36	47	50	59
2	14	21	31	35	48	49	60
3	15	24	30	34	45	52	57
4	16	23	29	33	46	51	53
5	9	18	28	40	43	54	63
6	10	17	27	39	44	53	64
7	11	20	26	38	41	56	61
8	12	19	25	37	42	55	62

Ⅶ

1	14	24	28	39	42	51	61
2	13	23	27	40	41	52	62
3	16	22	26	37	44	49	63
4	15	21	25	38	43	50	64
5	10	20	32	35	46	55	57
6	9	19	31	36	45	56	58
7	12	18	30	33	43	53	59
8	11	17	29	34	47	54	60

Ⅷ

1	15	18	27	37	46	56	60
2	16	17	28	38	45	55	59
3	13	20	25	39	48	54	58
4	14	19	26	40	47	53	57
5	11	22	31	33	42	52	64
6	12	21	32	34	41	51	63
7	9	24	29	35	44	50	62
8	10	23	30	36	43	49	61

Ⅸ

1	16	20	31	34	43	53	62
2	15	19	32	33	44	54	61
3	14	18	29	36	41	55	64
4	13	17	30	35	42	56	63
5	12	24	27	33	47	49	58
6	11	23	28	37	48	50	57
7	10	22	25	40	45	51	60
8	9	21	26	39	46	52	59

设计 62　$v=73$，$k=9$，$r=9$，$b=73$，$\lambda=1$

1 2 4 8 16 32 37 55 64
2 3 5 9 17 33 38 56 65
3 4 6 10 18 34 39 57 66
4 5 7 11 19 35 40 58 67
5 6 8 12 20 36 41 59 68
6 7 9 13 21 37 42 60 69
7 8 10 14 22 38 43 61 70
8 9 11 15 23 39 44 62 71
9 10 12 16 24 40 45 63 72
10 11 13 17 25 41 46 64 73
11 12 14 18 26 42 47 65 1
12 13 15 19 27 43 48 66 2
13 14 16 20 28 44 49 67 3
14 15 17 21 29 45 50 68 4
15 16 18 22 30 46 51 69 5
16 17 19 23 31 47 52 70 6
17 18 20 24 32 48 53 71 7
18 19 21 25 33 49 54 72 8
19 20 22 26 34 50 55 73 9
20 21 23 27 35 51 56 1 10
21 22 24 28 36 52 57 2 11
22 23 25 29 37 53 58 3 12
23 24 26 30 38 54 59 4 13
24 25 27 31 39 55 60 5 14
25 26 28 32 40 56 61 6 15
26 27 29 33 41 57 62 7 16
27 28 30 34 42 58 63 8 17
28 29 31 35 43 59 64 9 18
29 30 32 36 44 60 65 10 19
30 31 33 37 45 61 66 11 20
31 32 34 38 46 62 67 12 21
32 33 35 39 47 63 68 13 22
33 34 36 40 48 64 69 14 23
34 35 37 41 49 65 70 15 24
35 36 38 42 50 66 71 16 25
36 37 39 43 51 67 72 17 26
37 38 40 44 52 68 73 18 27
38 39 41 45 53 69 1 19 28
39 40 42 46 54 70 2 20 29
40 41 43 47 55 71 3 21 30
41 42 44 48 56 72 4 22 31
42 43 45 49 57 73 5 23 32
43 44 46 50 58 1 6 24 33
44 45 47 51 59 2 7 25 34
45 46 48 52 60 3 8 26 35
46 47 49 53 61 4 9 27 36
47 48 50 54 62 5 10 28 37
48 49 51 55 63 6 11 29 38
49 50 52 56 64 7 12 30 39
50 51 53 57 65 8 13 31 40
51 52 54 58 66 9 14 32 41
52 53 55 59 67 10 15 33 42
53 54 56 60 68 11 16 34 43
54 55 57 61 69 12 17 35 44
55 56 58 62 70 13 18 36 45
56 57 59 63 71 14 19 37 46
57 58 60 64 72 15 20 38 47
58 59 61 65 73 16 21 39 48
59 60 62 66 1 17 22 40 49
60 61 63 67 2 18 23 41 50
61 62 64 68 3 19 24 42 51
62 63 65 69 4 20 25 43 52
63 64 66 70 5 21 26 44 53
64 65 67 71 6 22 27 45 54
65 66 68 72 7 23 28 46 55
66 67 69 73 8 24 29 47 56
67 68 70 1 9 25 30 48 57
68 69 71 2 10 26 31 49 58
69 70 72 3 11 27 32 50 59
70 71 73 4 12 28 33 51 60
71 72 1 5 13 29 34 52 61
72 73 2 6 14 30 35 53 62
73 1 3 7 15 31 36 54 63

设计 63　$v=81$，$k=9$，$r=10$，$b=90$，$\lambda=1$

Ⅰ

1 2 3 4 5 6 7 8 9
10 11 12 13 14 15 16 17 18
19 20 21 22 23 24 25 26 27
28 29 30 31 32 33 34 35 36
37 38 39 40 41 42 43 44 45
46 47 48 49 50 51 52 53 54
55 56 57 58 59 60 61 62 63
64 65 66 67 68 69 70 71 72
73 74 75 76 77 78 79 80 81

Ⅱ

1 10 19 28 37 46 55 64 73
2 11 20 29 38 47 56 65 74
3 12 21 30 39 48 57 66 75
4 13 22 31 40 49 58 67 76
5 14 23 32 41 50 59 68 77
6 15 24 33 42 51 60 69 78
7 16 25 34 43 52 61 70 79
8 17 26 35 44 53 62 71 80
9 18 27 36 45 54 63 72 81

Ⅲ

1 11 22 35 45 48 61 69 77
2 12 23 36 43 46 62 67 78
3 10 24 34 44 47 63 68 76
4 14 25 29 39 51 55 72 80
5 15 26 30 37 49 56 70 81
6 13 27 28 38 50 57 71 79
7 17 19 32 42 54 58 66 74
8 18 20 33 40 52 59 64 75
9 16 21 31 41 53 60 65 73

Ⅳ

1 12 25 38 41 47 58 71 81
2 10 26 31 42 43 59 72 79
3 11 27 32 40 46 60 70 80
4 15 19 36 44 50 61 65 75
5 13 20 34 45 51 62 66 78
6 14 21 35 43 49 63 64 74
7 18 22 30 33 53 55 63 78
8 16 23 23 39 54 56 69 76
9 17 24 29 37 52 57 67 77

Ⅴ

1 13 26 36 39 52 60 68 74
2 14 27 34 37 53 58 69 75
3 15 25 35 38 54 59 67 73
4 16 20 30 42 46 63 71 77
5 17 21 28 40 47 61 72 78
6 18 19 29 41 48 62 70 76
7 10 23 33 45 49 57 65 80
8 11 24 31 43 50 55 66 81
9 12 22 32 44 51 56 64 79

Ⅵ

1 14 20 31 44 54 57 70 78
2 15 21 32 45 52 55 71 76
3 13 19 33 43 53 56 72 77
4 17 23 34 33 48 60 64 81
5 18 24 35 39 46 58 65 79
6 16 22 36 37 47 59 66 80
7 11 26 28 41 51 63 67 75
8 12 27 29 42 49 61 63 73
9 10 25 30 40 50 62 69 74

Ⅶ

1 15 23 29 40 53 63 66 79
2 13 24 30 41 54 61 64 80
3 14 22 28 42 52 62 65 81
4 18 26 32 43 47 57 69 73
5 16 27 33 44 48 55 67 74
6 17 25 31 45 46 56 68 75
7 12 20 35 37 50 60 72 76
8 10 21 36 38 51 53 70 77
9 11 19 34 39 49 59 71 78

Ⅷ

1 16 24 32 38 49 62 72 75
2 17 22 33 39 50 68 70 73
3 18 23 31 37 51 61 71 74
4 10 27 35 41 52 56 66 78
8 11 25 36 42 53 57 64 76
6 12 26 34 40 54 55 65 77
7 13 21 29 44 46 59 69 81
8 14 19 30 45 47 60 67 79
9 15 20 28 43 48 58 68 80

Ⅸ

1 17 27 30 43 51 59 65 76
2 18 25 28 44 49 60 66 77
3 16 26 29 45 50 53 64 78
4 11 21 38 37 54 62 63 79
5 12 19 31 38 52 63 69 80
6 10 20 32 39 53 61 67 81
7 14 24 36 40 43 56 71 73
8 15 22 34 41 46 57 72 74
9 13 23 35 42 47 55 70 75

Ⅹ

1 18 21 34 42 50 56 67 80
2 16 19 35 40 51 57 68 81
3 17 20 36 41 49 55 69 79
4 12 24 28 45 53 59 70 74
5 10 22 29 43 54 60 71 75
6 11 23 30 44 52 58 72 73
7 15 27 31 39 47 62 64 77
8 13 25 32 37 43 63 65 78
9 14 26 33 38 46 61 66 76

设计 64 $v=91$，$k=10$，$r=10$，$b=91$，$\lambda=1$

1 2 7 11 24 27 35 42 54 56
2 3 8 12 25 28 36 43 55 57
3 4 9 13 26 29 37 44 56 58
4 5 10 14 27 30 38 45 57 59
5 6 11 15 28 31 39 46 58 60
6 7 12 16 29 32 40 47 59 61
7 8 13 17 30 33 41 48 60 62
8 9 14 18 31 34 42 49 61 63
9 10 15 19 32 35 43 50 62 64
10 11 16 20 33 36 44 51 63 65
11 12 17 21 34 37 45 52 64 66
12 13 18 22 35 38 46 53 65 67
13 14 19 23 36 39 47 54 66 68
14 15 20 24 37 40 48 55 67 69
15 16 21 25 38 41 49 56 68 70
16 17 22 26 39 42 50 57 69 71
17 18 23 27 40 43 51 58 70 72
18 19 24 28 41 44 52 59 71 73
19 20 25 29 42 45 53 60 72 74
20 21 26 30 43 46 54 61 73 75
21 22 27 31 44 47 55 62 74 76
22 23 28 32 45 48 56 63 75 77
23 24 29 33 46 49 57 64 76 78
24 25 30 34 47 50 58 65 77 79
25 26 31 35 48 51 59 66 78 80
26 27 32 36 49 52 60 67 79 81
27 28 33 37 60 53 61 68 80 82
28 29 34 38 51 54 62 69 81 83
29 30 35 39 52 55 63 70 82 84
30 31 36 40 53 56 64 71 83 85
31 32 37 41 54 57 65 72 84 86
32 33 38 42 55 58 66 73 85 87
33 34 39 43 56 59 67 74 86 88
34 35 40 44 57 60 68 75 87 89
35 36 41 45 58 61 69 76 88 90
36 37 42 46 59 62 70 77 89 91
37 38 43 47 60 63 71 78 90 1
38 39 44 48 61 64 72 79 91 2
39 40 45 49 62 65 73 80 1 3
40 41 46 50 63 66 74 81 2 4
41 42 47 51 64 67 75 82 3 5
42 43 48 52 65 68 76 83 4 6
43 44 49 53 66 69 77 84 5 7
44 45 50 54 67 70 78 85 6 8
45 46 51 55 68 71 79 86 7 9
46 47 52 56 69 72 80 87 8 10
47 48 53 57 70 73 81 88 9 11
48 49 54 58 71 74 82 89 10 12
49 50 55 59 72 75 83 90 11 13
50 51 56 60 73 76 84 91 12 14
51 52 57 61 74 77 85 1 13 15
52 53 58 62 75 78 86 2 14 16
53 54 59 63 76 79 87 3 15 17
54 55 60 64 77 80 88 4 16 13
55 56 61 65 78 81 89 5 17 19
56 57 62 66 79 82 90 6 18 20
57 58 63 67 80 83 91 7 19 21
58 59 64 68 81 84 1 8 20 22
59 60 65 69 82 85 2 9 21 23
60 61 66 70 88 86 3 10 22 24
61 62 67 71 84 87 4 11 23 25
62 63 68 72 85 88 5 12 24 26
63 64 69 73 86 89 6 13 25 27
64 65 70 74 87 90 7 14 26 28
65 66 71 75 88 91 8 15 27 29
66 67 72 76 89 1 9 16 28 30
67 68 73 77 90 2 10 17 29 31
68 69 74 78 91 3 11 18 30 32
69 70 75 79 1 4 12 19 31 33
70 71 76 80 2 5 13 20 32 34
71 72 77 81 3 6 14 21 33 35
72 73 78 82 4 7 15 22 34 36
73 74 79 83 5 8 16 23 35 37
74 75 80 84 6 9 17 24 36 38
75 76 81 85 7 10 18 25 37 39
76 77 82 86 8 11 19 26 38 40
77 78 83 87 9 12 20 27 39 41
78 79 84 88 10 13 21 28 40 42
79 80 85 89 11 14 22 29 41 43
80 81 86 90 12 15 23 30 42 44
81 82 87 91 13 16 24 31 43 45
82 83 88 1 14 17 25 32 44 46
83 84 89 2 15 18 26 33 45 47
84 85 90 3 16 19 27 34 46 48
85 86 91 4 17 20 28 35 47 49
86 87 1 5 18 21 29 36 48 50
87 88 2 6 19 22 30 37 49 51
88 89 3 7 20 23 31 38 50 52
89 90 4 8 21 24 32 39 51 53
90 91 5 9 22 25 33 40 52 54
91 1 6 10 23 26 34 41 53 55

附表 6　正交拉丁方表

正交拉丁方的完全系

3×3

Ⅰ		
1	2	3
2	3	1
3	1	2

Ⅱ		
1	2	3
3	1	2
2	3	1

4×4

Ⅰ			
1	2	3	4
2	1	4	3
3	4	1	2
4	3	2	1

Ⅱ			
1	2	3	4
3	4	1	2
4	3	2	1
2	1	4	3

Ⅲ			
1	2	3	4
4	3	2	1
2	1	4	3
3	4	1	2

5×5

Ⅰ				
1	2	3	4	5
2	3	4	5	1
3	4	5	1	2
4	5	1	2	3
5	1	2	3	4

Ⅱ				
1	2	3	4	5
3	4	5	1	2
5	1	2	3	4
2	3	4	5	1
4	5	1	2	3

Ⅲ				
1	2	3	4	5
4	5	1	2	3
2	3	4	5	1
5	1	2	3	4
3	4	5	1	2

Ⅳ				
1	2	3	4	5
5	1	2	3	4
4	5	1	2	3
3	4	5	1	2
2	3	4	5	1

7×7

Ⅰ						
1	2	3	4	5	6	7
2	3	4	5	6	7	1
3	4	5	6	7	1	2
4	5	6	7	1	2	3
5	6	7	1	2	3	4
6	7	1	2	3	4	5
7	1	2	3	4	5	6

Ⅱ						
1	2	3	4	6	6	7
3	4	5	6	7	1	2
5	6	7	1	2	3	4
7	1	2	3	4	5	6
2	3	4	5	6	7	1
4	5	6	7	1	2	3
6	7	1	2	3	4	5

Ⅲ						
1	2	3	4	5	6	7
4	5	6	7	1	2	3
7	1	2	3	4	5	6
3	4	5	6	7	1	2
6	7	1	2	3	4	5
2	3	4	5	6	7	1
5	6	7	1	2	3	4

Ⅳ						
1	2	3	4	5	6	7
5	6	7	1	2	3	4
2	3	4	5	6	7	1
6	7	1	2	3	4	5
3	4	5	6	7	1	2
7	1	2	3	4	5	6
4	5	6	7	1	2	3

Ⅴ						
1	2	3	4	5	6	7
6	7	1	2	3	4	5
4	5	6	7	1	2	3
2	3	4	5	6	7	1
7	1	2	3	4	5	6
5	6	7	1	2	3	4
3	4	5	6	7	1	2

Ⅵ						
1	2	3	4	5	6	7
7	1	2	3	4	5	6
6	7	1	2	3	4	5
5	6	7	1	2	3	4
4	5	6	7	1	2	3
3	4	5	6	7	1	2
2	3	4	5	6	7	1

8×8

Ⅰ

1 2 3 4 5 6 7 8
2 1 4 3 6 5 8 7
3 4 1 2 7 8 5 6
4 3 2 1 8 7 6 5
5 6 7 8 1 2 3 4
6 5 8 7 2 1 4 3
7 8 5 6 3 4 1 2
8 7 6 5 4 3 2 1

Ⅱ

1 2 3 4 5 6 7 8
5 6 7 8 1 2 3 4
2 1 4 3 6 5 8 7
6 5 8 7 2 1 4 3
7 8 5 6 3 4 1 2
3 4 1 2 7 8 5 6
8 7 6 5 4 3 2 1
4 3 2 1 8 7 6 5

Ⅲ

1 2 3 4 5 6 7 8
7 8 5 6 3 4 1 2
5 6 7 8 1 2 3 4
3 4 1 2 7 8 5 6
8 7 6 5 4 3 2 1
2 1 4 3 6 5 8 7
4 3 2 1 8 7 6 5
6 5 8 7 2 1 4 3

Ⅳ

1 2 3 4 5 6 7 8
8 7 6 5 4 3 2 1
7 8 5 6 3 4 1 2
2 1 4 3 6 5 8 7
4 3 2 1 8 7 6 5
5 6 7 8 1 2 3 4
6 5 8 7 2 1 4 3
3 4 1 2 7 8 5 6

Ⅴ

1 2 3 4 5 6 7 8
4 3 2 1 8 7 6 5
8 7 6 5 4 3 2 1
5 6 7 8 1 2 3 4
6 5 8 7 2 1 4 3
7 8 5 6 3 4 1 2
3 4 1 2 7 8 5 6
2 1 4 3 6 5 8 7

Ⅵ

1 2 3 4 5 6 7 8
6 5 8 7 2 1 4 3
4 3 2 1 8 7 6 5
7 8 5 6 3 4 1 2
3 4 1 2 7 8 5 6
8 7 6 5 4 3 2 1
2 1 4 3 6 5 8 7
5 6 7 8 1 2 3 4

Ⅶ

1 2 3 4 5 6 7 8
3 4 1 2 7 8 5 6
6 5 8 7 2 1 4 3
8 7 6 5 4 3 2 1
2 1 4 3 6 5 8 7
4 3 2 1 8 7 6 5
5 6 7 8 1 2 3 4
7 8 5 6 3 4 1 2

9×9

Ⅰ

1 2 3 4 5 6 7 8 9
2 3 1 5 6 4 8 9 7
3 1 2 6 4 5 9 7 8
4 5 6 7 8 9 1 2 3
5 6 4 8 9 7 2 3 1
6 4 5 9 7 8 3 1 2
7 8 9 1 2 3 4 5 6
8 9 7 2 3 1 5 6 4
9 7 8 3 1 2 6 4 5

Ⅱ

1 2 3 4 5 6 7 8 9
7 8 9 1 2 3 4 5 6
4 5 6 7 8 9 1 2 3
2 3 1 5 6 4 8 9 7
8 9 7 2 3 1 5 6 4
5 6 4 8 9 7 2 3 1
3 1 2 6 4 5 9 7 8
9 7 8 3 1 2 6 4 5
6 4 5 9 7 8 3 1 2

Ⅲ

1 2 3 4 5 6 7 8 9
9 7 8 3 1 2 6 4 5
5 6 4 8 9 7 2 3 1
6 4 5 9 7 8 3 1 2
2 3 1 5 6 4 8 9 7
7 8 9 1 2 3 4 5 6
8 9 7 2 3 1 5 6 4
4 5 6 7 8 9 1 2 3
3 1 2 6 4 5 9 7 8

Ⅳ

1 2 3 4 5 6 7 8 9
8 9 7 2 3 1 5 6 4
6 4 5 9 7 8 3 1 2
9 7 8 3 1 2 6 4 5
4 5 6 7 8 9 1 2 3
2 3 1 5 6 4 8 9 7
5 6 4 8 9 7 2 3 1
3 1 2 6 4 5 9 7 8
7 8 9 1 2 3 4 5 6

Ⅴ

1 2 3 4 5 6 7 8 9
3 1 2 6 4 5 9 7 8
2 3 1 5 6 4 8 9 7
7 8 9 1 2 3 4 5 6
9 7 8 3 1 2 6 4 5
8 9 7 2 3 1 5 6 4
4 5 6 7 8 9 1 2 3
6 4 5 9 7 8 3 1 2
5 6 4 8 9 7 2 3 1

Ⅵ

1 2 3 4 5 6 7 8 9
4 5 6 7 8 9 1 2 3
7 8 9 1 2 3 4 5 6
3 1 2 6 4 5 9 7 8
6 4 5 9 7 8 3 1 2
9 7 8 3 1 2 6 4 5
2 3 1 5 6 4 8 9 7
5 6 4 8 9 7 2 3 1
8 9 7 2 3 1 5 6 4

Ⅶ

1 2 3 4 5 6 7 8 9
5 6 4 8 9 7 2 3 1
9 7 8 3 1 2 6 4 5
8 9 7 2 3 1 5 6 4
3 1 2 6 4 5 9 7 8
4 5 6 7 8 9 1 2 3
6 4 5 9 7 8 3 1 2
7 8 9 1 2 3 4 5 6
2 3 1 5 6 4 8 9 7

Ⅷ

1 2 3 4 5 6 7 8 9
6 4 5 9 7 8 3 1 2
8 9 7 2 3 1 5 6 4
5 6 4 8 9 7 2 3 1
7 8 9 1 2 3 4 5 6
3 1 2 6 4 5 9 7 8
9 7 8 3 1 2 6 4 5
2 3 1 5 6 4 8 9 7
4 5 6 7 8 9 1 2 3

一对正交的 10×10 拉丁方

Ⅰ

0 1 2 3 4 5 6 7 8 9
1 2 0 6 7 8 9 3 4 5
2 0 1 5 6 7 8 9 3 4
3 7 8 0 1 4 2 5 9 6
4 8 9 7 0 1 5 2 6 3
5 9 3 4 8 0 1 6 2 7
6 3 4 8 5 9 0 1 7 2
7 4 5 2 9 6 3 0 1 8
8 5 6 9 2 3 7 4 0 1
9 6 7 1 3 2 4 8 5 0

Ⅱ

0 1 2 3 4 5 6 7 8 9
2 0 1 8 9 3 4 5 6 7
1 2 0 4 5 6 7 8 9 3
7 3 9 6 8 0 5 2 1 4
8 4 3 5 7 9 0 6 2 1
9 5 4 1 6 8 3 0 7 2
3 6 5 2 1 7 9 4 0 8
4 7 6 9 2 1 8 3 5 0
5 8 7 0 3 2 1 9 4 6
6 9 8 7 0 4 2 1 3 5

五个正交的 12×12 拉丁方

Ⅰ

1	2	3	4	5	6	7	8	9	10	11	12
2	3	4	5	6	1	8	9	10	11	12	7
3	4	5	6	1	2	9	10	11	12	7	8
4	5	6	1	2	3	10	11	12	7	8	9
5	6	1	2	3	4	11	12	7	8	9	10
6	1	2	3	4	5	12	7	8	9	10	11
7	8	9	10	11	12	1	2	3	4	5	6
8	9	10	11	12	7	2	3	4	5	6	1
9	10	11	12	7	8	3	4	5	6	1	2
10	11	12	7	8	9	4	5	6	1	2	3
11	12	7	8	9	10	5	6	1	2	3	4
12	7	8	9	10	11	6	1	2	3	4	5

Ⅱ

1	2	3	4	5	6	7	8	9	10	11	12
3	4	5	6	1	2	9	10	11	12	7	8
2	3	4	5	6	1	8	9	10	11	12	7
11	12	7	8	9	10	5	6	1	2	3	4
10	11	12	7	8	9	4	5	6	1	2	3
12	7	8	9	10	11	6	1	2	3	4	5
4	5	6	1	2	3	10	11	12	7	8	9
6	1	2	3	4	5	12	7	8	9	10	11
5	6	1	2	3	4	11	12	7	8	9	10
8	9	10	11	12	7	2	3	4	5	6	1
7	8	9	10	11	12	1	2	3	4	5	6
9	10	11	12	7	8	3	4	5	6	1	2

Ⅲ

1	2	3	4	5	6	7	8	9	10	11	12
11	12	7	8	9	10	5	6	1	2	3	4
5	6	1	2	3	4	11	12	7	8	9	10
9	10	11	12	7	8	3	4	5	6	1	2
3	4	5	6	1	2	9	10	11	12	7	8
7	8	9	10	11	12	1	2	3	4	5	6
10	11	12	7	8	9	4	5	6	1	2	3
2	3	4	5	6	1	8	9	10	11	12	7
8	9	10	11	12	7	2	3	4	5	6	1
6	1	2	3	4	5	12	7	8	9	10	11
12	7	8	9	10	11	6	1	2	3	4	5
4	5	6	1	2	3	10	11	12	7	8	9

Ⅳ

1	2	3	4	5	6	7	8	9	10	11	12
6	1	2	3	4	5	12	7	8	9	10	11
10	11	12	7	8	9	4	5	6	1	2	3
3	4	5	6	1	2	9	10	11	12	7	8
11	12	7	8	9	10	5	6	1	2	3	4
8	9	10	11	12	7	2	3	4	5	6	1
9	10	11	12	7	8	3	4	5	6	1	2
5	6	1	2	3	4	11	12	7	8	9	10
12	7	8	9	10	11	6	1	2	3	4	5
2	3	4	5	6	1	8	9	10	11	12	7
4	5	6	1	2	3	10	11	12	7	8	9
7	8	9	10	11	12	1	2	3	4	5	6

Ⅴ

1	2	3	4	5	6	7	8	9	10	11	12
7	8	9	10	11	12	1	2	3	4	5	6
6	1	2	3	4	5	12	7	8	9	10	11
8	9	10	11	12	7	2	3	4	5	6	1
12	7	8	9	10	11	6	1	2	3	4	5
5	6	1	2	3	4	11	12	7	8	9	10
3	4	5	6	1	2	9	10	11	12	7	8
9	10	11	12	7	8	3	4	5	6	1	2
11	12	7	8	9	10	5	6	1	2	3	4
4	5	6	1	2	3	10	11	12	7	8	9
2	3	4	5	6	1	8	9	10	11	12	7
10	11	12	7	8	9	4	5	6	1	2	3

附表7 正交表

（1）$m=2$ 的情形

$L_4(2^3)$

试验号＼列号	1	2	3
1	1	1	1
2	1	2	2
3	2	1	2
4	2	2	1

［注］任意二列间的交互作用出现于另一列。

$L_8(2^7)$

试验号＼列号	1	2	3	4	5	6	7
1	1	1	1	1	1	1	1
2	1	1	1	2	2	2	2
3	1	2	2	1	1	2	2
4	1	2	2	2	2	1	1
5	2	1	2	1	2	1	2
6	2	1	2	2	1	2	1
7	2	2	1	1	2	2	1
8	2	2	1	2	1	1	2

$L_8(2^7)$：二列间的交互作用表

列号＼列号	1	2	3	4	5	6	7
	(1)	3	2	5	4	7	6
		(2)	1	6	7	4	5
			(3)	7	6	5	4
				(4)	1	2	3
					(5)	3	2
						(6)	1

$L_8(2^7)$：主效应不与交互作用混杂的设计表

因素数	实施＼列号	1	2	3	4	5	6	7	定义对比
3	1	A	B	A B	C	A C	B C		—
4	1/2	A	B	A B ‖ C D	C	A C ‖ B D	B C ‖ A D	D	1＝ABCD

附表7 正交表

$L_{12}(2^{11})$

试验号＼列号	1	2	3	4	5	6	7	8	9	10	11
1	1	1	1	1	1	1	1	1	1	1	1
2	1	1	1	1	1	2	2	2	2	2	2
3	1	1	2	2	2	1	1	1	2	2	2
4	1	2	1	2	2	1	2	2	1	1	2
5	1	2	2	1	2	2	1	2	1	2	1
6	1	2	2	2	1	2	2	1	2	1	1
7	2	1	2	2	1	1	2	2	1	2	1
8	2	1	2	1	2	2	2	1	1	1	2
9	2	1	1	2	2	2	1	2	2	1	1
10	2	2	2	1	1	1	1	2	2	1	2
11	2	2	1	2	1	2	1	1	1	2	2
12	2	2	1	1	2	1	2	1	2	2	1

$L_{16}(2^{15})$

试验号＼列号	1	2	3	4	5	6	7	8	9	10	11	12	13	14	15
1	1	1	1	1	1	1	1	1	1	1	1	1	1	1	1
2	1	1	1	1	1	1	1	2	2	2	2	2	2	2	2
3	1	1	1	2	2	2	2	1	1	1	1	2	2	2	2
4	1	1	1	2	2	2	2	2	2	2	2	1	1	1	1
5	1	2	2	1	1	2	2	1	1	2	2	1	1	2	2
6	1	2	2	1	1	2	2	2	2	1	1	2	2	1	1
7	1	2	2	2	2	1	1	1	1	2	2	2	2	1	1
8	1	2	2	2	2	1	1	2	2	1	1	1	1	2	2
9	2	1	2	1	2	1	2	1	2	1	2	1	2	1	2
10	2	1	2	1	2	1	2	2	1	2	1	2	1	2	1
11	2	1	2	2	1	2	1	1	2	1	2	2	1	2	1
12	2	1	2	2	1	2	1	2	1	2	1	1	2	1	2
13	2	2	1	1	2	2	1	1	2	2	1	1	2	2	1
14	2	2	1	1	2	2	1	2	1	1	2	2	1	1	2
15	2	2	1	2	1	1	2	1	2	2	1	2	1	1	2
16	2	2	1	2	1	1	2	2	1	1	2	1	2	2	1

$L_{16}(2^{15})$：二列间的交互作用表

列号＼列号	1	2	3	4	5	6	7	8	9	10	11	12	13	14	15
	(1)	3	2	5	4	7	6	9	8	11	10	13	12	15	14
		(2)	1	6	7	4	5	10	11	8	9	14	15	12	13
			(3)	7	6	5	4	11	10	9	8	15	14	13	12
				(4)	1	2	3	12	13	14	15	8	9	10	11
					(5)	3	2	13	12	15	14	9	8	11	10
						(6)	1	14	15	12	13	10	11	8	9
							(7)	15	14	13	12	11	10	9	8
								(8)	1	2	3	4	5	6	7
									(9)	3	2	5	4	7	6
										(10)	1	6	7	4	5
											(11)	7	6	5	4
												(12)	1	2	3
													(13)	3	2
														(14)	1

$L_{16}(2^{15})$：主效应不与交互作用混杂的设计表

因素数	实施＼列号	1	2	3	4	5	6	7	8	9	10	11	12	13	14	15	定义对比
4	1	A	B	A B	C	A C	B C		D	A D	B D		C D				—
5	1/2	A	B	A B	C	A C	B C	D E	D	A D	B D	C E	C D	B E	A E	E	1＝ABCDE
6	1/4	A	B	A B ‖ D E	C	A C ‖ D F	B C ‖ E F		D	A D ‖ B E ‖ C F	B D ‖ A E	E	C D ‖ A F	F		C E ‖ B F	1＝ABDE ＝ACDF
7	1/8	A	B	A B ‖ D E ‖ F G	C	A C ‖ D F ‖ E G	B C ‖ E F ‖ D G		D	A D ‖ B E ‖ C F	B D ‖ A E ‖ C G	E	C D ‖ A F ‖ B G	F	G	C E ‖ B F ‖ A G	1＝ABDE ＝ACDF ＝BCDG
8	1/16	A	B	A B ‖ D E ‖ F G ‖ C H	C	A C ‖ D F ‖ E G ‖ B H	B C ‖ E F ‖ D G ‖ A H	H	D	A D ‖ B E ‖ C F ‖ G H	B D ‖ A E ‖ C G ‖ F H	E	C D ‖ A F ‖ B G ‖ E H	F	G	C E ‖ B F ‖ A G ‖ D H	1＝ABDE ＝ACDF ＝BCDG ＝ABCH

附表 7　正交表

$L_{32}(2^{31})$

试验号＼列号	1	2	3	4	5	6	7	8	9	10	11	12	13	14	15	16	17	18	19	20	21	22	23	24	25	26	27	28	29	30	31
1	1	1	1	1	1	1	1	1	1	1	1	1	1	1	1	1	1	1	1	1	1	1	1	1	1	1	1	1	1	1	1
2	1	1	1	1	1	1	1	1	1	1	1	1	1	1	1	2	2	2	2	2	2	2	2	2	2	2	2	2	2	2	2
3	1	1	1	1	1	1	1	2	2	2	2	2	2	2	2	1	1	1	1	1	1	1	1	2	2	2	2	2	2	2	2
4	1	1	1	1	1	1	1	2	2	2	2	2	2	2	2	2	2	2	2	2	2	2	2	1	1	1	1	1	1	1	1
5	1	1	1	2	2	2	2	1	1	1	1	2	2	2	2	1	1	1	1	2	2	2	2	1	1	1	1	2	2	2	2
6	1	1	1	2	2	2	2	1	1	1	1	2	2	2	2	2	2	2	2	1	1	1	1	2	2	2	2	1	1	1	1
7	1	1	1	2	2	2	2	2	2	2	2	1	1	1	1	1	1	1	1	2	2	2	2	2	2	2	2	1	1	1	1
8	1	1	1	2	2	2	2	2	2	2	2	1	1	1	1	2	2	2	2	1	1	1	1	1	1	1	1	2	2	2	2
9	1	2	2	1	1	2	2	1	1	2	2	1	1	2	2	1	1	2	2	1	1	2	2	1	1	2	2	1	1	2	2
10	1	2	2	1	1	2	2	1	1	2	2	1	1	2	2	2	2	1	1	2	2	1	1	2	2	1	1	2	2	1	1
11	1	2	2	1	1	2	2	2	2	1	1	2	2	1	1	1	1	2	2	1	1	2	2	2	2	1	1	2	2	1	1
12	1	2	2	1	1	2	2	2	2	1	1	2	2	1	1	2	2	1	1	2	2	1	1	1	1	2	2	1	1	2	2
13	1	2	2	2	2	1	1	1	1	2	2	2	2	1	1	1	1	2	2	2	2	1	1	1	1	2	2	2	2	1	1
14	1	2	2	2	2	1	1	1	1	2	2	2	2	1	1	2	2	1	1	1	1	2	2	2	2	1	1	1	1	2	2
15	1	2	2	2	2	1	1	2	2	1	1	1	1	2	2	1	1	2	2	2	2	1	1	2	2	1	1	1	1	2	2
16	1	2	2	2	2	1	1	2	2	1	1	1	1	2	2	2	2	1	1	1	1	2	2	1	1	2	2	2	2	1	1
17	2	1	2	1	2	1	2	1	2	1	2	1	2	1	2	1	2	1	2	1	2	1	2	1	2	1	2	1	2	1	2
18	2	1	2	1	2	1	2	1	2	1	2	1	2	1	2	2	1	2	1	2	1	2	1	2	1	2	1	2	1	2	1
19	2	1	2	1	2	1	2	2	1	2	1	2	1	2	1	1	2	1	2	1	2	1	2	2	1	2	1	2	1	2	1
20	2	1	2	1	2	1	2	2	1	2	1	2	1	2	1	2	1	2	1	2	1	2	1	1	2	1	2	1	2	1	2
21	2	1	2	2	1	2	1	1	2	1	2	2	1	2	1	1	2	1	2	2	1	2	1	1	2	1	2	2	1	2	1
22	2	1	2	2	1	2	1	1	2	1	2	2	1	2	1	2	1	2	1	1	2	1	2	2	1	2	1	1	2	1	2
23	2	1	2	2	1	2	1	2	1	2	1	1	2	1	2	1	2	1	2	2	1	2	1	2	1	2	1	1	2	1	2
24	2	1	2	2	1	2	1	2	1	2	1	1	2	1	2	2	1	2	1	1	2	1	2	1	2	1	2	2	1	2	1
25	2	2	1	1	2	2	1	1	2	2	1	1	2	2	1	1	2	2	1	1	2	2	1	1	2	2	1	1	2	2	1
26	2	2	1	1	2	2	1	1	2	2	1	1	2	2	1	2	1	1	2	2	1	1	2	2	1	1	2	2	1	1	2
27	2	2	1	1	2	2	1	2	1	1	2	2	1	1	2	1	2	2	1	1	2	2	1	2	1	1	2	2	1	1	2
28	2	2	1	1	2	2	1	2	1	1	2	2	1	1	2	2	1	1	2	2	1	1	2	1	2	2	1	1	2	2	1
29	2	2	1	2	1	1	2	1	2	2	1	2	1	1	2	1	2	2	1	2	1	1	2	1	2	2	1	2	1	1	2
30	2	2	1	2	1	1	2	1	2	2	1	2	1	1	2	2	1	1	2	1	2	2	1	2	1	1	2	1	2	2	1
31	2	2	1	2	1	1	2	2	1	1	2	1	2	2	1	1	2	2	1	2	1	1	2	2	1	1	2	1	2	2	1
32	2	2	1	2	1	1	2	2	1	1	2	1	2	2	1	2	1	1	2	1	2	2	1	1	2	2	1	2	1	1	2

$L_{32}(2^{31})$：二列间的交互作用表

列号＼列号	1	2	3	4	5	6	7	8	9	10	11	12	13	14	15	16	17	18	19	20	21	22	23	24	25	26	27	28	29	30	31
	(1)	3	2	5	4	7	6	9	8	11	10	13	12	15	14	17	16	19	18	21	20	23	22	25	24	27	26	29	28	31	30
		(2)	1	6	7	4	5	10	11	8	9	14	15	12	13	18	19	16	17	22	23	20	21	26	27	24	25	30	31	28	29
			(3)	7	6	5	4	11	10	9	8	15	14	13	12	19	18	17	16	23	22	21	20	27	26	25	24	31	30	29	28
				(4)	1	2	3	12	13	14	15	8	9	10	11	20	21	22	23	16	17	18	19	28	29	30	31	24	25	26	27
					(5)	3	2	13	12	15	14	9	8	11	10	21	20	23	22	17	16	19	18	29	28	31	30	25	24	27	26
						(6)	1	14	15	12	13	10	11	8	9	22	23	20	21	18	19	16	17	30	31	28	29	26	27	24	25
							(7)	15	14	13	12	11	10	9	8	23	22	21	20	19	18	17	16	31	30	29	28	27	26	25	24
								(8)	1	2	3	4	5	6	7	24	26	26	27	28	29	30	31	16	17	18	19	20	21	22	23
									(9)	3	2	5	4	7	6	25	24	27	26	29	28	31	30	17	16	19	18	21	20	23	22
										(10)	1	6	7	4	5	26	27	24	25	30	31	28	29	18	19	16	17	22	23	20	21
											(11)	7	6	5	4	27	26	25	24	31	30	29	28	19	18	17	16	23	22	21	20
												(12)	1	2	3	28	29	30	31	24	25	26	27	20	21	22	23	16	17	18	19
													(13)	3	2	29	28	31	30	25	24	27	26	21	20	23	22	17	16	19	18
														(14)	1	30	31	28	29	26	27	24	25	22	23	20	21	18	19	16	17
															(15)	31	30	29	28	27	26	25	24	23	22	21	20	19	18	17	16
																(16)	1	2	3	4	5	6	7	8	9	10	11	12	13	14	15
																	(17)	3	2	5	4	7	6	9	8	11	10	13	12	15	14
																		(18)	1	6	7	4	5	10	11	8	9	14	15	12	13
																			(19)	7	6	5	4	11	10	9	8	15	14	13	12
																				(20)	1	2	3	12	13	14	15	8	9	10	11
																					(21)	3	2	13	12	15	14	9	8	11	10
																						(22)	1	14	15	12	13	10	11	8	9
																							(23)	15	14	13	12	11	10	9	8
																								(24)	1	2	3	4	5	6	7
																									(25)	3	2	5	4	7	6
																										(26)	1	6	7	4	5
																											(27)	7	6	5	4
																												(28)	1	2	3
																													(29)	3	2
																														(30)	1

$L_{32}(2^{31})$：主效应不与交互作用混杂的设计表

因素数	实施	1	2	3	4	5	6	7	8	9	10	11	12	13	14	15	16	17	18	19	20	21	22	23	24	25	26	27	28	29	30	31	定义对比
5	1	A	B	AB	C	AC	BC		D	AD	BD		CD				E	AE	BE		CE				DE								—
6	1/2	A	B	AB	C	AC	BC		D	AD	BD		CD			EF	E	AE	BE		CE			DF	DE			CF		BF	AF	F	1=ABCDEF
7	1/4	A	B	AB=FG	C	AC	BC		D	AD	BD		CD	EF	EG		E	AE	BE		CE	DF	DG		DE	CF	CG		AF=BG	F	G	BF=AG	1=ACDEF =BCDEG (=ABFG)
8	1/8	A	B	AB=FG	C	AC=GH	BC=FH		D	AD	BD	EH	CD	EF	EG		E	AE	BE	DH	CE	DF	DG		DE	CF=BH	CG=AH	H	AF=BG	F	G	BF=AG=CH	1=ACDEF =BCDEG =ABDEH (=ACGH)
9	1/16	A	B	AB=FG=CI	C	AC=GH=BI	BC=FH=AI	I	D	AD	BD	EH	CD	EF	EG	DI	E	AE	BE	DH	CE	DF	DG	EI	DE	CF=BH=GI	CG=AH=FI	H	AF=BG=HI	F	G	BF=AG=CH	1=ACDEF =BCDEG =ABDEH =ABCI
10	1/32	A	B	AB=FG	C	AC=GH	BC=FH	EI=DJ	D	AD=GI	BD=FI	EH=CJ	CD=HI	EF=BJ	EG=AJ	J	E	AE=GJ	BE=FJ	DH=CJ	CE=HI	DF=BI	DG=AI	I	DE=IJ	CF=BH	CG=AH	H	AF=BG	F	G	BF=AG=CH=DI=EJ	1=ACDEF =BCDEG =ABDEH =ABCEI (=ADGI) =ABCDJ
16	1/2018	A	B	AB=CG=DH=IJ=EK=LM=NO=FP	C	AC=BG=DI=HJ=EL=KM=FO=NP	BC=AG=HI=DJ=KL=EM=FN=OP	G	D	AD=BH=CI=GJ=FM=EN=KO=LP	BD=AH=GI=CJ=FL=KN=EO=MP	H	CD=GH=AI=BJ=FK=LN=MO=EP	I	J	EF=DG=CH=BI=AJ=MN=LO=KP	E	AE=FJ=BK=CL=GM=DN=HO=IP	BE=FI=AK=GL=CM=HN=DO=JP	K	CE=FH=GK=AL=BM=IN=JO=DP	L	M	DF=EG=CK=BL=AM=JN=IO=HP	DE=FG=HK=IL=JM=AN=BO=CP	N	O	CF=EH=DK=JL=IM=BN=AO=GP	P	BF=EI=JK=DL=HM=CN=GO=AP	AF=EJ=IK=HL=DM=GN=CO=BP	F	1=ABCDEF =ABCG =ABDH =ACDI =BCDJ =ABEK =ACEL =BCEM =ADEN =BDEO =CDEP
依序消去字母P，O，N，M，L，便得																																	
15	1/1024																																
14	1/512																																
13	1/256																																
12	1/128																																
11	1/64																																

$L_{64}(2^{63})$

试验号 \ 列号	1	2	3	4	5	6	7	8	9	10	11	12	13	14	15	16	17	18	19	20	21	22	23	24	25	26	27	28	29	30	31
1	1	1	1	1	1	1	1	1	1	1	1	1	1	1	1	1	1	1	1	1	1	1	1	1	1	1	1	1	1	1	1
2	1	1	1	1	1	1	1	1	1	1	1	1	1	1	1	1	1	1	1	1	1	1	1	1	1	1	1	1	1	1	1
3	1	1	1	1	1	1	1	1	1	1	1	1	1	1	1	2	2	2	2	2	2	2	2	2	2	2	2	2	2	2	2
4	1	1	1	1	1	1	1	1	1	1	1	1	1	1	1	2	2	2	2	2	2	2	2	2	2	2	2	2	2	2	2
5	1	1	1	1	1	1	1	2	2	2	2	2	2	2	2	1	1	1	1	1	1	1	1	2	2	2	2	2	2	2	2
6	1	1	1	1	1	1	1	2	2	2	2	2	2	2	2	1	1	1	1	1	1	1	1	2	2	2	2	2	2	2	2
7	1	1	1	1	1	1	1	2	2	2	2	2	2	2	2	2	2	2	2	2	2	2	2	1	1	1	1	1	1	1	1
8	1	1	1	1	1	1	1	2	2	2	2	2	2	2	2	2	2	2	2	2	2	2	2	1	1	1	1	1	1	1	1
9	1	1	1	2	2	2	2	1	1	1	1	2	2	2	2	1	1	1	1	2	2	2	2	1	1	1	1	2	2	2	2
10	1	1	1	2	2	2	2	1	1	1	1	2	2	2	2	1	1	1	1	2	2	2	2	1	1	1	1	2	2	2	2
11	1	1	1	2	2	2	2	1	1	1	1	2	2	2	2	2	2	2	2	1	1	1	1	2	2	2	2	1	1	1	1
12	1	1	1	2	2	2	2	1	1	1	1	2	2	2	2	2	2	2	2	1	1	1	1	2	2	2	2	1	1	1	1
13	1	1	1	2	2	2	2	2	2	2	2	1	1	1	1	1	1	1	1	2	2	2	2	2	2	2	2	1	1	1	1
14	1	1	1	2	2	2	2	2	2	2	2	1	1	1	1	1	1	1	1	2	2	2	2	2	2	2	2	1	1	1	1
15	1	1	1	2	2	2	2	2	2	2	2	1	1	1	1	2	2	2	2	1	1	1	1	1	1	1	1	2	2	2	2
16	1	1	1	2	2	2	2	2	2	2	2	1	1	1	1	2	2	2	2	1	1	1	1	1	1	1	1	2	2	2	2
17	1	2	2	1	1	2	2	1	1	2	2	1	1	2	2	1	1	2	2	1	1	2	2	1	1	2	2	1	1	2	2
18	1	2	2	1	1	2	2	1	1	2	2	1	1	2	2	1	1	2	2	1	1	2	2	1	1	2	2	1	1	2	2
19	1	2	2	1	1	2	2	1	1	2	2	1	1	2	2	2	2	1	1	2	2	1	1	2	2	1	1	2	2	1	1
20	1	2	2	1	1	2	2	1	1	2	2	1	1	2	2	2	2	1	1	2	2	1	1	2	2	1	1	2	2	1	1
21	1	2	2	1	1	2	2	2	2	1	1	2	2	1	1	1	1	2	2	1	1	2	2	2	2	1	1	2	2	1	1
22	1	2	2	1	1	2	2	2	2	1	1	2	2	1	1	1	1	2	2	1	1	2	2	2	2	1	1	2	2	1	1
23	1	2	2	1	1	2	2	2	2	1	1	2	2	1	1	2	2	1	1	2	2	1	1	1	1	2	2	1	1	2	2
24	1	2	2	1	1	2	2	2	2	1	1	2	2	1	1	2	2	1	1	2	2	1	1	1	1	2	2	1	1	2	2
25	1	2	2	2	2	1	1	1	1	2	2	2	2	1	1	1	1	2	2	2	2	1	1	1	1	2	2	2	2	1	1
26	1	2	2	2	2	1	1	1	1	2	2	2	2	1	1	1	1	2	2	2	2	1	1	1	1	2	2	2	2	1	1
27	1	2	2	2	2	1	1	1	1	2	2	2	2	1	1	2	2	1	1	1	1	2	2	2	2	1	1	1	1	2	2
28	1	2	2	2	2	1	1	1	1	2	2	2	2	1	1	2	2	1	1	1	1	2	2	2	2	1	1	1	1	2	2
29	1	2	2	2	2	1	1	2	2	1	1	1	1	2	2	1	1	2	2	2	2	1	1	2	2	1	1	1	1	2	2
30	1	2	2	2	2	1	1	2	2	1	1	1	1	2	2	1	1	2	2	2	2	1	1	2	2	1	1	1	1	2	2
31	1	2	2	2	2	1	1	2	2	1	1	1	1	2	2	2	2	1	1	1	1	2	2	1	1	2	2	2	2	1	1
32	1	2	2	2	2	1	1	2	2	1	1	1	1	2	2	2	2	1	1	1	1	2	2	1	1	2	2	2	2	1	1
33	2	1	2	1	2	1	2	1	2	1	2	1	2	1	2	1	2	1	2	1	2	1	2	1	2	1	2	1	2	1	2
34	2	1	2	1	2	1	2	1	2	1	2	1	2	1	2	1	2	1	2	1	2	1	2	1	2	1	2	1	2	1	2
35	2	1	2	1	2	1	2	1	2	1	2	1	2	1	2	2	1	2	1	2	1	2	1	2	1	2	1	2	1	2	1
36	2	1	2	1	2	1	2	1	2	1	2	1	2	1	2	2	1	2	1	2	1	2	1	2	1	2	1	2	1	2	1
37	2	1	2	1	2	1	2	2	1	2	1	2	1	2	1	1	2	1	2	1	2	1	2	2	1	2	1	2	1	2	1
38	2	1	2	1	2	1	2	2	1	2	1	2	1	2	1	1	2	1	2	1	2	1	2	2	1	2	1	2	1	2	1
39	2	1	2	1	2	1	2	2	1	2	1	2	1	2	1	2	1	2	1	2	1	2	1	1	2	1	2	1	2	1	2
40	2	1	2	1	2	1	2	2	1	2	1	2	1	2	1	2	1	2	1	2	1	2	1	1	2	1	2	1	2	1	2
41	2	1	2	2	1	2	1	1	2	1	2	2	1	2	1	1	2	1	2	2	1	2	1	1	2	1	2	2	1	2	1
42	2	1	2	2	1	2	1	1	2	1	2	2	1	2	1	1	2	1	2	2	1	2	1	1	2	1	2	2	1	2	1
43	2	1	2	2	1	2	1	1	2	1	2	2	1	2	1	2	1	2	1	1	2	1	2	2	1	2	1	1	2	1	2
44	2	1	2	2	1	2	1	1	2	1	2	2	1	2	1	2	1	2	1	1	2	1	2	2	1	2	1	1	2	1	2
45	2	1	2	2	1	2	1	2	1	2	1	1	2	1	2	1	2	1	2	2	1	2	1	2	1	2	1	1	2	1	2
46	2	1	2	2	1	2	1	2	1	2	1	1	2	1	2	1	2	1	2	2	1	2	1	2	1	2	1	1	2	1	2
47	2	1	2	2	1	2	1	2	1	2	1	1	2	1	2	2	1	2	1	1	2	1	2	1	2	1	2	2	1	2	1
48	2	1	2	2	1	2	1	2	1	2	1	1	2	1	2	2	1	2	1	1	2	1	2	1	2	1	2	2	1	2	1
49	2	2	1	1	2	2	1	1	2	2	1	1	2	2	1	1	2	2	1	1	2	2	1	1	2	2	1	1	2	2	1
50	2	2	1	1	2	2	1	1	2	2	1	1	2	2	1	1	2	2	1	1	2	2	1	1	2	2	1	1	2	2	1
51	2	2	1	1	2	2	1	1	2	2	1	1	2	2	1	2	1	1	2	2	1	1	2	2	1	1	2	2	1	1	2
52	2	2	1	1	2	2	1	1	2	2	1	1	2	2	1	2	1	1	2	2	1	1	2	2	1	1	2	2	1	1	2
53	2	2	1	1	2	2	1	2	1	1	2	2	1	1	2	1	2	2	1	1	2	2	1	2	1	1	2	2	1	1	2
54	2	2	1	1	2	2	1	2	1	1	2	2	1	1	2	1	2	2	1	1	2	2	1	2	1	1	2	2	1	1	2
55	2	2	1	1	2	2	1	2	1	1	2	2	1	1	2	2	1	1	2	2	1	1	2	1	2	2	1	1	2	2	1
56	2	2	1	1	2	2	1	2	1	1	2	2	1	1	2	2	1	1	2	2	1	1	2	1	2	2	1	1	2	2	1
57	2	2	1	2	1	1	2	1	2	2	1	2	1	1	2	1	2	2	1	2	1	1	2	1	2	2	1	2	1	1	2
58	2	2	1	2	1	1	2	1	2	2	1	2	1	1	2	1	2	2	1	2	1	1	2	1	2	2	1	2	1	1	2
59	2	2	1	2	1	1	2	1	2	2	1	2	1	1	2	2	1	1	2	1	2	2	1	2	1	1	2	1	2	2	1
60	2	2	1	2	1	1	2	1	2	2	1	2	1	1	2	2	1	1	2	1	2	2	1	2	1	1	2	1	2	2	1
61	2	2	1	2	1	1	2	2	1	1	2	1	2	2	1	1	2	2	1	2	1	1	2	2	1	1	2	1	2	2	1
62	2	2	1	2	1	1	2	2	1	1	2	1	2	2	1	1	2	2	1	2	1	1	2	2	1	1	2	1	2	2	1
63	2	2	1	2	1	1	2	2	1	1	2	1	2	2	1	2	1	1	2	1	2	2	1	1	2	2	1	2	1	1	2
64	2	2	1	2	1	1	2	2	1	1	2	1	2	2	1	2	1	1	2	1	2	2	1	1	2	2	1	2	1	1	2

附表7　正交表

32	33	34	35	36	37	38	39	40	41	42	43	44	45	46	47	48	49	50	51	52	53	54	55	56	57	58	59	60	61	62	63	列号 / 试验号
1	1	1	1	1	1	1	1	1	1	1	1	1	1	1	1	1	1	1	1	1	1	1	1	1	1	1	1	1	1	1	1	1
2	2	2	2	2	2	2	2	2	2	2	2	2	2	2	2	2	2	2	2	2	2	2	2	2	2	2	2	2	2	2	2	2
1	1	1	1	1	1	1	1	1	1	1	1	1	1	1	1	2	2	2	2	2	2	2	2	2	2	2	2	2	2	2	2	3
2	2	2	2	2	2	2	2	2	2	2	2	2	2	2	2	1	1	1	1	1	1	1	1	1	1	1	1	1	1	1	1	4
1	1	1	1	1	1	1	1	2	2	2	2	2	2	2	2	1	1	1	1	1	1	1	1	2	2	2	2	2	2	2	2	5
2	2	2	2	2	2	2	2	1	1	1	1	1	1	1	1	2	2	2	2	2	2	2	2	1	1	1	1	1	1	1	1	6
1	1	1	1	1	1	1	1	2	2	2	2	2	2	2	2	2	2	2	2	2	2	2	2	1	1	1	1	1	1	1	1	7
2	2	2	2	2	2	2	2	1	1	1	1	1	1	1	1	1	1	1	1	1	1	1	1	2	2	2	2	2	2	2	2	8
1	1	1	1	2	2	2	2	1	1	1	1	2	2	2	2	1	1	1	1	2	2	2	2	1	1	1	1	2	2	2	2	9
2	2	2	2	1	1	1	1	2	2	2	2	1	1	1	1	2	2	2	2	1	1	1	1	2	2	2	2	1	1	1	1	10
1	1	1	1	2	2	2	2	1	1	1	1	2	2	2	2	2	2	2	2	1	1	1	1	2	2	2	2	1	1	1	1	11
2	2	2	2	1	1	1	1	2	2	2	2	1	1	1	1	1	1	1	1	2	2	2	2	1	1	1	1	2	2	2	2	12
1	1	1	1	2	2	2	2	2	2	2	2	1	1	1	1	1	1	1	1	2	2	2	2	2	2	2	2	1	1	1	1	13
2	2	2	2	1	1	1	1	1	1	1	1	2	2	2	2	2	2	2	2	1	1	1	1	1	1	1	1	2	2	2	2	14
1	1	1	1	2	2	2	2	2	2	2	2	1	1	1	1	2	2	2	2	1	1	1	1	1	1	1	1	2	2	2	2	15
2	2	2	2	1	1	1	1	1	1	1	1	2	2	2	2	1	1	1	1	2	2	2	2	2	2	2	2	1	1	1	1	16
1	1	2	2	1	1	2	2	1	1	2	2	1	1	2	2	1	1	2	2	1	1	2	2	1	1	2	2	1	1	2	2	17
2	2	1	1	2	2	1	1	2	2	1	1	2	2	1	1	2	2	1	1	2	2	1	1	2	2	1	1	2	2	1	1	18
1	1	2	2	1	1	2	2	1	1	2	2	1	1	2	2	2	2	1	1	2	2	1	1	2	2	1	1	2	2	1	1	19
2	2	1	1	2	2	1	1	2	2	1	1	2	2	1	1	1	1	2	2	1	1	2	2	1	1	2	2	1	1	2	2	20
1	1	2	2	1	1	2	2	2	2	1	1	2	2	1	1	1	1	2	2	1	1	2	2	2	2	1	1	2	2	1	1	21
2	2	1	1	2	2	1	1	1	1	2	2	1	1	2	2	2	2	1	1	2	2	1	1	1	1	2	2	1	1	2	2	22
1	1	2	2	1	1	2	2	2	2	1	1	2	2	1	1	2	2	1	1	2	2	1	1	1	1	2	2	1	1	2	2	23
2	2	1	1	2	2	1	1	1	1	2	2	1	1	2	2	1	1	2	2	1	1	2	2	2	2	1	1	2	2	1	1	24
1	1	2	2	2	2	1	1	1	1	2	2	2	2	1	1	1	1	2	2	2	2	1	1	1	1	2	2	2	2	1	1	25
2	2	1	1	1	1	2	2	2	2	1	1	1	1	2	2	2	2	1	1	1	1	2	2	2	2	1	1	1	1	2	2	26
1	1	2	2	2	2	1	1	1	1	2	2	2	2	1	1	2	2	1	1	1	1	2	2	2	2	1	1	1	1	2	2	27
2	2	1	1	1	1	2	2	2	2	1	1	1	1	2	2	1	1	2	2	2	2	1	1	1	1	2	2	2	2	1	1	28
1	1	2	2	2	2	1	1	2	2	1	1	1	1	2	2	1	1	2	2	2	2	1	1	2	2	1	1	1	1	2	2	29
2	2	1	1	1	1	2	2	1	1	2	2	2	2	1	1	2	2	1	1	1	1	2	2	1	1	2	2	2	2	1	1	30
1	1	2	2	2	2	1	1	2	2	1	1	1	1	2	2	2	2	1	1	1	1	2	2	1	1	2	2	2	2	1	1	31
2	2	1	1	1	1	2	2	1	1	2	2	2	2	1	1	1	1	2	2	2	2	1	1	2	2	1	1	1	1	2	2	32
1	2	1	2	1	2	1	2	1	2	1	2	1	2	1	2	1	2	1	2	1	2	1	2	1	2	1	2	1	2	1	2	33
2	1	2	1	2	1	2	1	2	1	2	1	2	1	2	1	2	1	2	1	2	1	2	1	2	1	2	1	2	1	2	1	34
1	2	1	2	1	2	1	2	1	2	1	2	1	2	1	2	2	1	2	1	2	1	2	1	2	1	2	1	2	1	2	1	35
2	1	2	1	2	1	2	1	2	1	2	1	2	1	2	1	1	2	1	2	1	2	1	2	1	2	1	2	1	2	1	2	36
1	2	1	2	1	2	1	2	2	1	2	1	2	1	2	1	1	2	1	2	1	2	1	2	2	1	2	1	2	1	2	1	37
2	1	2	1	2	1	2	1	1	2	1	2	1	2	1	2	2	1	2	1	2	1	2	1	1	2	1	2	1	2	1	2	38
1	2	1	2	1	2	1	2	2	1	2	1	2	1	2	1	2	1	2	1	2	1	2	1	1	2	1	2	1	2	1	2	39
2	1	2	1	2	1	2	1	1	2	1	2	1	2	1	2	1	2	1	2	1	2	1	2	2	1	2	1	2	1	2	1	40
1	2	1	2	2	1	2	1	1	2	1	2	2	1	2	1	1	2	1	2	2	1	2	1	1	2	1	2	2	1	2	1	41
2	1	2	1	1	2	1	2	2	1	2	1	1	2	1	2	2	1	2	1	1	2	1	2	2	1	2	1	1	2	1	2	42
1	2	1	2	2	1	2	1	1	2	1	2	2	1	2	1	2	1	2	1	1	2	1	2	2	1	2	1	1	2	1	2	43
2	1	2	1	1	2	1	2	2	1	2	1	1	2	1	2	1	2	1	2	2	1	2	1	1	2	1	2	2	1	2	1	44
1	2	1	2	2	1	2	1	2	1	2	1	1	2	1	2	1	2	1	2	2	1	2	1	2	1	2	1	1	2	1	2	45
2	1	2	1	1	2	1	2	1	2	1	2	2	1	2	1	2	1	2	1	1	2	1	2	1	2	1	2	2	1	2	1	46
1	2	1	2	2	1	2	1	2	1	2	1	1	2	1	2	2	1	2	1	1	2	1	2	1	2	1	2	2	1	2	1	47
2	1	2	1	1	2	1	2	1	2	1	2	2	1	2	1	1	2	1	2	2	1	2	1	2	1	2	1	1	2	1	2	48
1	2	2	1	1	2	2	1	1	2	2	1	1	2	2	1	1	2	2	1	1	2	2	1	1	2	2	1	1	2	2	1	49
2	1	1	2	2	1	1	2	2	1	1	2	2	1	1	2	2	1	1	2	2	1	1	2	2	1	1	2	2	1	1	2	50
1	2	2	1	1	2	2	1	1	2	2	1	1	2	2	1	2	1	1	2	2	1	1	2	2	1	1	2	2	1	1	2	51
2	1	1	2	2	1	1	2	2	1	1	2	2	1	1	2	1	2	2	1	1	2	2	1	1	2	2	1	1	2	2	1	52
1	2	2	1	1	2	2	1	2	1	1	2	2	1	1	2	1	2	2	1	1	2	2	1	2	1	1	2	2	1	1	2	53
2	1	1	2	2	1	1	2	1	2	2	1	1	2	2	1	2	1	1	2	2	1	1	2	1	2	2	1	1	2	2	1	54
1	2	2	1	1	2	2	1	2	1	1	2	2	1	1	2	2	1	1	2	2	1	1	2	1	2	2	1	1	2	2	1	55
2	1	1	2	2	1	1	2	1	2	2	1	1	2	2	1	1	2	2	1	1	2	2	1	2	1	1	2	2	1	1	2	56
1	2	2	1	2	1	1	2	1	2	2	1	2	1	1	2	1	2	2	1	2	1	1	2	1	2	2	1	2	1	1	2	57
2	1	1	2	1	2	2	1	2	1	1	2	1	2	2	1	2	1	1	2	1	2	2	1	2	1	1	2	1	2	2	1	58
1	2	2	1	2	1	1	2	1	2	2	1	2	1	1	2	2	1	1	2	1	2	2	1	2	1	1	2	1	2	2	1	59
2	1	1	2	1	2	2	1	2	1	1	2	1	2	2	1	1	2	2	1	2	1	1	2	1	2	2	1	2	1	1	2	60
1	2	2	1	2	1	1	2	2	1	1	2	1	2	2	1	1	2	2	1	2	1	1	2	2	1	1	2	1	2	2	1	61
2	1	1	2	1	2	2	1	1	2	2	1	2	1	1	2	2	1	1	2	1	2	2	1	1	2	2	1	2	1	1	2	62
1	2	2	1	2	1	1	2	2	1	1	2	1	2	2	1	2	1	1	2	1	2	2	1	1	2	2	1	2	1	1	2	63
2	1	1	2	1	2	2	1	1	2	2	1	2	1	1	2	1	2	2	1	2	1	1	2	2	1	1	2	1	2	2	1	64

$L_{64}(2^{63})$：二列间的交互作用表

列号 \ 列号	32	33	34	35	36	37	38	39	40	41	42	43	44	45	46	47	48	49	50	51	52	53	54	55	56	57	58	59	60	61	62	63
(1)	33	32	35	34	37	36	39	38	41	40	43	42	45	44	47	46	49	48	51	50	53	52	55	54	57	56	59	58	61	60	63	62
(2)	34	35	32	33	38	39	36	37	42	43	40	41	46	47	44	45	50	51	48	49	54	55	52	53	58	59	56	57	62	63	60	61
(3)	35	34	33	32	39	38	37	36	43	42	41	40	47	46	45	44	51	50	49	48	55	54	53	52	59	58	57	56	63	62	61	60
(4)	36	37	38	39	32	33	34	35	44	45	46	47	40	41	42	43	52	53	54	55	48	49	50	51	60	61	62	63	56	57	58	59
(5)	37	36	39	38	33	32	35	34	45	44	47	46	41	40	43	42	53	52	55	54	49	48	51	50	61	60	63	62	57	56	59	58
(6)	38	39	36	37	34	35	32	33	46	47	44	45	42	43	40	41	54	55	52	53	50	51	48	49	62	63	60	61	58	59	56	57
(7)	39	38	37	36	35	34	33	32	47	46	45	44	43	42	41	40	55	54	53	52	51	50	49	48	63	62	61	60	59	58	57	56
(8)	40	41	42	43	44	45	46	47	32	33	34	35	36	37	38	39	56	57	58	59	60	61	62	63	48	49	50	51	52	53	54	55
(9)	41	40	43	42	45	44	47	46	33	32	35	34	37	36	39	38	57	56	59	58	61	60	63	62	49	48	51	50	53	52	55	54
(10)	42	43	40	41	46	47	44	45	34	35	32	33	38	39	36	37	58	59	56	57	62	63	60	61	50	51	48	49	54	55	52	53
(11)	43	42	41	40	47	46	45	44	35	34	33	32	39	38	37	36	59	58	57	56	63	62	61	60	51	50	49	48	55	54	53	52
(12)	44	45	46	47	40	41	42	43	36	37	38	39	32	33	34	35	60	61	62	63	56	57	58	59	52	53	54	55	48	49	50	51
(13)	45	44	47	46	41	40	43	42	37	36	39	38	33	32	35	34	61	60	63	62	57	56	59	58	53	52	55	54	49	48	51	50
(14)	46	47	44	45	42	43	40	41	38	39	36	37	34	35	32	33	62	63	60	61	58	59	56	57	54	55	52	53	50	51	48	49
(15)	47	46	45	44	43	42	41	40	39	38	37	36	35	34	33	32	63	62	61	60	59	58	57	56	55	54	53	52	51	50	49	48
(16)	48	49	50	51	52	53	54	55	56	57	58	59	60	61	62	63	32	33	34	35	36	37	38	39	40	41	42	43	44	45	46	47
(17)	49	48	51	50	53	52	55	54	57	56	59	58	61	60	63	62	33	32	35	34	37	36	39	38	41	40	43	42	45	44	47	46
(18)	50	51	48	49	54	55	52	53	58	59	56	57	62	63	60	61	34	35	32	33	38	39	36	37	42	43	40	41	46	47	44	45
(19)	51	50	49	48	55	54	53	52	59	58	57	56	63	62	61	60	35	34	33	32	39	38	37	36	43	42	41	40	47	46	45	44
(20)	52	53	54	55	48	49	50	51	60	61	62	63	56	57	58	59	36	37	38	39	32	33	34	35	44	45	46	47	40	41	42	43
(21)	53	52	55	54	49	48	51	50	61	60	63	62	57	56	59	58	37	36	39	38	33	32	35	34	45	44	47	46	41	40	43	42
(22)	54	55	52	53	50	51	48	49	62	63	60	61	58	59	56	57	38	39	36	37	34	35	32	33	46	47	44	45	42	43	40	41
(23)	55	54	53	52	51	50	49	48	63	62	61	60	59	58	57	56	39	38	37	36	35	34	33	32	47	46	45	44	43	42	41	40
(24)	56	57	58	59	60	61	62	63	48	49	50	51	52	53	54	55	40	41	42	43	44	45	46	47	32	33	34	35	36	37	38	39
(25)	57	56	59	58	61	60	63	62	49	48	51	50	53	52	55	54	41	40	43	42	45	44	47	46	33	32	35	34	37	36	39	38
(26)	58	59	56	57	62	63	60	61	50	51	48	49	54	55	52	53	42	43	40	41	46	47	44	45	34	35	32	33	38	39	36	37
(27)	59	58	57	56	63	62	61	60	51	50	49	48	55	54	53	52	43	42	41	40	47	46	45	44	35	34	33	32	39	38	37	36
(28)	60	61	62	63	56	57	58	59	52	53	54	55	48	49	50	51	44	45	46	47	40	41	42	43	36	37	38	39	32	33	34	35
(29)	61	60	63	62	57	56	59	58	53	52	55	54	49	48	51	50	45	44	47	46	41	40	43	42	37	36	39	38	33	32	35	34
(30)	62	63	60	61	58	59	56	57	54	55	52	53	50	51	48	49	46	47	44	45	42	43	40	41	38	39	36	37	34	35	32	33
(31)	63	62	61	60	59	58	57	56	55	54	53	52	51	50	49	48	47	46	45	44	43	42	41	40	39	38	37	36	35	34	33	32
(32)		1	2	3	4	5	6	7	8	9	10	11	12	13	14	15	16	17	18	19	20	21	22	23	24	25	26	27	23	29	30	31
(33)			3	2	5	4	7	6	9	8	11	10	13	12	15	14	17	16	19	18	21	20	23	22	25	24	27	26	29	28	31	30
(34)				1	6	7	4	5	10	11	8	9	14	15	12	13	18	19	16	17	22	23	20	21	26	27	24	25	30	31	28	29
(35)					7	6	5	4	11	10	9	8	15	14	13	12	19	18	17	16	23	22	21	20	27	26	25	24	31	30	29	28
(36)						1	2	3	12	13	14	15	8	9	10	11	20	21	22	23	16	17	18	19	28	29	30	31	24	25	26	27
(37)							3	2	13	12	15	14	9	8	11	10	21	20	23	22	17	16	19	18	29	28	31	30	25	24	27	26
(38)								1	14	15	12	13	10	11	8	9	22	23	20	21	18	19	16	17	30	31	28	29	26	27	24	25
(39)									15	14	13	12	11	10	9	8	23	22	21	20	19	18	17	16	31	30	29	28	27	26	25	24
(40)										1	2	3	4	5	6	7	24	25	26	27	28	29	30	31	16	17	18	19	20	21	22	23
(41)											3	2	5	4	7	6	25	24	27	26	29	28	31	30	17	16	19	18	21	20	23	22
(42)												1	6	7	4	5	26	27	24	25	30	31	28	29	18	19	16	17	22	23	20	21
(43)													7	6	5	4	27	26	25	24	31	30	29	28	19	18	17	16	23	22	21	20
(44)														1	2	3	28	29	30	31	24	25	26	27	20	21	22	23	16	17	18	19
(45)															3	2	29	28	31	30	25	24	27	26	21	20	23	22	17	16	19	18
(46)																1	30	31	28	29	26	27	24	25	22	23	20	21	18	19	16	17
(47)																	31	30	29	28	27	26	25	24	23	22	21	20	19	18	17	16
(48)																		1	2	3	4	5	6	7	8	9	10	11	12	13	14	15
(49)																			3	2	5	4	7	6	9	8	11	10	13	12	15	14
(50)																				1	6	7	4	5	10	11	8	9	14	15	12	13
(51)																					7	6	5	4	11	10	9	8	15	14	13	12
(52)																						1	2	3	12	13	14	15	8	9	10	11
(53)																							3	2	13	12	15	14	9	8	11	10
(54)																								1	14	15	12	13	10	11	8	9
(55)																									15	14	13	12	11	10	9	8
(56)																										1	2	3	4	5	6	7
(57)																											3	2	5	4	7	6
(58)																												1	6	7	4	5
(59)																													7	6	5	4
(60)																														1	2	3
(61)																															3	2
(62)																																1

[注] 列 1～31 之间的交互作用，见 $L_{32}(2^{31})$ 的表。

$L_{64}(2^{63})$:主效应不与交互作用混杂的设计表

因素数	实施	1	2	3	4	5	6	7	8	9	10	11	12	13	14	15	16	17	18	19	20	21	22	23	24	25	26	27	28	29	30	31	32	33	34	35	36	37	38	39	40	41	42	43	44	45	46	47	48	49	50	51	52	53	54	55	56	57	58	59	60	61	62	63	定义对比
6	1	A	B	A B	C	A C	B C		D	A D	B D		C D				E	A E	B E		C E				D E								F	A F	B F		C F				D F								E F																—
7	1/2	A	B	A B	C	A C	B C		D	A D	B D		C D				E	A E	B E		C E				D E							F G	F	A F	B F		C F				D F							E G	E F							D G				C G		B G	A G	G	1=ABCDEFG
8	1/4	A	B	A B	C	A C	B C		D	A D	B D		C D			F G	E	A E	B E		C E	F H			D E	G H							F	A F	B F		C F	E H		D G	D F			C G		B G	A G	G	E F	C H			A H	H		B H						D H		E G	1=ABCDFG =ACEFH
13 依序消去字母M,L,K,J,便得 12 11 10 9	1/128 1/64 1/32 1/16 1/8	A	B	A B	C	A C = J L = D M	B C	E K	D	A D = E L = C M	B D	J K	C D = E J = A M	M	K L	F G = H I = B M	E	A E = D L = J M	B E	C K	C E = D J = L M	F H = G I = B K	A K	K	D E = C J = A L	L	G H = F I = K M	B L	J	A J = C L = E M	B J	D K	F	A F	B F = H K = G M	I L	C F	E H	I J	D G	D F	H J	E I	C G	H L	B G = I K = F M	A G	G	E F	C H	D I	G J	A H	H	G L	R H = F K = I M	B I = G K = H M	F L	I	A I	E J	D H	C I	E G	1=ABCDFG =ACEFH =BDEFI =CDEJ =ABCEK =ADEL =ACDM
32 依序消去字母F′,E′,……O,便得 31 30 ⋮ 14	$1/2^{26}$ $1/2^{25}$ $1/2^{24}$ ⋮ $1/2^{8}$	A	B	A B = ⋮ = E′ F′	C	A C = ⋮ = D′ F′	B C = ⋮ = C′ F′	G	D	A D = ⋮ = B′ F′	B D = ⋮ = A′ F′	H	C D = ⋮ = Z F′	I	J	D G = ⋮ = Y F′	E	A E = ⋮ = X F′	B E = ⋮ = W F′	K	C E = ⋮ = V F′	L	M	E G = ⋮ = U F′	D E = ⋮ = T F′	N	O	E H = ⋮ = S F′	P	E I = ⋮ = R F′	E J = ⋮ = F F′	Q	F	A F = ⋮ = Q F′	B F = ⋮ = P F′	R	C F = ⋮ = O F′	S	T	F G = ⋮ = N F′	D F = ⋮ = M F′	U	V	F H = ⋮ = L F′	W	F I = ⋮ = K F′	F J = ⋮ = E F′	X	E F = ⋮ = J F′	Y	Z	F K = ⋮ = I F′	A′	F L = ⋮ = H F′	F M = ⋮ = D F′	B′	C′	F N = ⋮ = G F′	F O = ⋮ = C F′	D′	F P = ⋮ = B F′	E′	F′	F Q = ⋮ = A F′	1=ABCG =ABDH =…… =ACDEFE′ =BCDEFF′

（2）$m=3$ 的情形

$L_9(3^4)$

试验号 \ 列号	1	2	3	4
1	1	1	1	1
2	1	2	2	2
3	1	3	3	3
4	2	1	2	3
5	2	2	3	1
6	2	3	1	2
7	3	1	3	2
8	3	2	1	3
9	3	3	2	1

［注］任意二列间的交互作用出现于另外二列。

$L_{18}(3^7)$

试验号 \ 列号	1	2	3	4	5	6	7	［注］1′
1	1	1	1	1	1	1	1	1
2	1	2	2	2	2	2	2	1
3	1	3	3	3	3	3	3	1
4	2	1	1	2	2	3	3	1
5	2	2	2	3	3	1	1	1
6	2	3	3	1	1	2	2	1
7	3	1	2	1	3	2	3	1
8	3	2	3	2	1	3	1	1
9	3	3	1	3	2	1	2	1
10	1	1	3	3	2	2	1	2
11	1	2	1	1	3	3	2	2
12	1	3	2	2	1	1	3	2
13	2	1	2	3	1	3	2	2
14	2	2	3	1	2	1	3	2
15	2	3	1	2	3	2	1	2
16	3	1	3	2	3	1	2	2
17	3	2	1	3	1	2	3	2
18	3	3	2	1	2	3	1	2

［注］把两水平的列 1′排进 L_{18}（2^7），便得混合型 L_{18}（$2^1\times3^7$），交互作用 $1'\times1$ 可从两列的二元表求出，在 $L_{18}(2^1\times3^7)$ 中把列 1′和列 1 的水平组合 11、12、13、21、22、23 分别换成 1、2、3、4、5、6，便得混合型$L_{18}(6^1\times3^6)$。

附表 7　正交表

$L_{27}(3^{13})$

试验号 \ 列号	1	2	3	4	5	6	7	8	9	10	11	12	13
1	1	1	1	1	1	1	1	1	1	1	1	1	1
2	1	1	1	1	2	2	2	2	2	2	2	2	2
3	1	1	1	1	3	3	3	3	3	3	3	3	3
4	1	2	2	2	1	1	1	2	2	2	3	3	3
5	1	2	2	2	2	2	2	3	3	3	1	1	1
6	1	2	2	2	3	3	3	1	1	1	2	2	2
7	1	3	3	3	1	1	1	3	3	3	2	2	2
8	1	3	3	3	2	2	2	1	1	1	3	3	3
9	1	3	3	3	3	3	3	2	2	2	1	1	1
10	2	1	2	3	1	2	3	1	2	3	1	2	3
11	2	1	2	3	2	3	1	2	3	1	2	3	1
12	2	1	2	3	3	1	2	3	1	2	3	1	2
13	2	2	3	1	1	2	3	2	3	1	3	1	2
14	2	2	3	1	2	3	1	3	1	2	1	2	3
15	2	2	3	1	3	1	2	1	2	3	2	3	1
16	2	3	1	2	1	2	3	3	1	2	2	3	1
17	2	3	1	2	2	3	1	1	2	3	3	1	2
18	2	3	1	2	3	1	2	2	3	1	1	2	3
19	3	1	3	2	1	3	2	1	3	2	1	3	2
20	3	1	3	2	2	1	3	2	1	3	2	1	3
21	3	1	3	2	3	2	1	3	2	1	3	2	1
22	3	2	1	3	1	3	2	2	1	3	3	2	1
23	3	2	1	3	2	1	3	3	2	1	1	3	2
24	3	2	1	3	3	2	1	1	3	2	2	1	3
25	3	3	2	1	1	3	2	3	2	1	2	1	3
26	3	3	2	1	2	1	3	1	3	2	3	2	1
27	3	3	2	1	3	2	1	2	1	3	1	3	2

$L_{27}(3^{13})$：二列间的交互作用表

列号 \ 列号	1	2	3	4	5	6	7	8	9	10	11	12	13
	(1)	3 4	2 4	2 3	6 7	5 7	5 6	9 10	8 10	8 9	12 13	11 13	11 12
		(2)	1 4	1 3	8 11	9 12	10 13	5 11	6 12	7 13	5 8	6 9	7 10
			(3)	1 2	9 13	10 11	8 12	7 12	5 13	6 11	6 10	7 8	5 9
				(4)	10 12	8 13	9 11	6 13	7 11	5 12	7 9	5 10	6 8
					(5)	1 7	1 6	2 11	3 13	4 12	2 8	4 10	3 9
						(6)	1 5	4 13	2 12	3 11	3 10	2 9	4 8
							(7)	3 12	4 11	2 13	4 9	3 8	2 10
								(8)	1 10	1 9	2 5	3 7	4 6
									(9)	1 8	4 7	2 6	3 5
										(10)	3 6	4 5	2 7
											(11)	1 13	1 12
												(12)	1 11

$L_{27}(3^{13})$:主效应不与交互作用混杂的设计表

因素数	实施	1	2	3	4	5	6	7	8	9	10	11	12	13	定义对比
3	1	A	B	A B	A^2 B	C	A C	A^2 C	B C			B^2 C			—
4	1/3	A	B	A B ‖ C^2 D	A^2 B	C	A C ‖ B^2 D	A^2 C	B C ‖ A^2 D	D	A D	B^2 C	B D	C D	$1=ABCD^2$

$L_{36}(3^{13})$

试验号＼列号	1	2	3	4	5	6	7	8	9	10	11	12	13	[注] 1′	2′	3′
1	1	1	1	1	1	1	1	1	1	1	1	1	1	1	1	1
2	1	2	2	2	2	2	2	2	2	2	2	2	2	1	1	1
3	1	3	3	3	3	3	3	3	3	3	3	3	3	1	1	1
4	1	1	1	1	1	2	2	2	2	3	3	3	3	1	2	2
5	1	2	2	2	2	3	3	3	3	1	1	1	1	1	2	2
6	1	3	3	3	3	1	1	1	1	2	2	2	2	1	2	2
7	1	1	1	2	3	1	2	3	3	1	2	2	3	2	1	2
8	1	2	2	3	1	2	3	1	1	2	3	3	1	2	1	2
9	1	3	3	1	2	3	1	2	2	3	1	1	2	2	1	2
10	1	1	1	3	2	1	3	2	3	2	1	3	2	2	2	1
11	1	2	2	1	3	2	1	3	1	3	2	1	3	2	2	1
12	1	3	3	2	1	3	2	1	2	1	3	2	1	2	2	1
13	2	1	2	3	1	3	2	1	3	3	2	1	2	1	1	1
14	2	2	3	1	2	1	3	2	1	1	3	2	3	1	1	1
15	2	3	1	2	3	2	1	3	2	2	1	3	1	1	1	1
16	2	1	2	3	2	1	1	3	2	3	3	2	1	1	2	2
17	2	2	3	1	3	2	2	1	3	1	1	3	2	1	2	2
18	2	3	1	2	1	3	3	2	1	2	2	1	3	1	2	2
19	2	1	2	1	3	3	3	1	2	2	1	2	3	2	1	2
20	2	2	3	2	1	1	1	2	3	3	2	3	1	2	1	2
21	2	3	1	3	2	2	2	3	1	1	3	1	2	2	1	2
22	2	1	2	2	3	3	1	2	1	1	3	3	2	2	2	1
23	2	2	3	3	1	1	2	3	2	2	1	1	3	2	2	1
24	2	3	1	1	2	2	3	1	3	3	2	2	1	2	2	1
25	3	1	3	2	1	2	3	3	1	3	1	2	2	1	1	1
26	3	2	1	3	2	3	1	1	2	1	2	3	3	1	1	1
27	3	3	2	1	3	1	2	2	3	2	3	1	1	1	1	1
28	3	1	3	2	2	2	1	1	3	2	3	1	3	1	2	2
29	3	2	1	3	3	3	2	2	1	3	1	2	1	1	2	2
30	3	3	2	1	1	1	3	3	2	1	2	3	2	1	2	2
31	3	1	3	3	3	2	3	2	2	1	2	1	1	2	1	2
32	3	2	1	1	1	3	1	3	3	2	3	2	2	2	1	2
33	3	3	2	2	2	1	2	1	1	3	1	3	3	2	1	2
34	3	1	3	1	2	3	2	3	1	2	2	3	1	2	2	1
35	3	2	1	2	3	1	3	1	2	3	3	1	2	2	2	1
36	3	3	2	3	1	2	1	2	3	1	1	2	3	2	2	1

[注]把两水平的列 1′、2′和 3′排进 $L_{36}(3^{13})$，便得混合型 $L_{36}(2^3\times3^{13})$，这时交互作用 $1'\times2'$出现于 3′,并且交互作用 $1'\times1$、$2'\times1$ 和 $3'\times1$ 可分别从各自的二元表求出。

$L_{54}(3^{25})$

试验号＼列号	1	2	3	4	5	6	7	8	9	10	11	12	13	14	15	16	17	18	19	20	21	22	23	24	25	[注] 1′
1	1	1	1	1	1	1	1	1	1	1	1	1	1	1	1	1	1	1	1	1	1	1	1	1	1	1
2	1	1	1	1	1	1	1	2	2	2	2	2	2	2	2	2	2	2	2	2	2	2	2	2	2	1
3	1	1	1	1	1	1	1	3	3	3	3	3	3	3	3	3	3	3	3	3	3	3	3	3	3	1
4	1	2	2	2	2	2	2	1	1	1	1	1	1	2	3	2	3	2	3	2	3	2	3	2	3	1
5	1	2	2	2	2	2	2	2	2	2	2	2	2	3	1	3	1	3	1	3	1	3	1	3	1	1
6	1	2	2	2	2	2	2	3	3	3	3	3	3	1	2	1	2	1	2	1	2	1	2	1	2	1
7	1	3	3	3	3	3	3	1	1	1	1	1	1	3	2	3	2	3	2	3	2	3	2	3	2	1
8	1	3	3	3	3	3	3	2	2	2	2	2	2	1	3	1	3	1	3	1	3	1	3	1	3	1
9	1	3	3	3	3	3	3	3	3	3	3	3	3	2	1	2	1	2	1	2	1	2	1	2	1	1
10	2	1	1	2	2	3	3	1	1	2	2	3	3	1	1	1	1	2	3	2	3	3	2	3	2	1
11	2	1	1	2	2	3	3	2	2	3	3	1	1	2	2	2	2	3	1	3	1	1	3	1	3	1
12	2	1	1	2	2	3	3	3	3	1	1	2	2	3	3	3	3	1	2	1	2	2	1	2	1	1
13	2	2	2	3	3	1	1	1	1	2	2	3	3	2	3	2	3	3	2	3	2	1	1	1	1	1
14	2	2	2	3	3	1	1	2	2	3	3	1	1	3	1	3	1	1	3	1	3	2	2	2	2	1
15	2	2	2	3	3	1	1	3	3	1	1	2	2	1	2	1	2	2	1	2	1	3	3	3	3	1
16	2	3	3	1	1	2	2	1	1	2	2	3	3	3	3	3	2	1	1	1	1	2	3	2	3	1
17	2	3	3	1	1	2	2	2	2	3	3	1	1	1	3	1	3	2	2	2	2	3	1	3	1	1
18	2	3	3	1	1	2	2	3	3	1	1	2	2	2	1	2	1	3	3	3	3	1	2	1	2	1
19	3	1	2	1	3	2	3	1	2	1	3	2	3	1	1	2	3	1	1	3	2	2	3	3	2	1
20	3	1	2	1	3	2	3	2	3	2	1	3	1	2	2	3	1	2	2	1	3	3	1	1	3	1
21	3	1	2	1	3	2	3	3	1	3	3	1	2	3	3	1	2	3	3	2	1	1	2	2	1	1
22	3	2	3	2	1	3	1	1	2	1	3	2	3	2	3	3	2	2	3	1	1	3	2	1	1	1
23	3	2	3	2	1	3	1	2	3	2	1	3	1	3	1	1	3	3	1	2	2	1	3	2	2	1
24	3	2	3	2	1	3	1	3	1	3	2	1	2	1	2	2	1	1	2	3	3	2	1	3	3	1
25	3	3	1	3	2	1	2	1	2	1	3	2	3	3	2	1	1	3	2	2	3	1	1	2	3	1
26	3	3	1	3	2	1	2	2	3	2	1	3	1	1	3	2	2	1	3	3	1	2	2	3	1	1
27	3	3	1	3	2	1	2	3	1	3	2	1	2	2	1	3	3	2	1	1	2	3	3	1	2	1
28	1	1	3	3	2	2	1	1	3	3	2	2	1	1	1	3	2	3	2	2	3	2	3	1	1	2
29	1	1	3	3	2	2	1	2	1	1	3	3	2	2	2	1	3	1	3	3	1	3	1	2	2	2
30	1	1	3	3	2	2	1	3	2	2	1	1	3	3	3	2	1	2	1	1	2	1	2	3	3	2
31	1	2	1	1	3	3	2	1	3	3	2	2	1	2	3	1	1	1	1	3	2	3	2	2	3	2
32	1	2	1	1	3	3	2	2	1	1	3	3	2	3	1	2	2	2	2	1	3	1	3	3	1	2
33	1	2	1	1	3	3	2	3	2	2	1	1	3	1	2	3	3	3	3	2	1	2	1	1	2	2

（续）

试验号＼列号	1	2	3	4	5	6	7	8	9	10	11	12	13	14	15	16	17	18	19	20	21	22	23	24	25	1′
34	1	3	2	2	1	1	3	1	3	3	2	2	1	3	2	2	3	2	3	1	1	1	1	3	2	2
35	1	3	2	2	1	1	3	2	1	1	3	3	2	1	3	3	1	3	1	2	2	2	2	1	3	2
36	1	3	2	2	1	1	3	3	2	2	1	1	3	2	1	1	2	1	2	3	3	3	3	2	1	2
37	2	1	2	3	1	3	2	1	2	3	1	3	2	1	1	2	3	3	2	1	1	3	2	2	3	2
38	2	1	2	3	1	3	2	2	3	1	2	1	3	2	2	3	1	1	3	2	2	1	3	3	1	2
39	2	1	2	3	1	3	2	3	1	2	3	2	1	3	3	1	2	2	1	3	3	2	1	1	2	2
40	2	2	3	1	2	1	3	1	2	3	1	3	2	2	3	3	2	1	1	2	3	1	1	3	2	2
41	2	2	3	1	2	1	3	2	3	1	2	1	3	3	1	1	3	2	2	3	1	2	2	1	3	2
42	2	2	3	1	2	1	3	3	1	2	3	2	1	1	2	2	1	3	3	1	2	3	3	2	1	2
43	2	3	1	2	3	2	1	1	2	3	1	3	2	3	2	1	1	2	3	3	2	2	3	1	1	2
44	2	3	1	2	3	2	1	2	3	1	2	1	3	1	3	2	2	3	1	1	3	3	1	2	2	2
45	2	3	1	2	3	2	1	3	1	2	3	2	1	2	1	3	3	1	2	2	1	1	2	3	3	2
46	3	1	3	2	3	1	2	1	3	2	3	1	2	1	1	3	2	2	3	3	2	1	1	2	3	2
47	3	1	3	2	3	1	2	2	1	3	1	2	3	2	2	1	3	3	1	1	3	2	2	3	1	2
48	3	1	3	2	3	1	2	3	2	1	2	3	1	3	3	2	1	1	2	2	1	3	3	1	2	2
49	3	2	1	3	1	2	3	1	3	2	3	1	2	2	3	1	1	3	2	1	1	2	3	3	2	2
50	3	2	1	3	1	2	3	2	1	3	1	2	3	3	1	2	2	1	3	2	2	3	1	1	3	2
51	3	2	1	3	1	2	3	3	2	1	2	3	1	1	2	3	3	2	1	3	3	1	2	2	1	2
52	3	3	2	1	2	3	1	1	3	2	3	1	2	3	2	2	3	1	1	2	3	3	2	1	1	2
53	3	3	2	1	2	3	1	2	1	3	1	2	3	1	3	3	1	2	2	3	1	1	3	2	2	2
54	3	3	2	1	2	3	1	3	2	1	2	3	1	2	1	1	2	3	3	1	2	2	1	3	3	2

［注］(a) 把两水平的列 1′排进 L_{54}（3^{25}），便得混合型 L_{54}（$2^1\times3^{25}$），这时交互作用 1′×1 可从二元表求出。

(b) 两因素交互作用 1′×8、1×8 和三因素交互作用 1′×1×8 可从三元表求出，但这时列 9～13 不能对应其他因素，否则产生混杂。

(c) 把列 1′和列 1 的水平组合 11、12、13、21、22 和 23 分别换成 1、2、3、4、5 和 6，便得六水平的一列，即混合型 L_{54}（$6^1\times3^{24}$）。这时此列与列 8 的交互作用也可从二元表求出，但要去掉列 9～13。

(d) 列 8 与列 2～7 之间的交互作用图示如下。

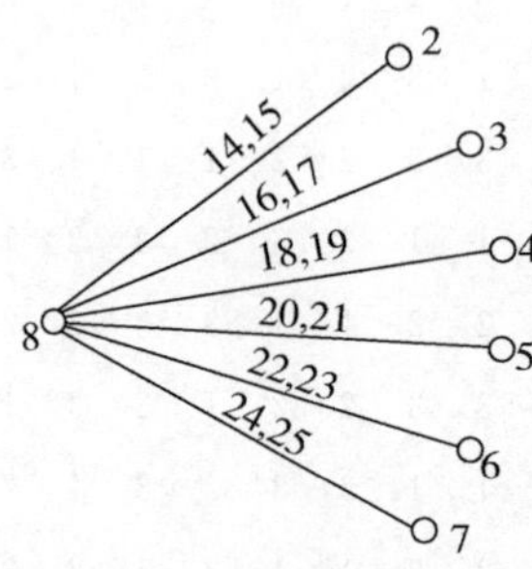

$L_{81}(3^{40})$

列号 / 试验号	1	2	3	4	5	6	7	8	9	10	11	12	13	14	15	16	17	18	19	20	21	22	23	24	25	26	27	28	29	30	31	32	33	34	35	36	37	38	39	40	列号 / 试验号
1	1	1	1	1	1	1	1	1	1	1	1	1	1	1	1	1	1	1	1	1	1	1	1	1	1	1	1	1	1	1	1	1	1	1	1	1	1	1	1	1	1
2	1	1	1	1	1	1	1	1	1	1	1	1	1	2	2	2	2	2	2	2	2	2	2	2	2	2	2	2	2	2	2	2	2	2	2	2	2	2	2	2	2
3	1	1	1	1	1	1	1	1	1	.1	1	1	1	3	3	3	3	3	3	3	3	3	3	3	3	3	3	3	3	3	3	3	3	3	3	3	3	3	3	3	3
4	1	1	1	1	2	2	2	2	2	2	2	2	2	1	1	1	1	1	1	1	1	1	2	2	2	2	2	2	2	2	2	3	3	3	3	3	3	3	3	3	4
5	1	1	1	1	2	2	2	2	2	2	2	2	2	2	2	2	2	2	2	2	2	2	3	3	3	3	3	3	3	3	3	1	1	1	1	1	1	1	1	1	5
6	1	1	1	1	2	2	2	2	2	2	2	2	2	3	3	3	3	3	3	3	3	3	1	1	1	1	1	1	1	1	1	2	2	2	2	2	2	2	2	2	6
7	1	1	1	1	3	3	3	3	3	3	3	3	3	1	1	1	1	1	1	1	1	1	3	3	3	3	3	3	3	3	3	2	2	2	2	2	2	2	2	2	7
8	1	1	1	1	3	3	3	3	3	3	3	3	3	2	2	2	2	2	2	2	2	2	1	1	1	1	1	1	1	1	1	3	3	3	3	3	3	3	3	3	8
9	1	1	1	1	3	3	3	3	3	3	3	3	3	3	3	3	3	3	3	3	3	3	2	2	2	2	2	2	2	2	2	1	1	1	1	1	1	1	1	1	9
10	1	2	2	2	1	1	1	2	2	2	3	3	3	1	1	1	2	2	2	3	3	3	1	1	1	2	2	2	3	3	3	1	1	1	2	2	2	3	3	3	10
11	1	2	2	2	1	1	1	2	2	2	3	3	3	2	2	2	3	3	3	1	1	1	2	2	2	3	3	3	1	1	1	2	2	2	3	3	3	1	1	1	11
12	1	2	2	2	1	1	1	2	2	2	3	3	3	3	3	3	1	1	1	2	2	2	3	3	3	1	1	1	2	2	2	3	3	3	1	1	1	2	2	2	12
13	1	2	2	2	2	2	2	3	3	3	1	1	1	1	1	1	2	2	2	3	3	3	2	2	2	3	3	3	1	1	1	3	3	3	1	1	1	2	2	2	13
14	1	2	2	2	2	2	2	3	3	3	1	1	1	2	2	2	3	3	3	1	1	1	3	3	3	1	1	1	2	2	2	1	1	1	2	2	2	3	3	3	14
15	1	2	2	2	2	2	2	3	3	3	1	1	1	3	3	3	1	1	1	2	2	2	1	1	1	2	2	2	3	3	3	2	2	2	3	3	3	1	1	1	15
16	1	2	2	2	3	3	3	1	1	1	2	2	2	1	1	1	2	2	2	3	3	3	3	3	3	1	1	1	2	2	2	2	2	2	3	3	3	1	1	1	16
17	1	2	2	2	3	2	3	1	1	1	2	2	2	2	2	2	3	3	3	1	1	1	1	1	1	2	2	2	3	3	3	3	3	3	1	1	1	2	2	2	17
18	1	2	2	2	3	3	3	1	1	1	2	2	2	3	3	3	1	1	1	2	2	2	2	2	2	3	3	3	1	1	1	1	1	1	2	2	2	3	3	3	18
19	1	3	3	3	1	1	1	3	3	3	2	2	2	1	1	1	3	3	3	2	2	2	1	1	1	3	3	3	2	2	2	1	1	1	3	3	3	2	2	2	19
20	1	3	3	3	1	1	1	3	3	3	2	2	2	2	2	2	1	1	1	3	3	3	2	2	2	1	1	1	3	3	3	2	2	2	1	1	1	3	3	3	20
21	1	3	3	3	1	1	1	3	3	3	2	2	2	3	3	3	2	2	2	1	1	1	3	3	3	2	2	2	1	1	1	3	3	3	2	2	2	1	1	1	21
22	1	3	3	3	2	2	2	1	1	1	3	3	3	1	1	1	3	3	3	2	2	2	2	2	2	1	1	1	3	3	3	3	3	3	2	2	2	1	1	1	22
23	1	3	3	3	2	2	2	1	1	1	3	3	3	2	2	2	1	1	1	3	3	3	3	3	3	2	2	2	1	1	1	1	1	1	3	3	3	2	2	2	23
24	1	3	3	3	2	2	2	1	1	1	3	3	3	3	3	3	2	2	2	1	1	1	1	1	1	3	3	3	2	2	2	2	2	2	1	1	1	3	3	3	24
25	1	3	3	3	3	3	3	2	2	2	1	1	1	1	1	1	3	3	3	2	2	2	3	3	3	2	2	2	1	1	1	2	2	2	1	1	1	3	3	3	25
26	1	3	3	3	3	3	3	2	2	2	1	1	1	2	2	2	1	1	1	3	3	3	1	1	1	3	3	3	2	2	2	3	3	3	2	2	2	1	1	1	26
27	1	3	3	3	3	3	3	2	2	2	1	1	1	3	3	3	2	2	2	1	1	1	2	2	2	1	1	1	3	3	3	1	1	1	3	3	3	2	2	2	27
28	2	1	2	3	1	2	3	1	2	3	1	2	3	1	2	3	1	2	3	1	2	3	1	2	3	1	2	3	1	2	3	1	2	3	1	2	3	1	2	3	28
29	2	1	2	3	1	2	3	1	2	3	1	2	3	2	3	1	2	3	1	2	3	1	2	3	1	2	3	1	2	3	1	2	3	1	2	3	1	2	3	1	29
30	2	1	2	3	1	2	3	1	2	3	1	2	3	3	1	2	3	1	2	3	1	2	3	1	2	3	1	2	3	1	2	3	1	2	3	1	2	3	1	2	30
31	2	1	2	3	2	3	1	2	3	1	2	3	1	1	2	3	1	2	3	1	2	3	2	3	1	2	3	1	2	3	1	3	1	2	3	1	2	3	1	2	31
32	2	1	2	3	2	3	1	2	3	1	2	3	1	2	3	1	2	3	1	2	3	1	3	1	2	3	1	2	3	1	2	1	2	3	1	2	3	1	2	3	32
33	2	1	2	3	2	3	1	2	3	1	2	3	1	3	1	2	3	1	2	3	1	2	1	2	3	1	2	3	1	2	3	2	3	1	2	3	1	2	3	1	33
34	2	1	2	3	3	1	2	3	1	2	3	1	2	1	2	3	1	2	3	1	2	3	3	1	2	3	1	2	3	1	2	2	3	1	2	3	1	2	3	1	34
35	2	1	2	3	3	1	2	3	1	2	3	1	2	2	3	1	2	3	1	2	3	1	1	2	3	1	2	3	1	2	3	3	1	2	3	1	2	3	1	2	35
36	2	1	2	3	3	1	2	3	1	2	3	1	2	3	1	2	3	1	2	3	1	2	2	3	1	2	3	1	2	3	1	1	2	3	1	2	3	1	2	3	36
37	2	2	3	1	1	2	3	2	3	1	3	1	2	1	2	3	2	3	1	3	1	2	1	2	3	2	3	1	3	1	2	1	2	3	2	3	1	3	1	2	37
38	2	2	3	1	1	2	3	2	3	1	3	1	2	2	3	1	3	1	2	1	2	3	2	3	1	3	1	2	1	2	3	2	3	1	3	1	2	1	2	3	38
39	2	2	3	1	1	2	3	2	3	1	3	1	2	3	1	2	1	2	3	2	3	1	3	1	2	1	2	3	2	3	1	3	1	2	1	2	3	2	3	1	39

（续）

试验号 \ 列号	1	2	3	4	5	6	7	8	9	10	11	12	13	14	15	16	17	18	19	20	21	22	23	24	25	26	27	28	29	30	31	32	33	34	35	36	37	38	39	40	列号 / 试验号
40	2	2	3	1	2	3	1	3	1	2	1	2	3	1	2	3	2	3	1	3	1	2	2	3	1	3	1	2	1	2	3	3	1	2	1	2	3	2	3	1	40
41	2	2	3	1	2	3	1	3	1	2	1	2	3	2	3	1	3	1	2	1	2	3	3	1	2	1	2	3	2	3	1	1	2	3	2	3	1	3	1	2	41
42	2	2	3	1	2	3	1	3	1	2	1	2	3	3	1	2	1	2	3	2	3	1	1	2	3	2	3	1	3	1	2	2	3	1	3	1	2	1	2	3	42
43	2	2	3	1	3	1	2	1	2	3	2	3	1	1	2	3	2	3	1	3	1	2	3	1	2	1	2	3	2	3	1	2	3	1	3	1	2	1	2	3	43
44	2	2	3	1	3	1	2	1	2	3	2	3	1	2	3	1	3	1	2	1	2	3	1	2	3	2	3	1	3	1	2	3	1	2	1	2	3	2	3	1	44
45	2	2	3	1	3	1	2	1	2	3	2	3	1	3	1	2	1	2	3	2	3	1	2	3	1	3	1	2	1	2	3	1	2	3	2	3	1	3	1	2	45
46	2	3	1	2	1	2	3	3	1	2	2	3	1	1	2	3	3	1	2	2	3	1	1	2	3	3	1	2	2	3	1	1	2	3	3	1	2	2	3	1	46
47	2	3	1	2	1	2	3	3	1	2	2	3	1	2	3	1	1	2	3	3	1	2	2	3	1	1	2	3	3	1	2	2	3	1	1	2	3	3	1	2	47
48	2	3	1	2	1	2	3	3	1	2	2	3	1	3	1	2	2	3	1	1	2	3	3	1	2	2	3	1	1	2	3	3	1	2	2	3	1	1	2	3	48
49	2	3	1	2	2	3	1	1	2	3	3	1	2	1	2	3	3	1	2	2	3	1	2	3	1	1	2	3	3	1	2	3	1	2	2	3	1	1	2	3	49
50	2	3	1	2	2	3	1	1	2	3	3	1	2	2	3	1	1	2	3	3	1	2	3	1	2	2	3	1	1	2	3	1	2	3	3	1	2	2	3	1	50
51	2	3	1	2	2	3	1	1	2	3	3	1	2	3	1	2	2	3	1	1	2	3	1	2	3	3	1	2	2	3	1	2	3	1	1	2	3	3	1	2	51
52	2	3	1	2	3	1	2	2	3	1	1	2	3	1	2	3	3	1	2	2	3	1	3	1	2	2	3	1	1	2	3	2	3	1	1	2	3	3	1	2	52
53	2	3	1	2	3	1	2	2	3	1	1	2	3	2	3	1	1	2	3	3	1	2	1	2	3	3	1	2	2	3	1	3	1	2	2	3	1	1	2	3	53
54	2	3	1	2	3	1	2	2	3	1	1	2	3	3	1	2	2	3	1	1	2	3	2	3	1	1	2	3	3	1	2	1	2	3	3	1	2	2	3	1	54
55	3	1	3	2	1	3	2	1	3	2	1	3	2	1	3	2	1	3	2	1	3	2	1	3	2	1	3	2	1	3	2	1	3	2	1	3	2	1	3	2	55
56	3	1	3	2	1	3	2	1	3	2	1	3	2	2	1	3	2	1	3	2	1	3	2	1	3	2	1	3	2	1	3	2	1	3	2	1	3	2	1	3	56
57	3	1	3	2	1	3	2	1	3	2	1	3	2	3	2	1	3	2	1	3	2	1	3	2	1	3	2	1	3	2	1	3	2	1	3	2	1	3	2	1	57
58	3	1	3	2	2	1	3	2	1	3	2	1	3	1	3	2	1	3	2	1	3	2	2	1	3	2	1	3	2	1	3	3	2	1	3	2	1	3	2	1	58
59	3	1	3	2	2	1	3	2	1	3	2	1	3	2	1	3	2	1	3	2	1	3	3	2	1	3	2	1	3	2	1	1	3	2	1	3	2	1	3	2	59
60	3	1	3	2	2	1	3	2	1	3	2	1	3	3	2	1	3	2	1	3	2	1	1	3	2	1	3	2	1	3	2	2	1	3	2	1	3	2	1	3	60
61	3	1	3	2	3	2	1	3	2	1	3	2	1	1	3	2	1	3	2	1	3	2	3	2	1	3	2	1	3	2	1	2	1	3	2	1	3	2	1	3	61
62	3	1	3	2	3	2	1	3	2	1	3	2	1	2	1	3	2	1	3	2	1	3	1	3	2	1	3	2	1	3	2	3	2	1	3	2	1	3	2	1	62
63	3	1	3	2	3	2	1	3	2	1	3	2	1	3	2	1	3	2	1	3	2	1	2	1	3	2	1	3	2	1	3	1	3	2	1	3	2	1	3	2	63
64	3	2	1	3	1	3	2	2	1	3	3	2	1	1	3	2	2	1	3	3	2	1	1	3	2	2	1	3	3	2	1	1	3	2	2	1	3	3	2	1	64
65	3	2	1	3	1	3	2	2	1	3	3	2	1	2	1	3	3	2	1	1	3	2	2	1	3	3	2	1	1	3	2	2	1	3	3	2	1	1	3	2	65
66	3	2	1	3	1	3	2	2	1	3	3	2	1	3	2	1	1	3	2	2	1	3	3	2	1	1	3	2	2	1	3	3	2	1	1	3	2	2	1	3	66
67	3	2	1	3	2	1	3	3	2	1	1	3	2	1	3	2	2	1	3	3	2	1	2	1	3	3	2	1	1	3	2	3	2	1	1	3	2	2	1	3	67
68	3	2	1	3	2	1	3	3	2	1	1	3	2	2	1	3	3	2	1	1	3	2	3	2	1	1	3	2	2	1	3	1	3	2	2	1	3	3	2	1	68
69	3	2	1	3	2	1	3	3	2	1	1	3	2	3	2	1	1	3	2	2	1	3	1	3	2	2	1	3	3	2	1	2	1	3	3	2	1	1	3	2	69
70	3	2	1	3	3	2	1	1	3	2	2	1	3	1	3	2	2	1	3	3	2	1	3	2	1	1	3	2	2	1	3	2	1	3	3	2	1	1	3	2	70
71	3	2	1	3	3	2	1	1	3	2	2	1	3	2	1	3	3	2	1	1	3	2	1	3	2	2	1	3	3	2	1	3	2	1	1	3	2	2	1	3	71
72	3	2	1	3	3	2	1	1	3	2	2	1	3	3	2	1	1	3	2	2	1	3	2	1	3	3	2	1	1	3	2	1	3	2	2	1	3	3	2	1	72
73	3	3	2	1	1	3	2	3	2	1	2	1	3	1	3	2	3	2	1	2	1	3	1	3	2	3	2	1	2	1	3	1	3	2	3	2	1	2	1	3	73
74	3	3	2	1	1	3	2	3	2	1	2	1	3	2	1	3	1	3	2	3	2	1	2	1	3	1	3	2	3	2	1	2	1	3	1	3	2	3	2	1	74
75	3	3	2	1	1	3	2	3	2	1	2	1	3	3	2	1	2	1	3	1	3	2	3	2	2	2	1	3	1	3	2	3	2	1	2	1	3	1	3	2	75
76	3	3	2	1	2	1	3	1	3	2	3	2	1	1	3	2	3	2	1	2	1	3	2	1	3	1	3	2	3	2	1	3	2	1	2	1	3	1	3	2	76
77	3	3	2	1	2	1	3	1	3	2	3	2	1	2	1	3	1	3	2	3	2	1	3	2	1	2	1	3	1	3	2	1	3	2	3	2	1	2	1	3	77
78	3	3	2	1	2	1	3	1	3	2	3	2	1	3	2	1	2	1	3	1	3	2	1	3	2	3	2	1	2	1	3	2	1	3	1	3	2	3	2	1	78
79	3	3	2	1	3	2	1	2	1	3	1	3	2	1	3	2	3	2	1	2	1	3	3	2	1	2	1	3	1	3	2	2	1	3	1	3	2	3	2	1	79
80	3	3	2	1	3	2	1	2	1	3	1	3	2	2	1	3	1	3	2	3	2	1	1	3	2	3	2	1	2	1	3	3	2	1	2	1	3	1	3	2	80
81	3	3	2	1	3	2	1	2	1	3	1	3	2	3	2	1	2	1	3	1	3	2	2	1	3	1	3	2	3	2	1	1	3	2	3	2	1	2	1	3	81

$L_{81}(3^{40})$：二列间的交互作用表

列号＼列号	14	15	16	17	18	19	20	21	22	23	24	25	26	27	28	29	30	31	32	33	34	35	36	37	38	39	40
(1)	15 16	14 16	14 15	18 19	17 19	17 18	21 22	20 22	20 21	24 25	23 25	23 24	27 28	26 28	26 27	30 31	29 31	29 30	33 34	32 34	32 33	36 37	35 37	35 36	39 40	38 40	38 39
(2)	17 20	18 21	19 22	14 20	15 21	16 22	14 17	15 18	16 19	26 29	27 30	28 31	23 29	24 30	25 31	23 26	24 27	25 28	35 38	36 39	37 40	32 38	33 39	34 40	32 35	33 36	34 37
(3)	18 22	19 20	17 21	16 21	14 22	15 20	15 19	16 17	14 18	27 31	28 29	26 30	25 30	23 31	24 29	24 28	25 26	23 27	36 40	37 38	35 38	34 39	32 40	33 38	33 37	34 35	32 36
(4)	19 21	17 22	18 20	15 22	16 20	14 21	16 18	14 19	15 17	28 30	26 31	27 29	24 31	25 29	23 30	25 27	23 28	24 26	37 39	35 40	36 38	33 40	34 33	32 39	34 36	32 37	33 35
(5)	23 32	24 33	25 34	26 35	27 36	28 37	29 38	30 39	31 40	14 32	15 33	16 34	17 35	18 36	19 37	20 38	21 39	22 40	14 23	15 24	16 25	17 26	18 27	19 28	20 29	21 30	22 31
(6)	24 34	25 32	23 33	27 37	28 35	26 36	30 40	31 38	29 39	16 33	14 34	15 32	19 36	17 37	18 35	22 39	20 40	21 38	15 25	16 23	14 24	18 28	19 26	17 27	21 31	22 29	20 30
(7)	25 33	23 34	24 32	28 36	26 37	27 35	31 39	20 40	30 38	15 34	16 32	14 33	18 37	19 35	17 36	21 40	22 38	20 39	16 24	14 25	15 23	19 27	17 28	18 26	22 30	20 31	21 29
(8)	26 38	27 39	28 40	29 32	30 33	31 34	23 35	24 36	25 37	20 35	21 36	22 37	14 38	15 39	16 40	17 32	18 33	19 34	17 29	18 30	19 31	20 23	21 24	22 25	14 26	15 27	16 28
(9)	27 40	28 38	26 39	30 34	31 32	29 33	24 37	25 35	23 36	22 36	20 37	21 35	16 39	14 40	15 38	19 33	17 34	18 32	18 31	19 29	17 30	21 25	22 23	20 24	15 28	16 26	14 27
(10)	28 39	26 40	27 38	31 33	29 34	30 32	25 36	23 37	24 35	21 37	22 35	20 36	15 40	15 38	14 39	18 34	19 32	17 33	19 30	17 51	18 29	22 24	20 25	21 23	16 27	14 28	15 26
(11)	29 35	30 36	31 37	23 38	24 39	25 40	26 32	27 33	28 34	17 38	18 39	19 40	20 32	21 33	22 34	14 35	15 36	16 37	20 26	21 27	22 28	14 29	15 30	16 31	17 23	18 24	19 25
(12)	30 37	31 35	29 36	24 40	25 38	23 39	27 34	28 32	26 33	19 39	17 40	18 38	22 33	20 34	21 32	16 36	14 37	15 35	21 28	22 26	20 27	15 31	16 29	14 30	18 25	19 23	17 24
(13)	31 36	29 37	30 35	25 39	23 40	24 38	28 33	26 34	27 32	18 40	19 38	17 39	21 34	22 32	20 33	15 37	16 35	14 36	22 27	20 28	21 26	16 30	14 31	15 29	19 24	17 25	18 23
(14)		1 16	1 15	2 20	3 22	4 21	2 17	4 19	3 18	5 32	6 34	7 33	8 38	9 40	10 39	11 35	12 37	13 36	5 23	7 25	6 24	11 29	13 31	12 30	8 26	10 28	9 27
(15)			1 14	4 22	2 21	3 20	3 19	2 18	4 17	7 34	5 33	6 32	10 40	8 39	9 38	13 37	11 36	12 35	6 25	5 24	7 23	12 31	11 30	13 29	9 28	8 27	10 26
(16)				3 21	4 20	2 22	4 18	3 17	2 19	6 33	7 32	5 34	9 39	10 38	8 40	12 36	13 35	11 37	7 24	6 23	5 25	13 30	12 29	11 31	10 27	9 26	8 28
(17)					1 19	1 18	2 14	3 16	4 15	11 38	12 40	13 39	5 35	6 37	7 36	8 32	9 34	10 33	8 29	10 31	9 30	5 26	7 28	6 27	11 23	13 25	12 24
(18)						1 17	4 16	2 15	3 14	13 40	11 39	12 38	7 37	5 36	6 35	10 34	8 33	9 32	9 31	8 30	10 29	6 28	5 27	7 26	12 25	11 24	13 23
(19)							3 15	4 14	2 16	12 39	13 38	11 40	6 36	7 35	5 37	9 33	10 32	8 34	10 30	9 29	8 31	7 27	6 26	5 28	13 24	12 23	11 25
(20)								1 22	1 21	8 35	9 37	10 36	11 32	12 34	13 33	5 38	6 40	7 39	11 26	13 28	12 27	8 23	10 25	9 24	5 29	7 31	6 30
(21)									1 20	10 37	8 36	9 35	13 34	11 33	12 32	7 40	5 39	6 38	12 28	11 27	13 26	9 25	8 24	10 23	6 31	5 30	7 29
(22)										9 36	10 35	8 37	12 33	13 32	11 34	6 39	7 38	5 40	13 27	12 26	11 28	10 24	9 23	8 25	7 30	6 29	5 31
(23)											1 25	1 24	2 29	3 31	4 30	2 26	4 28	3 27	5 14	6 16	7 15	8 20	9 22	10 21	11 17	12 19	13 18
(24)												1 23	4 31	2 30	3 29	3 28	2 27	4 26	7 16	5 15	6 14	10 22	8 21	9 20	13 19	11 18	12 17
(25)													3 30	4 29	2 31	4 27	3 26	2 28	6 15	7 14	5 16	9 21	10 20	8 22	12 18	13 17	11 19
(26)														1 28	1 27	2 23	3 25	4 24	11 20	12 22	13 21	5 17	6 19	7 18	8 14	9 16	10 15
(27)															1 26	4 25	2 24	3 23	13 22	11 21	12 20	7 19	5 18	6 17	10 16	8 15	9 14
(28)																3 24	4 23	2 25	12 24	13 20	11 22	6 18	7 17	5 19	9 15	10 14	8 16
(29)																	1 31	1 30	8 17	9 19	10 18	11 14	12 16	13 15	5 20	6 22	7 21
(30)																		1 29	10 19	8 18	9 17	13 16	11 15	12 14	7 22	5 21	6 20
(31)																			9 18	10 17	8 19	12 15	13 14	11 16	6 21	7 20	5 22
(32)																				1 34	1 33	2 38	3 40	4 39	2 35	4 37	3 36
(33)																					1 32	4 40	2 39	3 38	3 37	2 36	4 35
(34)																						3 39	4 38	2 40	4 36	3 35	2 37
(35)																							1 37	1 36	2 32	3 34	4 33
(36)																								1 35	4 34	2 33	3 32
(37)																									3 33	4 32	2 34
(38)																										1 40	1 39
(39)																											1 38

［注］列 1～13 之间的交互作用，见 $L_{27}(3^{13})$ 的表。

$L_{81}(3^{40})$：主效应不与交互作用混杂的设计表

因素数	实施	1	2	3	4	5	6	7	8	9	10	11	12	13	14	15	16	17	18	19	20	21	22	23	24	25	26	27	28	29	30	31	32	33	34	35	36	37	38	39	40	定义对比
4	1	A	B	AB	A^2B	C	AC	A^2C	BC			B^2C			D	AD	A^2D	BD			B^2D			CD									C^2D									—
5	1/3	A	B	AB	A^2B	C	AC	A^2C	BC	DE^2		B^2C			D	AD	A^2D	BD			B^2D		CE	CD				D^2E^2				C^2E	C^2D		BE			B^2E	AE	A^2E	E	$1=ABCD^2E$
6	1/9	A	B	$AB=EF^2$	A^2B	C	AC	A^2C	BC	DE^2		B^2C		DF^2	D	AD	A^2D	BD	CF		B^2D		CE	CD				$D^2E^2=C^2F$				$C^2E=D^2F^2$	$C^2D=E^2F^2$	B^2F	BE	A^2F	F	$B^2E=AF$	AE	$A^2E=BF$	E	$1=ABCD^2E$ $=ABC^2DF^2$ $(=ABE^2F$ $=C^2DEF)$
7	1/27	A	B	$AB=EF^2$	A^2B	C	$AC=EG^2$	A^2C	BC	DE^2		$B^2C=FG^2$	D^2G	DF^2	D	$AD=F^2G^2$	A^2D	BD	CF		$B^2D=E^2G^2$	C^2G	CE	CD	BG			$D^2E^2=C^2F=B^2G$		A^2G	G	$C^2E=D^2F^2=AG$	$C^2D=E^2F^2$	B^2F	BE	A^2F	F	$B^2E=AF=D^2G^2$	AE	$A^2E=BF=CG$	E	$1=ABCD^2E$ $=ABC^2DF^2$ $=AB^2CDG^2$ $(=ACE^2G$ $=B^2DEG$ $=ADFG$ $=B^2CF^2G)$
8	1/81	A	B	$AB=EF^2$	A^2B	C	$AC=EG^2$	$A^2C=FH^2$	$BC=EH^2$	DE^2	D^2H	$B^2C=FG^2$	D^2G	DF^2	D	$AD=F^2G^2$	$A^2D=E^2H^2$	$BD=F^2H^2$	CF	C^2H	$B^2D=E^2G^2$	C^2G	CE	$CD=G^2H$	BG	B^2H	AH	$=A^2H$	H	A^2G	G	$=BH$	$C^2D=E^2F^2$	B^2F	BE	A^2F	F	$=CH$	AE	$=D^2H^2$	E	$=A^2BCDH^2$ $(=BCE^2H=A^2DEH$ $=BDFH=AC^2FH^2$ $=CDGH=A^2BG^2H)$
9	1/243	A	B	$AB=EF^2=GH^2$	$A^2B=DI^2$	C	$AC=FG^2$	$A^2C=D^2H=E^2I$	$BC=D^2G=F^2I$	$DE^2=HI^2$	$EG^2=FH^2$	$B^2C=EH^2$		$DF^2=GI^2$	D	$AD=E^2G^2=BI$	$A^2D=C^2H$	$BD=C^2G$	$CF=B^2I$	$F^2G^2=E^2H^2=D^2I^2$	$B^2D=F^2H^2=A^2I$	I	$CE=AI$	$CD=B^2G=AH$	$A^2H=F^2I^2$	H	G	$D^2E^2=C^2F=AG$	$A^2G=BH$	$BG=E^2I^2$	$G^2H^2=CI$	$C^2E=D^2F^2=B^2H$	$C^2D=E^2F^2$	$B^2F=D^2H^2$	$BE=CH=G^2I^2$	$A^2F=CG=H^2I^2$	F	$B^2E=AF$	$AE=D^2G^2$	$A^2E=BF=G^2I$	E	$1=ABCD^2E$ $=ABC^2DF^2$ $=BCDG^2$ $=AC^2D^2H$ $=AB^2DI^2$
10	1/729				$=CJ^2$		$=BJ$			$=B^2J$	$=C^2J^2$	$=A^2J$	J	$=AJ$			$=FJ$	$=EJ$	$=HJ^2$				$=GJ^2$		$=EJ^2$				$=IJ$	$=FJ^2$	$=DJ$		$=IJ^2$	$=GJ$				$=DJ^2$	$=HJ$			$=AB^2CJ^2$

（3）$m=4$ 的情形

$L_{16}(4^5)$

试验号 \ 列号	1	2	3	4	5
1	1	1	1	1	1
2	1	2	2	2	2
3	1	3	3	3	3
4	1	4	4	4	4
5	2	1	2	3	4
6	2	2	1	4	3
7	2	3	4	1	2
8	2	4	3	2	1
9	3	1	3	4	2
10	3	2	4	3	1
11	3	3	1	2	4
12	3	4	2	1	3
13	4	1	4	2	3
14	4	2	3	1	4
15	4	3	2	4	1
16	4	4	1	3	2

[注] 任意二列间的交互作用出现于其他三列。

$L_{32}(4^9)$

试验号 \ 列号	1	2	3	4	5	6	7	8	9	[注] 1′
1	1	1	1	1	1	1	1	1	1	1
2	1	2	2	2	2	2	2	2	2	1
3	1	3	3	3	3	3	3	3	3	1
4	1	4	4	4	4	4	4	4	4	1
5	2	1	1	2	2	3	3	4	4	1
6	2	2	2	1	1	4	4	3	3	1
7	2	3	3	4	4	1	1	2	2	1
8	2	4	4	3	3	2	2	1	1	1
9	3	1	2	3	4	1	2	3	4	1
10	3	2	1	4	3	2	1	4	3	1
11	3	3	4	1	2	3	4	1	2	1
12	3	4	3	2	1	4	3	2	1	1
13	4	1	2	4	3	3	4	2	1	1
14	4	2	1	3	4	4	3	1	2	1
15	4	3	4	2	1	1	2	4	3	1
16	4	4	3	1	2	2	1	3	4	1
17	1	1	4	1	4	2	3	2	3	2
18	1	2	3	2	3	1	4	1	4	2
19	1	3	2	3	2	4	1	4	1	2
20	1	4	1	4	1	3	2	3	2	2
21	2	1	4	2	3	4	1	3	2	2
22	2	2	3	1	4	3	2	4	1	2
23	2	3	2	4	1	2	3	1	4	2
24	2	4	1	3	2	1	4	2	3	2
25	3	1	3	3	1	2	4	4	2	2
26	3	2	4	4	2	1	3	3	1	2
27	3	3	1	1	3	4	2	2	4	2
28	3	4	2	2	4	3	1	1	3	2
29	4	1	3	4	2	4	2	1	3	2
30	4	2	4	3	1	3	1	2	4	2
31	4	3	1	2	4	2	4	3	1	2
32	4	4	2	1	3	1	3	4	2	2

[注] 把两水平的列 1′排进 L_{32}（4^9），便得混合型 L_{32}（$2^1\times4^9$），这时交互作用 1′×1 可从二元表求出；　把列 1′和列 1 的水平组合 11、12、13、14、21、22、23、24 分别换成 1、2、3、4、5、6、7、8 便得混合型 L_{32}（$8^1\times4^8$）。

$L_{64}(4^{21})$

试验号＼列号	1	2	3	4	5	6	7	8	9	10	11	12	13	14	15	16	17	18	19	20	21
1	1	1	1	1	1	1	1	1	1	1	1	1	1	1	1	1	1	1	1	1	1
2	1	1	1	1	1	2	2	2	2	2	2	2	2	2	2	2	2	2	2	2	2
3	1	1	1	1	1	3	3	3	3	3	3	3	3	3	3	3	3	3	3	3	3
4	1	1	1	1	1	4	4	4	4	4	4	4	4	4	4	4	4	4	4	4	4
5	1	2	2	2	2	1	1	1	1	2	2	2	2	3	3	3	3	4	4	4	4
6	1	2	2	2	2	2	2	2	2	1	1	1	1	4	4	4	4	3	3	3	3
7	1	2	2	2	2	3	3	3	3	4	4	4	4	1	1	1	1	2	2	2	2
8	1	2	2	2	2	4	4	4	4	3	3	3	3	2	2	2	2	1	1	1	1
9	1	3	3	3	3	1	1	1	1	3	3	3	3	4	4	4	4	2	2	2	2
10	1	3	3	3	3	2	2	2	2	4	4	4	4	3	3	3	3	1	1	1	1
11	1	3	3	3	3	3	3	3	3	1	1	1	1	2	2	2	2	4	4	4	4
12	1	3	3	3	3	4	4	4	4	2	2	2	2	1	1	1	1	3	3	3	3
13	1	4	4	4	4	1	1	1	1	4	4	4	4	2	2	2	2	3	3	3	3
14	1	4	4	4	4	2	2	2	2	3	3	3	3	1	1	1	1	4	4	4	4
15	1	4	4	4	4	3	3	3	3	2	2	2	2	4	4	4	4	1	1	1	1
16	1	4	4	4	4	4	4	4	4	1	1	1	1	3	3	3	3	2	2	2	2
17	2	1	2	3	4	1	2	3	4	1	2	3	4	1	2	3	4	1	2	3	4
18	2	1	2	3	4	2	1	4	3	2	1	4	3	2	1	4	3	2	1	4	3
19	2	1	2	3	4	3	4	1	2	3	4	1	2	3	4	1	2	3	4	1	2
20	2	1	2	3	4	4	3	2	1	4	3	2	1	4	3	2	1	4	3	2	1
21	2	2	1	4	3	1	2	3	4	2	1	4	3	3	4	1	2	4	3	2	1
22	2	2	1	4	3	2	1	4	3	1	2	3	4	4	3	2	1	3	4	1	2
23	2	2	1	4	3	3	4	1	2	4	3	2	1	1	2	3	4	2	1	4	3
24	2	2	1	4	3	4	3	2	1	3	4	1	2	2	1	4	3	1	2	3	4
25	2	3	4	1	2	1	2	3	4	3	4	1	2	4	3	2	1	2	1	4	3
26	2	3	4	1	2	2	1	4	3	4	3	2	1	3	4	1	2	1	2	3	4
27	2	3	4	1	2	3	4	1	2	1	2	3	4	2	1	4	3	4	3	2	1
28	2	3	4	1	2	4	3	2	1	2	1	4	3	1	2	3	4	3	4	1	2
29	2	4	3	2	1	1	2	3	4	4	3	2	1	2	1	4	3	3	4	1	2
30	2	4	3	2	1	2	1	4	3	3	4	1	2	1	2	3	4	4	3	2	1
31	2	4	3	2	1	3	4	1	2	2	1	4	3	4	3	2	1	1	2	3	4
32	2	4	3	2	1	4	3	2	1	1	2	3	4	3	4	1	2	2	1	4	3
33	3	1	3	4	2	1	3	4	2	1	3	4	2	1	3	4	2	1	3	4	2
34	3	1	3	4	2	2	4	3	1	2	4	3	1	2	4	3	1	2	4	3	1
35	3	1	3	4	2	3	1	2	4	3	1	2	4	3	1	2	4	3	1	2	4
36	3	1	3	4	2	4	2	1	3	4	2	1	3	4	2	1	3	4	2	1	3
37	3	2	4	3	1	1	3	4	2	2	4	3	1	3	1	2	4	4	2	1	3
38	3	2	4	3	1	2	4	3	1	1	3	4	2	4	2	1	3	3	1	2	4
39	3	2	4	3	1	3	1	2	4	4	2	1	3	1	3	4	2	2	4	3	1
40	3	2	4	3	1	4	2	1	3	3	1	2	4	2	4	3	1	1	3	4	2
41	3	3	1	2	4	1	3	4	2	3	1	2	4	4	2	1	3	2	4	3	1
42	3	3	1	2	4	2	4	3	1	4	2	1	3	3	1	2	4	1	3	4	2
43	3	3	1	2	4	3	1	2	4	1	3	4	2	2	4	3	1	4	2	1	3
44	3	3	1	2	4	4	2	1	3	2	4	3	1	1	3	4	2	3	1	2	4
45	3	4	2	1	3	1	3	4	2	4	2	1	3	2	4	3	1	3	1	2	4
46	3	4	2	1	3	2	4	3	1	3	1	2	4	1	3	4	2	4	2	1	3
47	3	4	2	1	3	3	1	2	4	2	4	3	1	4	2	1	3	1	3	4	2
48	3	4	2	1	3	4	2	1	3	1	3	4	2	3	1	2	4	2	4	3	1
49	4	1	4	2	3	1	4	2	3	1	4	2	3	1	4	2	3	1	4	2	3
50	4	1	4	2	3	2	3	1	4	2	3	1	4	2	3	1	4	2	3	1	4
51	4	1	4	2	3	3	2	4	1	3	2	4	1	3	2	4	1	3	2	4	1
52	4	1	4	2	3	4	1	3	2	4	1	3	2	4	1	3	2	4	1	3	2
53	4	2	3	1	4	1	4	2	3	2	3	1	4	3	2	4	1	4	1	3	2
54	4	2	3	1	4	2	3	1	4	1	4	2	3	4	1	3	2	3	2	4	1
55	4	2	3	1	4	3	2	4	1	4	1	3	2	1	4	2	3	2	3	1	4
56	4	2	3	1	4	4	1	3	2	3	2	4	1	2	3	1	4	1	4	2	3
57	4	3	2	4	1	1	4	2	3	3	2	4	1	4	1	3	2	2	3	1	4
58	4	3	2	4	1	2	3	1	4	4	1	3	2	3	2	4	1	1	4	2	3
59	4	3	2	4	1	3	2	4	1	1	4	2	3	2	3	1	4	4	1	3	2
60	4	3	2	4	1	4	1	3	2	2	3	1	4	1	4	2	3	3	2	4	1
61	4	4	1	3	2	1	4	2	3	4	1	3	2	2	3	1	4	3	2	4	1
62	4	4	1	3	2	2	3	1	4	3	2	4	1	1	4	2	3	4	1	3	2
63	4	4	1	3	2	3	2	4	1	2	3	1	4	4	1	3	2	1	4	2	3
64	4	4	1	3	2	4	1	3	2	1	4	2	3	3	2	4	1	2	3	1	4

$L_{64}(4^{21})$：二列间的交互作用表

列号＼列号	1	2	3	4	5	6	7	8	9	10	11	12	13	14	15	16	17	18	19	20	21
(1)		3 4 5	2 4 5	2 3 5	2 3 4	7 8 9	6 8 9	6 7 9	6 7 8	11 12 13	10 12 13	10 11 13	10 11 12	15 16 17	14 16 17	14 15 17	14 15 16	19 20 21	18 20 21	18 19 21	18 19 20
(2)			1 4 5	1 3 5	1 3 4	10 14 18	11 15 19	12 16 20	13 17 21	6 14 18	7 15 19	8 16 20	9 17 21	6 10 18	7 11 19	8 12 20	9 13 21	6 10 14	7 11 15	8 12 16	9 13 17
(3)				1 2 5	1 2 4	11 16 21	10 17 20	13 14 19	12 15 18	7 17 20	6 16 21	9 15 18	8 14 19	8 13 19	9 12 18	6 11 21	7 10 20	9 12 15	8 13 14	7 10 17	6 11 16
(4)					1 2 3	12 17 19	13 16 18	10 15 21	11 14 20	8 15 21	9 14 20	6 17 19	7 16 18	9 11 20	8 10 21	7 13 18	6 12 19	7 13 16	6 12 17	9 11 14	8 10 15
(5)						13 15 20	12 14 21	11 17 18	10 16 19	9 16 19	8 17 18	7 14 21	6 15 20	7 12 21	6 13 20	9 10 19	8 11 18	8 11 17	9 10 16	6 13 15	7 12 14
(6)							1 8 9	1 7 9	1 7 8	2 14 18	3 16 21	4 17 19	5 15 20	2 10 18	5 13 20	3 11 21	4 12 19	2 10 14	4 12 17	5 13 15	3 11 16
(7)								1 6 9	1 6 8	3 17 20	2 15 19	5 14 21	4 16 18	5 12 21	2 11 19	4 13 18	3 10 20	4 13 16	2 11 15	3 10 17	5 12 14
(8)									1 6 7	4 15 21	5 17 18	2 16 20	3 14 19	3 13 19	4 10 21	2 12 20	5 11 18	5 11 17	3 13 14	2 12 16	4 10 15
(9)										5 16 19	4 14 20	3 15 18	2 17 21	4 11 20	3 12 18	5 10 19	2 13 21	3 12 15	5 10 16	4 11 14	2 13 17
(10)											1 12 13	1 11 13	1 11 12	2 6 18	4 3 21	5 9 19	3 7 20	2 6 14	5 9 16	3 7 17	4 8 15
(11)												1 10 13	1 10 12	4 9 20	2 7 19	3 6 21	5 8 18	5 8 17	2 7 15	4 9 14	3 6 16
(12)													1 10 11	5 7 21	3 9 18	2 8 20	4 6 19	3 9 15	4 6 17	2 8 16	5 7 14
(13)														3 8 19	5 6 20	4 7 18	2 9 21	4 7 16	3 8 14	5 6 15	2 9 17
(14)															1 16 17	1 15 17	1 15 16	2 6 10	3 8 13	4 9 11	5 7 12
(15)																1 14 17	1 14 16	3 9 12	2 7 11	5 6 13	4 8 10
(16)																	1 14 15	4 7 13	5 9 10	2 8 12	3 6 11
(17)																		5 8 11	4 6 12	3 7 10	2 9 13
(18)																			1 20 21	1 19 21	1 19 20
(19)																				1 18 21	1 18 20
(20)																					1 18 19

$L_{64}(4^{21})$：主效应不与交互作用混杂的设计表

因素数 \ 实施 \ 列号		1	2	3	4	5	6	7	8	9	10	11	12	13	14	15	16	17	18	19	20	21
3	1	A	B	A B_1	A B_2	A B_3	C	A C_1	A C_2	A C_3	B C_1				B C_2				B C_3			
4	1/4	A	B	A B_1 ‖ C D_1	A B_2	A B_3	C	A C_1	A C_2	A C_3 ‖ B D_1	B C_1	C D_2		B D_2	B C_2		C D_3	B D_3	B C_3 ‖ A D_1	A D_2	A D_3	D
5	1/16	A	B	A B_1 ‖ C D_1	A B_2 ‖ C E_1	A B_3 ‖ C E_1	C	A C_1 ‖ B E_1	A C_2 ‖ D E_2	A C_3 ‖ B D_1	B C_1 ‖ D E_3	C D_2 ‖ B E_2		B D_2 ‖ C E_2	B C_2 ‖ A E_1	E	C D_3 ‖ A E_2	B D_3 ‖ A E_3	B C_3 ‖ A D_1	A D_2 ‖ B E_3	A D_3 ‖ C E_3	D
6	1/64	A	B	A B_1 ‖ C D_1 ‖ E F_1	A B_2 ‖ D E_1 ‖ C F_1	A B_3 ‖ C E_1 ‖ D F_1	C	A C_1 ‖ B E_1 ‖ D F_2	A C_2 ‖ D E_2 ‖ B F_1	A C_3 ‖ B D_1 ‖ E F_2	B C_1 ‖ D E_3 ‖ A F_1	C D_2 ‖ B E_2 ‖ A F_2	F	B D_2 ‖ C E_2 ‖ A F_3	B C_2 ‖ A E_1 ‖ D F_3	E	C D_3 ‖ A E_2 ‖ B F_2	B D_3 ‖ A E_3 ‖ C F_2	B C_3 ‖ A D_1 ‖ E F_3	A D_2 ‖ B E_3 ‖ C F_3	A D_3 ‖ C E_3 ‖ B F_3	D

[注] 足码只表示交互作用的三个分量，与三水平的足码的意义不同，因为四水平的定义对比复杂，不便于列出。

（4）$m=5$ 的情形

$L_{25}(5^6)$

试验号 \ 列号	1	2	3	4	5	6
1	1	1	1	1	1	1
2	1	2	2	2	2	2
3	1	3	3	3	3	3
4	1	4	4	4	4	4
5	1	5	5	5	5	5
6	2	1	2	3	4	5
7	2	2	3	4	5	1
8	2	3	4	5	1	2
9	2	4	5	1	2	3
10	2	5	1	2	3	4
11	3	1	3	5	2	4
12	3	2	4	1	3	5
13	3	3	5	2	4	1
14	3	4	1	3	5	2
15	3	5	2	4	1	3
16	4	1	4	2	5	3
17	4	2	5	3	1	4
18	4	3	1	4	2	5
19	4	4	2	5	3	1
20	4	5	3	1	4	2
21	5	1	5	4	3	2
22	5	2	1	5	4	3
23	5	3	2	1	5	4
24	5	4	3	2	1	5
25	5	5	4	3	2	1

[注] 任意二列间的交互作用出现于其他四列。

$L_{50}(5^{11})$

[注]

试验号 \ 列号	1	2	3	4	5	6	7	8	9	10	11	1′
1	1	1	1	1	1	1	1	1	1	1	1	1
2	1	2	2	2	2	2	2	2	2	2	2	1
3	1	3	3	3	3	3	3	3	3	3	3	1
4	1	4	4	4	4	4	4	4	4	4	4	1
5	1	5	5	5	5	5	5	5	5	5	5	1
6	2	1	2	3	4	5	1	2	3	4	5	1
7	2	2	3	4	5	1	2	3	4	5	1	1
8	2	3	4	5	1	2	3	4	5	1	2	1
9	2	4	5	1	2	3	4	5	1	2	3	1
10	2	5	1	2	3	4	5	1	2	3	4	1
11	3	1	3	5	2	4	4	1	3	5	2	1
12	3	2	4	1	3	5	5	2	4	1	3	1
13	3	3	5	2	4	1	1	3	5	2	4	1
14	3	4	1	3	5	2	2	4	1	3	5	1
15	3	5	2	4	1	3	3	5	2	4	1	1
16	4	1	4	2	5	3	5	3	1	4	2	1
17	4	2	5	3	1	4	1	4	2	5	3	1
18	4	3	1	4	2	5	2	5	3	1	4	1
19	4	4	2	5	3	1	3	1	4	2	5	1
20	4	5	3	1	4	2	4	2	5	3	1	1
21	5	1	5	4	3	2	4	3	2	1	5	1
22	5	2	1	5	4	3	5	4	3	2	1	1
23	5	3	2	1	5	4	1	5	4	3	2	1
24	5	4	3	2	1	5	2	1	5	4	3	1
25	5	5	4	3	2	1	3	2	1	5	4	1
26	1	1	1	4	5	4	3	2	5	2	3	2
27	1	2	2	5	1	5	4	3	1	3	4	2
28	1	3	3	1	2	1	5	4	2	4	5	2
29	1	4	4	2	3	2	1	5	3	5	1	2
30	1	5	5	3	4	3	2	1	4	1	2	2
31	2	1	2	1	3	3	2	4	5	5	4	2
32	2	2	3	2	4	4	3	5	1	1	5	2
33	2	3	4	3	5	5	4	1	2	2	1	2
34	2	4	5	4	1	1	5	2	3	3	2	2
35	2	5	1	5	2	2	1	3	4	4	3	2
36	3	1	3	3	1	2	5	5	4	2	4	2
37	3	2	4	4	2	3	1	1	5	3	5	2
38	3	3	5	5	3	4	2	2	1	4	1	2
39	3	4	1	1	4	5	3	3	2	5	2	2
40	3	5	2	2	5	1	4	4	3	1	3	2
41	4	1	4	5	4	1	2	5	2	3	3	2
42	4	2	5	1	5	2	3	1	3	4	4	2
43	4	3	1	2	1	3	4	2	4	5	5	2
44	4	4	2	3	2	4	5	3	5	1	1	2
45	4	5	3	4	3	5	1	4	1	2	2	2
46	5	1	5	2	2	5	3	4	4	3	1	2
47	5	2	1	3	3	1	4	5	5	4	2	2
48	5	3	2	4	4	2	5	1	1	5	3	2
49	5	4	3	5	5	3	1	2	2	1	4	2
50	5	5	4	1	1	4	2	3	3	2	5	2

[注] 把两水平的列1′排进 L_{50} (5^{11})，便得混合型 $L_{50}(2^1\times5^{11})$，这时交互作用 $1'\times1$ 可从二元表求出；把列1′和列1的水平组合11、12、13、14、15、21、22、23、24、25分别换成1、2、3、4、5、6、7、8、9、10，便得混合型 L_{50} $(10^1\times5^{10})$。

附表 8　正交表构造的运算法则

(1) 2 水平

+ (×)	0	1
0	0 (0)	1 (0)
1	1 (0)	0 (1)

(2) 3 水平

+ (×)	0	1	2
0	0 (0)	1 (0)	2 (0)
1	1 (0)	2 (1)	0 (2)
2	2 (0)	0 (2)	1 (1)

(3) 4 水平

+ (×)	0	1	2	3
0	0 (0)	1 (0)	2 (0)	3 (0)
1	1 (0)	0 (1)	3 (2)	2 (3)
2	2 (0)	3 (2)	0 (3)	1 (1)
3	3 (0)	2 (3)	1 (1)	0 (2)

(4) 5 水平

+ (×)	0	1	2	3	4
0	0 (0)	1 (0)	2 (0)	3 (0)	4 (0)
1	1 (0)	2 (1)	3 (2)	4 (3)	0 (4)
2	2 (0)	3 (2)	4 (4)	0 (1)	1 (3)
3	3 (0)	4 (3)	0 (1)	1 (4)	2 (2)
4	4 (0)	0 (4)	1 (3)	2 (2)	3 (1)

(5) 7 水平

+ (×)	0	1	2	3	4	5	6
0	0 (0)	1 (0)	2 (0)	3 (0)	4 (0)	5 (0)	6 (0)
1	1 (0)	2 (1)	3 (2)	4 (3)	5 (4)	6 (5)	0 (6)
2	2 (0)	3 (2)	4 (4)	5 (6)	6 (1)	0 (3)	1 (5)
3	3 (0)	4 (3)	5 (6)	6 (2)	0 (5)	1 (1)	2 (4)
4	4 (0)	5 (4)	6 (1)	0 (5)	1 (2)	2 (6)	3 (3)
5	5 (0)	6 (5)	0 (3)	1 (1)	2 (6)	3 (4)	4 (2)
6	6 (0)	0 (6)	1 (5)	2 (4)	3 (3)	4 (2)	5 (1)

(6) 8 水平

+ (×)	0	1	2	3	4	5	6	7
0	0 (0)	1 (0)	2 (0)	3 (0)	4 (0)	5 (0)	6 (0)	7 (0)
1	1 (0)	0 (1)	3 (2)	2 (3)	5 (4)	4 (5)	7 (6)	6 (7)
2	2 (0)	3 (2)	0 (4)	1 (6)	6 (3)	7 (1)	4 (7)	5 (5)
3	3 (0)	2 (3)	1 (6)	0 (5)	7 (7)	6 (4)	5 (1)	4 (2)
4	4 (0)	5 (4)	6 (3)	7 (7)	0 (6)	1 (2)	2 (5)	3 (1)
5	5 (0)	4 (5)	7 (1)	6 (4)	1 (2)	0 (7)	3 (3)	2 (6)
6	6 (0)	7 (6)	4 (7)	5 (1)	2 (5)	3 (3)	0 (2)	1 (4)
7	7 (0)	6 (7)	5 (5)	4 (2)	3 (1)	2 (6)	1 (4)	0 (3)

(7) 9 水平

+ (×)	0	1	2	3	4	5	6	7	8
0	0 (0)	1 (0)	2 (0)	3 (0)	4 (0)	5 (0)	6 (0)	7 (0)	8 (0)
1	1 (0)	2 (1)	0 (2)	4 (3)	5 (4)	3 (5)	7 (6)	8 (7)	6 (8)
2	2 (0)	0 (2)	1 (1)	5 (6)	3 (8)	4 (7)	8 (3)	6 (5)	7 (4)
3	3 (0)	4 (3)	5 (6)	6 (2)	7 (5)	8 (8)	0 (1)	1 (4)	2 (7)
4	4 (0)	5 (4)	3 (8)	7 (5)	8 (6)	6 (1)	1 (7)	2 (2)	0 (3)
5	5 (0)	3 (5)	4 (7)	8 (8)	6 (1)	7 (3)	2 (4)	0 (6)	1 (2)
6	6 (0)	7 (6)	8 (3)	0 (1)	1 (7)	2 (4)	3 (2)	4 (8)	5 (5)
7	7 (0)	8 (7)	6 (5)	1 (4)	2 (2)	0 (6)	4 (8)	5 (3)	3 (1)
8	8 (0)	6 (8)	7 (4)	2 (7)	0 (3)	1 (2)	5 (5)	3 (1)	4 (6)

附表 9　百分率换算为角度值表

$\theta = \sin^{-1}\sqrt{百分率}$

%	0	1	2	3	4	5	6	7	8	9
0.0	0	0.57	0.81	0.99	1.15	1.28	1.40	1.52	1.62	1.72
0.1	1.81	1.90	1.99	2.07	2.14	2.22	2.29	2.36	2.43	2.50
0.2	2.56	2.63	2.69	2.75	2.81	2.87	2.92	2.98	3.03	3.09
0.3	3.14	3.19	3.24	3.29	3.34	3.39	3.44	3.49	3.53	3.58
0.4	3.63	3.67	3.72	3.76	3.80	3.85	3.89	3.93	3.97	4.01
0.5	4.05	4.09	4.13	4.17	4.21	4.25	4.29	4.33	4.37	4.40
0.6	4.44	4.48	4.52	4.55	4.59	4.62	4.66	4.69	4.73	4.76
0.7	4.80	4.83	4.87	4.90	4.93	4.97	5.00	5.03	5.07	5.10
0.8	5.13	5.16	5.20	5.23	5.26	5.29	5.32	5.35	5.38	5.41
0.9	5.44	5.47	5.50	5.53	5.56	5.59	5.62	5.65	5.68	5.71
1	5.74	6.02	6.29	6.55	6.80	7.03	7.27	7.49	7.71	7.92
2	8.13	8.33	8.53	8.72	8.91	9.10	9.28	9.46	9.63	9.80
3	9.97	10.14	10.30	10.47	10.63	10.78	10.94	11.09	11.24	11.39
4	11.54	11.68	11.83	11.97	12.11	12.25	12.38	12.52	12.66	12.79
5	12.92	13.05	13.18	13.31	13.44	13.56	13.69	13.81	13.94	14.06
6	14.18	14.30	14.42	14.54	14.65	14.77	14.89	15.00	15.12	15.23
7	15.34	15.45	15.56	15.68	15.79	15.89	16.00	16.11	16.22	16.32
8	16.43	16.54	16.64	16.74	16.85	16.95	17.05	17.15	17.26	17.36
9	17.46	17.56	17.66	17.76	17.85	17.95	18.05	18.15	18.24	18.34
10	18.48	18.53	18.63	18.72	18.81	18.91	19.00	19.09	19.19	19.28
11	19.37	19.46	19.55	19.64	19.73	19.82	19.91	20.00	20.09	20.18
12	20.27	20.36	20.44	20.53	20.62	20.70	20.79	20.88	20.96	21.05
13	21.13	21.22	21.30	21.39	21.47	21.56	21.64	21.72	21.81	21.89
14	21.97	22.06	22.14	22.22	22.30	22.38	22.46	22.54	22.63	22.71
15	22.79	22.87	22.95	23.03	23.11	23.18	23.26	23.34	23.42	23.50
16	23.58	23.66	23.73	23.81	23.89	23.97	24.04	24.12	24.20	24.27
17	24.35	24.43	24.50	24.58	24.65	24.73	24.80	24.88	24.95	25.03
18	25.10	25.18	25.25	25.33	25.40	25.47	25.55	25.62	25.70	25.77
19	25.84	25.91	25.99	26.06	26.13	26.21	26.28	26.35	26.42	26.49
20	26.57	26.64	26.71	26.78	26.85	26.92	26.99	27.06	27.13	27.20
21	27.27	27.35	27.42	27.49	27.56	27.62	27.69	27.76	27.83	27.90
22	27.97	28.04	28.11	28.18	28.25	28.32	28.39	28.45	28.52	28.59

附表 9 百分率换算为角度值表

（续）

%	0	1	2	3	4	5	6	7	8	9
23	28.66	28.73	28.79	28.86	28.93	29.00	29.06	29.13	29.20	29.27
24	29.33	29.40	29.47	29.53	29.60	29.67	29.73	29.80	29.87	29.93
25	30.00	30.07	30.13	30.20	30.26	30.33	30.40	30.46	30.53	30.59
26	30.66	30.72	30.79	30.85	30.92	30.98	31.05	31.11	31.18	31.24
27	31.31	31.37	31.44	31.50	31.56	31.63	31.69	31.76	31.82	31.88
28	31.95	32.01	32.08	32.14	32.20	32.27	32.33	32.39	32.46	32.52
29	32.58	32.65	32.71	32.77	32.83	32.90	32.96	33.02	33.09	33.15
30	33.21	33.27	33.34	33.40	33.46	33.52	33.58	33.65	33.71	33.77
31	33.83	33.90	33.96	34.02	34.08	34.14	34.20	34.27	34.33	34.39
32	34.45	34.51	34.57	34.63	34.70	34.76	34.82	34.88	34.94	35.00
33	35.06	35.12	35.18	35.24	35.30	35.37	35.43	35.49	35.55	35.61
34	35.67	35.73	35.79	35.85	35.91	35.97	36.03	36.09	36.15	36.21
35	36.27	36.33	36.39	36.45	36.51	36.57	36.63	36.69	36.75	36.81
36	36.87	36.93	36.99	37.05	37.11	37.17	37.23	37.29	37.35	37.41
37	37.46	37.52	37.58	37.64	37.70	37.76	37.82	37.88	37.94	38.00
38	38.06	38.12	38.17	38.23	38.29	38.35	38.41	38.47	38.53	38.59
39	38.65	38.70	38.76	38.82	38.88	38.94	39.00	39.06	39.11	39.17
40	39.23	39.29	39.35	39.41	39.47	39.52	39.58	39.64	39.70	39.76
41	39.82	39.87	39.93	39.99	40.05	40.11	40.16	40.22	40.28	40.34
42	40.40	40.45	40.51	40.57	40.63	40.69	40.74	40.80	40.88	40.92
43	40.98	41.03	41.09	41.15	41.21	41.27	41.32	41.38	41.44	41.50
44	41.55	41.61	41.67	41.73	41.78	41.84	41.90	41.96	42.02	42.07
45	42.13	42.19	42.25	42.30	42.36	42.42	42.48	42.53	42.59	42.65
46	42.71	42.76	42.82	42.88	42.94	42.99	43.05	43.11	43.17	43.22
47	43.28	43.34	43.39	43.45	43.51	43.57	43.62	43.68	43.74	43.80
48	43.85	43.91	43.97	44.03	44.08	44.14	44.20	44.26	44.31	44.37
49	44.43	44.48	44.54	44.60	44.66	44.71	44.77	44.83	44.89	44.94
50	45.00	45.06	45.11	45.17	45.23	45.29	45.34	45.40	45.46	45.52
51	45.57	45.63	45.69	45.74	45.80	45.86	45.92	45.97	46.03	46.09
52	46.15	46.20	46.26	46.32	46.38	46.43	46.49	46.55	46.61	46.66
53	46.72	46.78	46.83	46.89	46.95	47.01	47.06	47.12	47.18	47.24
54	47.29	47.35	47.41	47.47	47.52	47.58	47.64	47.70	47.75	47.81
55	47.87	47.93	47.98	48.04	48.10	48.16	48.22	48.27	48.33	48.39
56	48.45	48.50	48.56	48.62	48.68	48.73	48.79	48.85	48.91	48.97
57	49.02	49.08	49.14	49.20	49.26	49.31	49.37	49.43	49.49	49.55

（续）

%	0	1	2	3	4	5	6	7	8	9
58	49.60	49.66	49.72	49.78	49.84	49.89	49.95	50.01	50.07	50.13
59	50.18	50.24	50.30	50.36	50.42	50.48	50.53	50.59	50.65	50.71
60	50.77	50.83	50.89	50.94	51.00	51.06	51.12	51.18	51.24	51.30
61	51.35	51.41	51.47	51.53	51.59	51.65	51.71	51.77	51.83	51.88
62	51.94	52.00	52.06	52.12	52.18	52.24	52.30	52.36	52.42	52.48
63	52.53	52.59	52.65	52.71	52.77	52.83	52.89	52.95	53.01	53.07
64	53.13	53.19	53.25	53.31	53.37	53.43	53.49	53.55	53.61	53.67
65	53.73	53.79	53.85	53.91	53.97	54.03	54.09	54.15	54.21	54.27
66	54.33	54.39	54.45	54.51	54.57	54.63	54.70	54.76	54.82	54.88
67	54.94	55.00	55.06	55.12	55.18	55.24	55.30	55.37	55.43	55.49
68	55.55	55.61	55.67	55.73	55.80	55.86	55.92	55.98	56.04	56.10
69	56.17	56.23	56.29	56.35	56.42	56.48	56.54	56.60	56.66	56.73
70	56.79	56.85	56.91	56.98	57.04	57.10	57.17	57.23	57.29	57.35
71	57.42	57.48	57.54	57.61	57.67	57.73	57.80	57.86	57.92	57.99
72	58.05	58.12	58.18	58.24	58.31	58.37	58.44	58.50	58.56	58.63
73	58.69	58.76	58.82	58.89	58.95	59.02	59.08	59.15	59.21	59.28
74	59.34	59.41	59.47	59.54	59.60	59.67	59.74	59.80	59.87	59.93
75	60.00	60.07	60.13	60.20	60.27	60.33	60.40	60.47	60.53	60.60
76	60.67	60.73	60.80	60.87	60.94	61.00	61.07	61.14	61.21	61.27
77	61.34	61.41	61.48	61.55	61.61	61.68	61.75	61.82	61.89	61.96
78	62.03	62.10	62.17	62.24	62.31	62.38	62.44	62.51	62.58	62.65
79	62.73	62.80	62.87	62.94	63.01	63.08	63.15	63.22	63.29	63.36
80	63.44	63.51	63.58	63.65	63.72	63.79	63.87	63.94	64.01	64.09
81	64.16	64.23	64.30	64.38	64.45	64.53	64.60	64.67	64.75	64.82
82	64.90	64.97	65.05	65.12	65.20	65.27	65.35	65.42	65.50	65.57
83	65.65	65.73	65.80	65.88	65.96	66.03	66.11	66.19	66.27	66.34
84	66.42	66.50	66.58	66.66	66.74	66.82	66.89	66.97	67.05	67.13
85	67.21	67.29	67.37	67.46	67.54	67.62	67.70	67.78	67.86	67.94
86	68.03	68.11	68.19	68.28	68.36	68.44	68.53	68.61	68.70	68.78
87	68.87	68.95	69.04	69.12	69.21	69.30	69.38	69.47	69.56	69.64
88	69.73	69.82	69.91	70.00	70.09	70.18	70.27	70.36	70.45	70.54
89	70.63	70.72	70.81	70.91	71.00	71.09	71.19	71.28	71.37	71.47
90	71.57	71.66	71.76	71.85	71.95	72.05	72.15	72.24	72.34	72.44
91	72.54	72.64	72.74	72.85	72.95	73.05	73.15	73.26	73.36	73.46
92	73.57	73.68	73.78	73.89	74.00	74.11	74.21	74.32	74.44	74.55

附表 9　百分率换算为角度值表

（续）

%	0	1	2	3	4	5	6	7	8	9
93	74.66	74.77	74.88	75.00	75.11	75.23	75.35	75.46	75.58	75.70
94	75.82	75.94	76.06	76.19	76.31	76.44	76.56	76.69	76.82	76.95
95	77.08	77.21	77.34	77.48	77.62	77.75	77.89	78.03	78.17	78.32
96	78.46	78.61	78.76	78.91	79.06	79.22	79.37	79.53	79.70	79.86
97	80.03	80.20	80.37	80.54	80.72	80.90	81.09	81.28	81.47	81.67
98	81.87	82.08	82.29	82.51	82.73	82.97	83.20	83.45	83.71	83.98
99.0	84.26	84.29	84.32	84.35	84.38	84.41	84.44	84.47	84.50	84.53
99.1	84.56	84.59	84.62	84.65	84.68	84.71	84.74	84.77	84.80	84.84
99.2	84.87	84.90	84.93	84.97	85.00	85.03	85.07	85.10	85.13	85.17
99.3	85.20	85.24	85.27	85.31	85.34	85.38	85.41	85.45	85.48	85.52
99.4	85.56	85.60	85.63	85.67	85.71	85.75	85.79	85.83	85.87	85.91
99.5	85.95	85.99	86.03	86.07	86.11	86.15	86.20	86.24	86.28	86.33
99.6	86.37	86.42	86.47	86.51	86.56	86.61	86.66	86.71	86.76	86.81
99.7	86.86	86.91	86.97	87.02	87.08	87.13	87.19	87.25	87.31	87.37
99.8	87.44	87.50	87.57	87.64	87.71	87.78	87.86	87.93	88.01	88.10
99.9	88.19	88.28	88.38	88.48	88.60	88.72	88.85	89.01	89.19	89.43
100.0	90.00	—	—	—	—	—	—	—	—	—

主要参考文献

韩汉鹏．2006. 试验统计引论［M］. 北京：中国林业出版社．
李春喜，姜丽娜，邵云，等．2005. 生物统计学［M］. 3 版．北京：科学出版社．
李云雁，胡传荣．2008. 试验设计与数据处理［M］. 2 版．北京：化学工业出版社．
刘文卿．2005. 实验设计［M］. 北京：清华大学出版社．
莫惠栋．1984. 农业试验统计［M］. 上海：上海科学技术出版社．
邱轶兵．2008. 试验设计与数据处理［M］. 北京：中国科学技术大学出版社．
任露泉．2009. 回归设计及其优化［M］. 北京：科学出版社．
王颉．2006. 试验设计与 SPSS 应用［M］. 北京：化学工业出版社．
王钦德，杨坚．2009. 食品试验设计与统计分析［M］. 2 版．北京：中国农业大学出版社．
王万中．2004. 试验的设计与分析［M］. 北京：高等教育出版社．
续九如，黄智慧．1995. 林业试验设计［M］. 北京：中国林业出版社．
杨德．2002. 试验设计与分析［M］. 北京：中国农业出版社．